2015

继承与创新

全国城市规划专业七校联合毕业设计作品集

・安徽建筑大学　　　　・北京建筑大学
・福建工程学院　　　　・山东建筑大学
・苏州科技学院　　　　・浙江工业大学
・西安建筑科技大学

U0293021

中国建筑工业出版社

图书在版编目（CIP）数据

继承与创新　2015全国城市规划专业七校联合毕业设计作品集／北京建筑
大学等编. —北京：中国建筑工业出版社，2015.10
　　ISBN 978-7-112-18473-6

　　Ⅰ.①继⋯　Ⅱ.①北⋯　Ⅲ.①城市规划–建筑设计–作品集–中国–现代
Ⅳ.①TU984.2

　　中国版本图书馆CIP数据核字（2015）第216361号

责任编辑：杨　虹
责任校对：李美娜　刘梦然

继承与创新
2015全国城市规划专业七校联合毕业设计作品集
安徽建筑大学　　　　北京建筑大学
福建工程学院　　　　山东建筑大学
苏州科技学院　　　　浙江工业大学
西安建筑科技大学
*
中国建筑工业出版社出版、发行（北京西郊百万庄）
各地新华书店、建筑书店经销
北京嘉泰利德公司制版
北京方嘉彩色印刷有限责任公司印刷
*
开本：880×1230毫米　1/16　印张：10¼　字数：250千字
2015年9月第一版　　2015年9月第一次印刷
定价：**88.00元**
ISBN 978-7-112-18473-6
　　　　　（27727）

序 言 PREFACE

"大学精神"的本质就是交流与碰撞。2014 年至 2015 年，由冬转夏，自西而东，时经半年，跨越南北，全国七个城市的七所高校、一所规划设计单位、五十多名学生，二十多名教师以及无数对联合毕业设计予以关注和支持的人们，通过对同一专业、同一课题、同一对象的探讨，完成了向"大学精神"的致敬——这就是联合毕业设计最大的意义。所有能够参与其中的教师和学生都会深感荣幸。

在本次联合毕业设计活动中，来自全国各地七所院校的师生通过与西安市规划设计研究院的交流、通过各校之间混编调研、讨论和答辩的方式，集思广益，充分地进行思想、观点与专业的碰撞，共同完成毕业设计的作品。在这一过程中，不管是教师还是同学，都有着巨大的收获。

当然，教学的最终目的还是希望同学们能够在联合毕业设计的过程中感到快乐，这快乐不仅是指汲取知识时的愉悦，更多的是指在与不同城市的师生共度半年后，能够让内心更加开放，对生活更加热爱。若干年后，他们想起这段时光，如若能够面带笑容，便是教师和学校最大的骄傲。

最后，感谢为本次联合毕业设计辛勤付出的老师、同学们以及领导和同仁们。

西安建筑科技大学
2015 年 7 月

2015 年城市规划专业联合毕业设计编委会成员

EDITORIAL BOARD

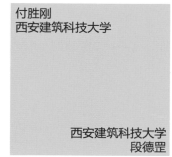

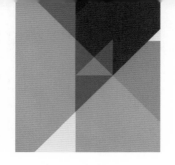

目录
CONTENTS

1

指导教师感言
DIRECTORS TESTIMONIALS

2

学生作品集
THE STUDENT PORTFOLIOS

安徽建筑大学

北京建筑大学

福建工程学院

2015 年城市规划专业联合毕业设计任务书
题目：继承与更新
——西安北院门回坊文化区规划设计

1. 项目概述

1.1 项目背景

北院门位于鼓楼北侧，唐代属皇城范围，尚书省即位于此地。宋元明清时的京兆府、奉元路总管府、西安府等均设在此街及其周边。清代因街北巡抚部院署与今西大街以南总督部院署分称"北院"、"南院"，遂名此街北院门。

1900 年慈禧太后携光绪帝逃至西安，曾居北院，称"行宫"，当时各省所贡银两物品均在此聚集，银号店铺应运而生，盛极一时。

西侧的大学习巷源于唐长安城的一个小坊，当时西域的回纥族帮助郭子仪平定"安史之乱"，郭子仪从甘肃回长安时，带回了 200 多个回纥将领和随从，他们住在这个小坊附近学习唐朝的法令和汉人的文化，所以这个地方取名为"大学习巷"，并逐渐扩展成为西安的回坊。

如今的北院门回坊文化区为北院门、西羊市、化觉巷形成的环形旅游线路，全长 1100 米，即为俗称的"回民街"。街区内南有鼓楼，北有牌坊，清真大寺、古宅大院及店铺食肆镶嵌之间，是西安独具古城风貌的历史文化旅游街区。

然而，在现状的回坊地区，其用地布局、土地效益、环境面貌均存在一定的问题，亟待进行城市设计和研究，明晰功能定位，策划重点项目，整合用地布局，梳理道路交通，提升环境品质，强化空间形象。

1.2 项目名称

继承与更新—西安北院门回坊文化区规划设计

1.3 区位条件及规划范围

西安北院门回坊文化区位于西安老城区即明清西安城西北部，比邻钟楼、鼓楼以及北大街、西大街。

本次毕业设计提供以下两种范围：

1）研究范围

北至莲湖路、南至西大街、东至北大街、西至明清西安城城墙（西门至玉祥门段）。此范围即俗称的"回坊"地区，面积约 227 公顷。

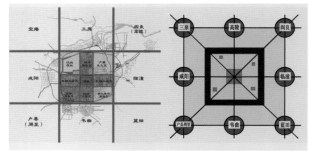

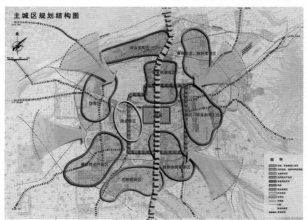
主城区规划结构图

2）核心研究范围

北至大皮院街及西华门大街、南至西大街、东至北大街、西至北广济街。此范围即"北院门"地区，面积约42公顷。

请根据自身对于城市的研究及地段问题的思考与总结，参考已提供的研究范围及核心研究范围，在研究范围内划定完整的城市功能单元，作为本次规划设计的规划范围。

1.4 现状概况

1）道路交通

基地所在位置道路体系完善，交通便捷，北大街及西大街分别从基地研究范围的东侧及南侧通过，环城西路从基地研究范围西侧通过。地铁2号线从基地研究范围东侧通过，地铁1号线从基地研究范围北侧通过。

2）用地性质

基地研究范围内现状用地性质主要为商业办公、文化用地、居住、教育、宗教用地等。

3）历史文化遗产

基地研究范围内为《西安市总体规划（2004—2020)》历史文化名城规划的历史街区。

其中全国重点文物保护单位有4项，分别为：钟楼、鼓楼、化觉巷大清真寺、唐承天门遗址。

省文物保护单位3项，分别为：小皮院清真寺、大学习巷清真寺、城隍庙。

市文物保护单位1项：西五台遗址。

以及各时代民居9处。

1.5 城市设计要求

从分析西安北院门回坊地区历史、区位特点入手，对历史文化遗产、现状建筑、道路格局、经营业态、景观环境、交通组织、配套设施等方面深入调研，结合西安明城区文化、商贸、旅游及城市名片整体发展的要求，合理确定定位、划定范围、开展设计。

2. 成果要求

汇报PPT，4张A1图纸和3套文本（其中图纸包括：区位分析图、基地现状分析图、设计构思分析图、规划结构分析图、城市设计总平面、道路交通系统分析图、绿化景观分析图、其他各项综合分析图、环境节点设计图、鸟瞰图、沿街立面图、局部透视图等，说明书至少包括：前期研究、功能定位、设计构思、功能分区、空间组织、总体布局、交通组织、环境设计、建筑意向、经济技术指标等内容）。

3. 毕业设计工作进度安排

1）第一阶段：开题及现状调查。采取六校混编的形式，以小组为单位对基地及周边进行综合调查，并形成汇报PPT。

2）开题汇报：汇报内容包括基本概况，现状分析，初步设想等内容。

3）第二阶段：城市设计研究。包括背景研究、区位研究、现状研究、案例研究、定位研究等方面内容。

4）中期检查：汇报内容包括综合研究、功能定位和初步方案等内容。

5）第三阶段：城市设计。包括用地布局、道路交通、绿地景观、空间形态、容量指标、专题设计等方面内容。

6）成果答辩：汇报PPT，4张A1图纸和3套文本。

物质类文化遗产栖息地 —— 明城内文物点分布图

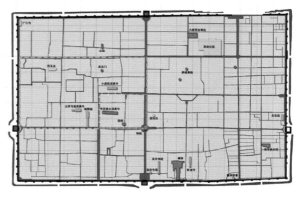

历史街区保护图

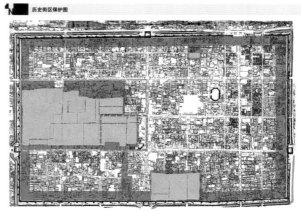

全国城市规划专业第五届联合毕业设计

THE FIFTH JOINT GRADUATION DESIGN OF NATIONAL URBAN PLANNING PROGRRAMS

1

DIRECTORS TESTIMONIALS

指导教师感言

2015 年的联合毕业设计，参与学校达到了 7 所。从 2011 年第一届开始，联合毕设整体水平不断提高，思考内容不断拓展，交流也更深入。特别是今年第一次在西安调研的时间比往届有了很大的延长，达到了一周，学生不仅可以更深入地对西安回坊地段做出调研，而且对西安城市背景也有了更多了解。今年虽然只有一道题目，但是题目综合性强，难度大，训练效果突出。今年有各校不少学生作品给我留下了深刻的印象。祝愿联合毕业设计越办越好！

张忠国

北京建筑大学

今年的题目是西安老城的回坊，回坊既有悠久辉煌的历史文化，又有复杂难解的社会问题，用空间手段去处理它，肯定并不完全足够；但即使是在小小的物质空间领域内，我们今年做得也还不尽然，手法也还不到位，留有不少遗憾的。回忆起杭州的答辩，西湖的水，潮湿的天，从中竟然感觉到一丝丝可惜与不舍。愿今后能共同努力，不断进步，逐步解决这些问题。

苏 毅

北京建筑大学

历经五届，联合毕业设计的队伍愈发壮大，参加院校的地域覆盖全国东、西、南北、中，大家在参加毕业设计活动的同时也能领略祖国各地的山川秀水、风土人情，感受城市发展变化的魅力。本次联设始于古城西安，终于秀美杭州，从选题到中期汇报再到终期答辩，指导教师与学生投入了极大的热情与耐心，交换了解了各院校教学理念与特色，收获了友谊与见识。愿联合毕设在联合上做的更加深入，交流活动开展的更加丰富多彩！

汪勇政

安徽建筑大学

联合毕业设计是一个师生交流的平台，也是检验各校学生五年来专业学习成果的平台，在连续五届规划类院校联合毕业设计过程中，很高兴看到各校师生不辞辛劳，兢兢业业地完成了每一个设计，设计成果深度逐年规范，创新意识不断增强。

之所以选择城市设计项目作为联合毕业设计选题，是因为城市设计最能检验学生的学习成果。所谓城市设计，是对城市三维空间的综合设计，既是对城市物质空间的设计，也是对城市精神空间的设计，它不是单纯的规划设计，而是规划、建筑与景观三位一体的综合设计，以提高城市生活质量和空间品质特色为最终目的。因此，需要在理解城市设计的目的和本质基础上，将五年来所学的所有专业知识加以综合应用。规划师参与城市设计应充分发挥规划学科的优势，将城市设计贯穿在城乡规划的每一阶段，注重将二维规划与三维空间设计有机结合，注重总体空间特色的塑造，突出综合分析、城市特色提炼、历史文化保护与传承等内容。面对古都西安城市核心区，初次接触会有无从下手之感，难度之大可想而知，但从城市设计的视角来看，又有很多内容可做，土地利用与交通、旧城改造与城市更新、历史保护与文化传承、回民生活与旅游发展以及古城空间特色塑造等众多问题需要在设计中一一加以解决。

感谢西安建筑科技大学和浙江工业大学各位老师的精心组织与科学安排，特别感谢西安建筑科技大学付胜刚和浙江工业大学徐鑫两位老师认真细致的工作，祝愿七校联合毕业设计越办越好。

李伦亮

安徽建筑大学

再次有幸成为联合毕业设计指导老师，西安的悠久历史，回坊的文化特色，都给我留下了极其深刻的印象。而这一颇具特色的选题所带来的各校师生不同的解读和处理问题的方式，更是充分体现了联合毕业设计的初衷——取长补短、学习交流、碰撞启迪。再次深刻领略到联合毕业设计不仅为师生们提供拓展视野，相互交流的机会，更为师生们架起了友谊的桥梁。深刻感受到这种多校交流与互动的方式带给我们学生和老师共同的成长与提高。不仅体会到同学们不同的思维模式与设计风格所呈现的魅力，也领略到各校间不同的教学风格所带来的成果上的百花齐放。非常感谢我校八位同学认真的态度以及默契的配合，使师生共同的努力有了丰硕的成果。让我们祝愿这样的联合方式能越办越好，期待来年的再次相聚。

杨芙蓉

福建工程学院

随着 2015 第五届联合毕业设计的帷幕落下，作为初次的参与者，内心多了一份收获的笃定。两次的西安之行和杭州的答辩之旅，七校师生共同经历了现状调研、中期汇报和终期答辩等所有的环节，在这个过程中，不仅领略了兄弟院校迥然各异的教学特色及名师的风采，还增进了彼此之间的合作和友谊，可谓收获满满。而感触最深的是：混编调研模式促进了校际师生之间的交流和互动，"西安回坊继承与更新"的选题拓展了学生的解题思路。在混编调研和讨论的过程中，同学们从陌生到熟悉，相互合作从生硬到融洽；而面对复杂的选题，同学们第一次认识到，空间设计手段并不能真正解决城市历史街区保护与更新的问题，恰恰是政治力、资本力和文化力等才是解决问题的关键。总之，本次的联合毕业设计，无论是对于学生还是本人都是一次学习交流、开拓视野的非常体验！

杨昌新

福建工程学院

此次联合毕业设计的选题"西安市北院门回坊文化区规划设计"充满挑战和无限可能。回坊是个相互包容、充满矛盾和高度复杂的城市历史街区，这里历史文化保护、社会经济发展、空间形态演变等问题交织在一起。清真寺、城隍庙，高家大院见证着回汉民族的和谐混居。回民围市而居的回民聚居结构，明清府城的坊巷格局，叠加形成十二寺十三坊的街区空间格局；钟鼓楼广场、现代商业步行街，历史与现代交织充满活力。搭盖的灰盒子建筑，弥漫着烧烤烟尘的街巷、传统路网和现代交通的矛盾，带来了城市景观、环境卫生、消防安全、交通组织等问题。我们很高兴地看到，七校同学从不同的视角分析、规划定位和设计策略，针对问题，确立目标，立足现状，畅想未来，诠释了自己的城市空间理想，呈现出多样争鸣的设计成果。

这是我们参加的第二次联合毕业设计教学。一个非常 7+1 的平台，两个魅力四射的城市，四次令人难忘的旅程。在七校联盟的平台上，从西安到杭州，选题讨论、调研开题、中期答辩、毕业答辩，又一次的联合教学历程，我们深切感受到了自己的进步和不足。感谢本次毕业设计承办方西安建筑科技大学、浙江工业大学、西安市城市规划设计研究院付出辛勤的劳动，感谢七校联盟的老师和同学们。

卓德雄

福建工程学院

从初春西安大雁塔旁的银杏树到初夏杭州西子湖畔的银杏树，均散发着文化古都的底蕴，联合毕业设计也从启动会、调研、中期汇报到最终毕业答辩；同时也领略了各兄弟院校师生们不同的风采，感受颇多，收获颇多。衷心祝愿这平台能持之以恒，不久的将来，这成为一种传说。

龚海钢

福建工程学院

在大学的最后一个学期，能够认识一座城市，熟悉一片街区，了解生活在那里的人，与不同地域文化的同龄人思维碰撞，共解"西安回坊"未来的设计密码，回忆想想也会醉了……祝同学们学业收获满满，共赴美好前程！

顿明明
苏州科技学院

今年的全国高校城市规划专业联合毕业设计活动在美丽的杭州拉下帷幕。从晨钟暮鼓的古城西安到山色空蒙的天堂杭州，七所高校、近百余师生共同参与"教"与"学"的过程，使得每一位参与者都获益良多。

由于所选题目的地域性和现实特殊性，对大多数师生而言都是一个巨大的挑战。从实地调研、中期交流到最终答辩，从前期研究、理念探讨、规划设计到策划实施等各个环节都充满了讨论、交流，每个学校都展现了良好的精神风貌与气质。

学生们即将离开校园走上工作岗位，希望未来的规划师们能多注重社会公共资源的分配、多注重各方权益的平衡，多为社会大众谋划。衷心祝愿联合毕业设计越办越好！

杨忠伟 彭 锐
苏州科技学院

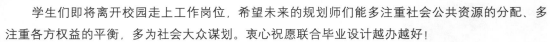

1）联合毕业设计是地方城乡规划院校教学交流和提高教学水平的重要平台。建议适当增加参加院校数量，应优先考虑西部地区和东北地区。2）毕业设计选题应多元化，难度不宜过大。现状调研环节工作需要加强，题目所在院校可以多做些调研工作，现状调研资料可以共享。3）毕业设计答辩建议增加一个大组点评环节。毕业设计答辩完后进行大组点评，总结毕业设计重点和难点，交流各小组毕业设计方案优点、存在问题等，同时便于师生专业学术交流。4）建议在出版的联合毕业设计作品集中，对每个设计作品增加教师点评内容。客观评价每份毕业设计作业的优点和不足。

赵 健
山东建筑大学

一转眼三个月的时间匆匆过去，春寒料峭的西安初相见仿佛还近在眼前，绿树成荫的杭州再聚首却已经标志了离别。马不停蹄的课程安排，如火如荼的讨论、调整、再讨论、再调整，课上课下关于未来关于职业的交流，离别之际的依依不舍，让我这个初次经历毕业设计的菜鸟老师处处觉得新鲜，又觉得紧张、忙碌、压力颇重。当然，也少不了许多许多的遗憾，"当初我如果怎样怎样就好了"，在毕业设计的后半程，这样的想法常常在我头脑中出现，只希望如果有下一次机会参与的机会，能够有所弥补有所进步。

联合毕业设计的目的在于交流，学生、老师都能在这个过程中走出校门，在教学中更深入得了解其他院校。尤其在这个规划大变革的时代，各个院校都在摸索自己的发展方向，相互交流，取彼之长，补己之短，就显得尤为重要。因此再次感谢西安建筑科技大学给我们提供的这次学习的机会，感谢各位前辈、同仁为此付出的时间和精力，感谢各校可爱的同学们带给我们的蓬勃朝气和欢声笑语，让这次经历如此难忘，谢谢你们。

段文婷
山东建筑大学

很高兴又一次参与到七校联合毕业设计的活动中。今年的地块选址设在西安，不仅使我们有机会接触古都，更高兴的是有机会深入了解北院门地区的回坊文化。面对如此厚重的历史积淀和复杂的地域文化背景，老师和同学们在一次次热烈的交流和思想的碰撞中拓展了视野，启迪了设计灵感。这样的深入交流使人获益良多，更加深感联合毕业设计是一种有意义的校际交流形式。

感谢本次联合毕业设计的承办方西安建筑科技大学周到细致地安排，从前期选题，到现场调研，再到中期交流，每一步的教学交流都严谨、有序。感谢各兄弟院校的配合协作，在相互学习的过程中也促进了我们的友谊。感谢各校教师不分彼此的辛勤付出和悉心指导，你们对学生的每一句劝慰、每一个鼓励，相信都是他们今后人生路上的宝贵财富。

徐 鑫

浙江工业大学

2015年浙江工业大学城乡规划专业有幸第二次参加了全国"7+1"本科联合毕业设计教学活动，参与了联合毕业设计教学活动的全过程，从毕业设计选题研讨、设计场地踏勘调查、中期交流检查到终期成果答辩，从中感触良多，受益匪浅。我主要谈谈自己的两点感受：

一、强化现场调研环节

本次的承办单位西安建筑科技大学为成功举办这次联合毕业设计提供了有力的组织安排和优越的物质条件，使教学活动开展的顺利有序。整个教学过程认真、严谨、规范。尤其在场地踏勘，现场调研阶段，许多学校提前多日到达现场进行预先感性认识，在听取了相关当地规划师的西安城市发展、规划与建设情况介绍，尤其是西安建筑科技大学老师的回坊民俗文化研究解读以后，再进行较深入的调研。使学生对北院门回坊地区现状和回民特色有了比较全面的认识，从而促进了本次毕业设计质量的提高。

二、混合编队。加强合作交流

本次分组形成现场调研成果环节，采用混编方式，每组都有7所学校的学生组成，共同调研，共同讨论，共同形成调研报告，共同汇报交流。使各学校教师之间、学生之间、师生之间有较好的交流。在合作交流过程中不仅对具体的设计课题加深理解、认识，而且也拓宽视野，提高了发现问题、分析问题、解决问题的能力，激发了设计的灵感，理清了设计的思路。

最后，感谢西安建筑科技大学为此次联合毕业设计成功举办付出的心血与努力，也感谢各个兄弟院校老师为浙江工业大学学生给予的指导和教诲。

孟海宁

浙江工业大学

第五届七校联合毕业设计活动在杭州圆满的拉上了帷幕。

今年以"继承与更新"为主题的联合毕业设计选题，不论是对同学们还是对指导老师来说都是一项极具难度的挑战。设计选取西安北院门回坊文化区为研究对象，引导同学们开启对城市历史、宗教文化的挖掘，以探寻适合该特殊地段的城市更新方法和设计策略。同学们也不负众望在经历了混编调研、中期答辩指导等联合交流沟通之后，最终呈现出多样丰富的设计成果，虽然呈现的结果或多或少存在着少许遗憾，但我想对于各位同学来说这已是本科求学阶段学习成果的最好表达，也相信各位同学今后的成果将随着成长越发精彩。

作为首次参加联合毕业设计的指导老师，我十分珍视这次学习机会，各校老师睿智的点评给我留下了深刻的印象，同时也感叹各校同学们优秀的专业素养。这些经历和感悟都将成为我今后教学工作中不断前行的最大帮助。

最后感谢为七校联合毕业设计活动成果举办所辛劳付出的各校老师和同学们。衷心祝愿联合毕业设计越办越好！

龚 强

浙江工业大学

2

THE STUDENT
PORTFOLIOS

学生作品集

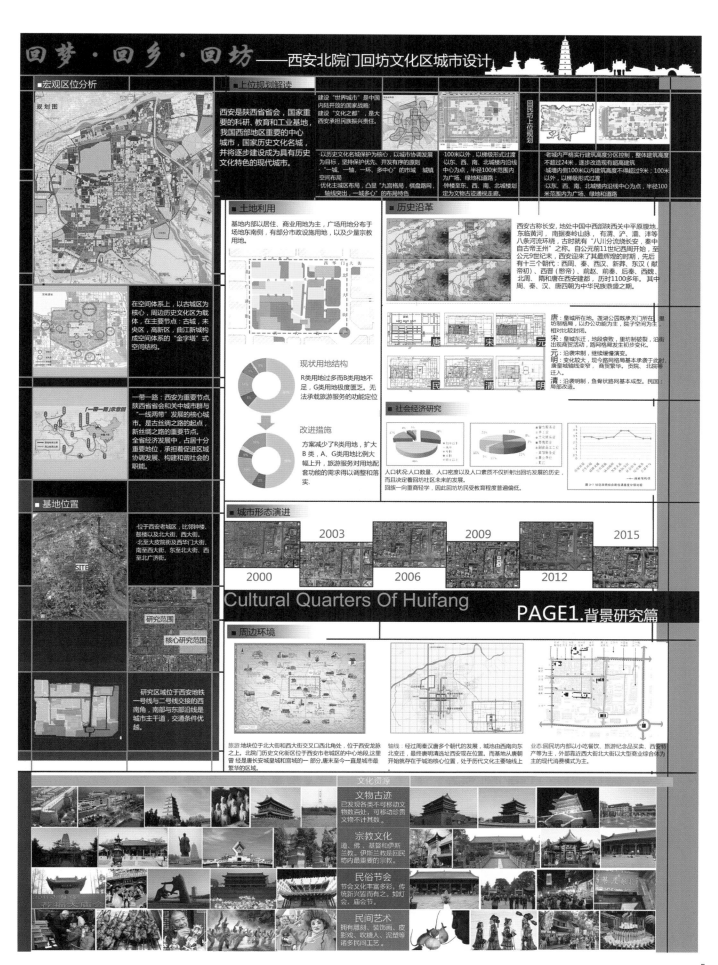

回梦·回乡·回坊——西安北院门回坊文化区城市设计

Cultural Quarters Of Huifang

■宏观区位分析

规划图

西安是陕西省省会，国家重要的科研、教育和工业基地，我国西部地区重要的中心城市，国家历史文化名城，并将逐步建设成为具有历史文化特色的现代城市。

在空间体系上，以古城区为核心，周边历史文化区为载体，在主要节点（古城、未央区、高新区、曲江新城构成空间体系的"金字塔"式空间结构。

一带一路：西安为重要节点，陕西省省会和关中城市群的"一线两带"发展的核心城市。是古丝绸之路的起点，新丝绸之路的重要节点。全省经济发展中，占据十分重要地位，承担着促进区域协调发展、构建和谐社会的职能。

■基地位置

位于西安老城区，比邻钟楼、鼓楼以及北大街、西大街。北至大皮院街及西华门大街，南至大街、东至北大街、西至北广济街。

研究区域位于西安地铁一号线与二号线交接的西南角，南部与东部沿线是城市主干道，交通条件优越。

SITE
研究范围
核心研究范围

■上位规划解读

建设"世界城市"是中国内陆开放的国家战略；建设"文化之都"，是大西安承担民族振兴责任。

以历史文化名城保护为核心，以城市协调发展为目标，坚持保护优先、开发有序的原则。"一城、一轴、一环、多中心"的市域城镇空间布局。优化主城区布局，凸显"九宫格局，棋盘路网，轴线突出，一城多心"的布局特色。

100米以外，以梯级形式过渡。以东、西、南、北城楼内沿线中心为点，半径100米范围内，为广场、绿地和道路。种植东东、西、南、北城划定为文物古迹通视走廊。

回民坊上位规划

老城内严格实行建筑高度分区控制，整体建筑高度不超过24米，逐步改造现有超高建筑。城墙内侧100米以内建筑高度不得超过9米；100米以外，以梯级形式过渡。以东、西、南、北城楼内沿线中心为点，半径100米范围内为广场、绿地和道路。

土地利用

基地内部以居住、商业用地为主，广场用地分布于场地东南侧，有部分市政设施用地，以及少量宗教用地。

西华门大街

现状用地结构
R类用地过多而B类用地不足，G类用地极度匮乏。无法承载旅游服务的功能定位

改进措施
方案减少了R类用地，扩大B类，A类，G类用地比例大幅上升，旅游服务对用地配套功能的需求得以调整和落实。

历史沿革

西安古称长安，地处中国中西部陕西关中平原腹地，东临黄河，南据秦岭山脉，有渭、泾、沪、灞、沣等八条河流环绕，古时就有"八川分流绕长安，秦中自古帝王州"之称。自公元前11世纪西周开始，至公元9世纪末，西安迎来了其最辉煌的时期，先后有十三个朝代：西周、秦、西汉、新莽、东汉（献帝初）、西晋（愍帝）、前赵、前秦、后秦、西魏、北周、隋和唐在西安建都，历时1100多年。其中周、秦、汉、唐四朝为中华民族鼎盛之期。

唐： 皇城所在地。莲湖公园既承天门所在，里坊制格局，以办公功能为主，子空间为主，相对比较封闭。
宋： 皇城东迁，地段衰败，里坊制破裂，沿街出现商贸活动，路网格局发生初步变化。
元： 沿袭宋制，继续缓慢演变。
明： 变化较大，现今路网格局基本承袭于此时，唐皇城缩变窄，商贸繁华、贡院、北院等迁入。
清： 沿袭明制，鱼骨状路网基本成型。民国：局部改造。

唐　宋　元
民　清　明

社会经济研究

人口状况：人口数量、人口密度以及人口素质不仅折射出回坊发展的历史，而且决定着回坊社区未来的发展。回族一向重商轻学，因此回坊坊民受教育程度普遍偏低。

■城市形态演进

2000　2003　2006　2009　2012　2015

PAGE1.背景研究篇

■周边环境

旅游：地块位于北大街和西大街交叉口西北角处，位于西安龙脉之上。北院门历史文化街区位于西安市老城区的中心地段，这里曾经是长安城皇城和宫城的一部分，唐末至今一直是城市最繁华的区域。

轴线：经过周秦汉唐多个朝代的发展，城址由西南向东北变迁，最终明清选址西安现在的位置。而基地从唐朝开始就存在于城址核心位置，处于历代文化主要轴线上。

业态：回民坊内部以小吃餐饮、旅游纪念品买卖、西安特产等为主，外部靠近西大街北大街以大型商业综合体为主的现代消费模式为主。

文化资源

文物古迹
已发现各类不可移动文物数百处，可移动珍贵文物不计其数。

宗教文化
道、佛、基督及伊斯兰教。伊斯兰教位回民坊内最重要的宗教。

民俗节会
节会文化丰富多彩，传统新兴皆而有之，如灯会、庙会节。

民间艺术
拥有雕刻、装饰画、皮影戏、吹糖人、泥塑等诸多民间工艺。

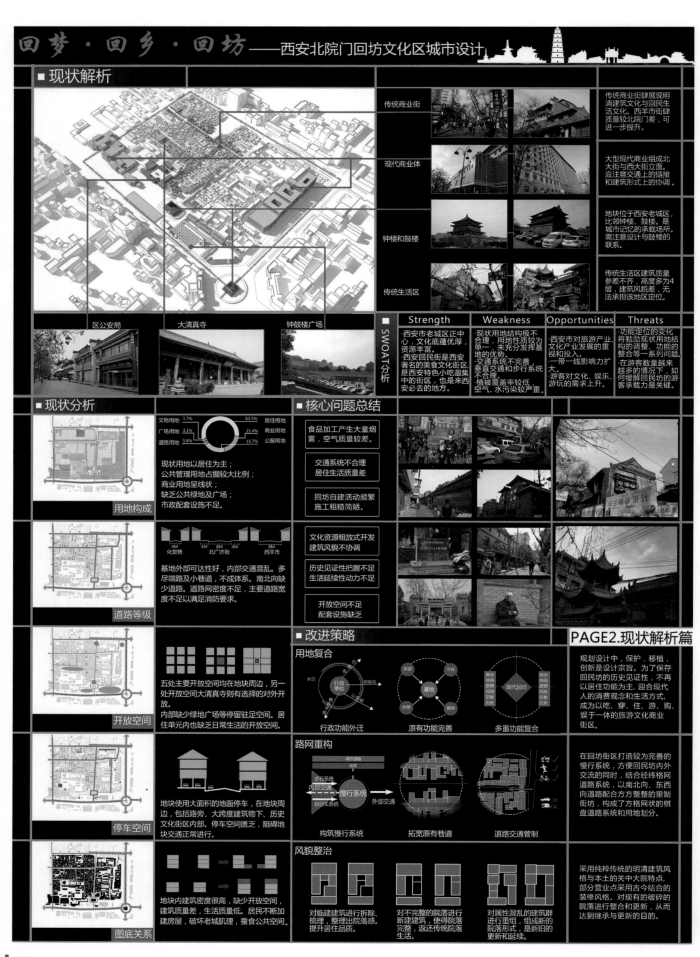

■ 现状解析

传统商业街

现代商业体

钟楼和鼓楼

传统生活区

传统商业街肆展现明清建筑文化与回民生活文化。西羊市街肆质量较北院门差，可进一步提升。

大型现代商业组成北大街与西大街立面。应注意交通上的链接和建筑形式上的协调。

地块位于西安老城区，比邻钟楼、鼓楼。是城市记忆的承载场所。需注意设计与鼓楼的联系。

传统生活区建筑质量参差不齐，高度多为4层，建筑风貌差，无法承担该地区定位。

区公安局　　大清真寺　　钟鼓楼广场

SWOAT分析

Strength	Weakness	Opportunities	Threats
·西安市老城区正中心，文化底蕴优厚，资源丰富。 ·西安回民街是西安著名的美食文化街区，是西安特色小吃最集中的街区，也是来西安必去的地方。	·现状用地结构极不合理，用地性质较为单一，未充分发挥基地的优势。 ·交通系统不完善，垂直交通和步行系统不合理。 ·植被覆盖率较低，空气、水污染较严重。	·西安市对旅游产业、文化产业发展的重视和投入。 ·一带一线影响力扩大。 ·游客对文化、娱乐、游玩的需求上升。	·功能定位的变化将勉励现状用地结构的调整、功能的整合等一系列问题。 ·在游客数量越来越多的情况下，如何缓解回民坊的游客承载力是关键。

■ 现状分析

用地构成

文物用地 1.7%　　　居住用地 63.5%
广场用地 3.1%　　　商业用地 21.4%
道路用地 5.6%　　　公服用地 15.7%

现状用地以居住为主；
公共管理用地占据较大比例；
商业用地呈线状；
缺乏公共绿地及广场；
市政配套设施不足。

道路等级

4M化觉巷　　4M 8M 4M 北广济街　　8M西羊市

基地外部可达性好，内部交通混乱。多尽端路及小巷道，不成体系。南北向缺少道路。道路网密度不足，主要道路宽度不足以满足消防要求。

开放空间

五处主要开放空间均在地块周边，另一处开放空间大清真寺则有选择的对外开放。内部缺少绿地广场等停留驻足空间。居住单元内也缺乏日常生活的开放空间。

停车空间

地块使用大面积的地面停车，在地块周边，包括路旁、大跨度建筑物下、历史文化街区内部。停车空间匮乏，阻碍地块块交通正常进行。

图底关系

地块内建筑密度很高，缺少开放空间，建筑质量差，生活质量低。居民不断加建房屋，破坏老城肌理，蚕食公共空间。

■ 核心问题总结

食品加工产生大量烟雾，空气质量较差。

交通系统不合理
居住生活质量差

回坊自建活动频繁
施工粗糙简陋

文化资源粗放式开发
建筑风貌不协调

历史见证性把握不足
生活延续性动力不足

开放空间不足
配套设施缺乏

■ 改进策略

用地复合

行政功能外迁　　原有功能完善　　多重功能复合

路网重构

构筑慢行系统　　拓宽原有巷道　　道路交通管制

在回坊街区打造较为完善的慢行系统，方便回民坊内外交流的同时，结合经纬格网道路系统，以南北向、东西向道路配合方方整整的里制街坊，构成了方格网状的棋盘道路系统和用地划分。

风貌整治

对临街建筑进行拆除、梳理，整理出院落感，提升居住品质。

对不完整的院落进行新建建筑，使得院落完整，返还传统院落生活。

对属性混乱的建筑群进行重组，组成新的院落形式，是新旧的更新和延续。

采用纯粹传统的明清建筑风格与本土的关中大院特点，部分营业点采用古今结合的装修风格。对现有的破碎的院落进行整合和更新，从而达到继承与更新的目的。

PAGE2.现状解析篇

规划设计中，保护，移植，创新是设计宗旨。为了保存回民坊的历史见证性，并以居住功能为主，迎合现代人的消费观念和生活方式，成为以吃、穿、住、游、购、娱于一体的旅游文化商业街区。

■ 方案主题解析

回梦——梦回唐朝

西安总体规划要求"唐皇城复兴规划"，回坊正是重要的皇城风貌区。因此进行空间构成整治，以方格路网式划分地块。

规划将"里坊"传统理念融入居住单元更新设计中，依托路网划分合理的"里坊"单元。规划12个小坊，内部设置独立的公共活动空间，创造宜人的"里坊"单元。

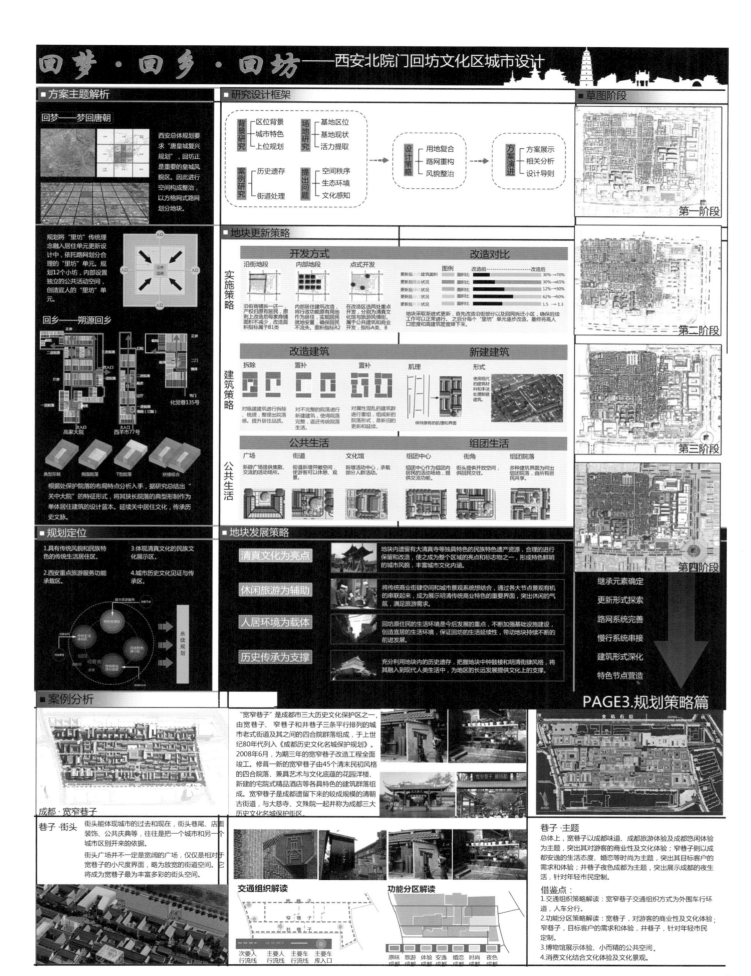

回乡——朔源回乡

化觉巷135号

高家大院   西平市77号

典型形制   侧院落   T型院落   拱接组合

根据处保护院落的布局特点分析入手，据研究出"关中大院"的特征形式，将其狭长院落的典型形制作为单体居住建筑的设计蓝本。延续关中居住文化，传承历史文脉。

■ 规划定位

1.具有传统风貌和民族特色的传统生活居住区。

2.西安重点旅游服务功能区。

3.体现清真文化的民族文化展示区。

4.城市历史文化见证与传承区。

永续规划

■ 案例分析

成都·宽窄巷子

巷子·街头

街头巷尾能体现城市的过去和现在，街头巷尾、店面装饰、公共庆典等，往往是把一个城市和另一个城市区别开来的依据。

街头广场并不一定是宽阔的广场，仅仅是相对于宽窄巷子的小尺度界面，略为放宽的街道空间。它将成为宽窄巷子最为丰富多彩的街头空间。

■ 研究设计框架

背景研究：区位背景、城市特色、上位规划
场地研究：基地区位、基地现状、活力提取
案例研究：历史遗存、街道处理
提出问题：空间秩序、生态环境、文化感知

设计策略：用地复合、路网重构、风貌整治

方案演进：方案展示、相关分析、设计导则

■ 地块更新策略

实施策略

开发方式

沿街地段、内部地段、点式开发

沿街商铺拆一还一，产权仍归有居民，原则上改造后商家商铺面积减少，改造面积指标归属B1类

内部居住建筑改造，整理出院民使用，实现回民生活，确保居民生活不流失，面积指标归C类

在改造区选两处进行开发，分别为清真文化旅游和民族旅游风情街，属于公建和商业开发，指标A类、B

地块采取渐进式更新，首先改造沿街部分以及回民搬迁小区，确保后续工作可以正常进行，之后分个"里坊"单元逐步改造。最终将高人口密度和高建筑密度降下来。

改造对比

图例	改造前————改造后
更新后：建筑面积	30%~70%
更新后：商业状况	30%~65%
更新后：绿地状况	12%~30%
更新后：容积率状况	6.2%~50%
更新后：建筑层数	1.5→1.3

建筑策略

改造建筑

拆除、置补、置补

对应建筑进行拆除梳理，提升居住品质。

对不完整的院落进行新建建筑，使得院落完整，返还传统院落。

对属性混乱的建筑群进行重组，组成新的院落方式，是新旧的更新和延续。

新建建筑

肌理、形式

保持原有的肌理和界面

使用现代的建筑材料和手法处理新建建筑。

公共生活

公共生活

广场、街道、文化馆

新辟广场提供居民交流的活动场所。

街道新增开敞空间，使游客可以休息、观景。

新增活动中心，承载部分人群活动。

组团生活

组团中心、街角、组团院落

组团中心作为组团内居民的活动场地，提供交流功能。

街角提供开放空间，供居民交往。

多种建筑界面为何出组团院落，由所有居民共享。

■ 地块发展策略

清真文化为亮点

地块内遗留有大清真寺等独具特色的民族特色遗产资源，合理的进行保留和改造，使之成为整个区域的亮点和标志物之一，形成特色鲜明的城市风貌，丰富城市文化内涵。

休闲旅游为辅助

将传统商业街肆空间和城市景观系统想结合，通过各节点景观有机的串联起来，成为展示明清传统商业特色的重要界面，突出休闲的气氛，满足旅游需求。

人居环境为载体

回坊原住民的生活环境是今后发展的重点，不断加强基础设施建设，创造宜居的生活环境，保证回坊的生活延续性，带动地块持续不断的前进发展。

历史传承为支撑

充分利用地块内的历史遗存，把围地块中神韵与明清街肆风格，将其融入到现代人类生活中，为地区的长远发展提供文化上的支撑。

■ 草图阶段

第一阶段

第二阶段

第三阶段

第四阶段

继承元素确定
更新形式探索
路网系统完善
慢行系统串接
建筑形式深化
特色节点营造

PAGE3.规划策略篇

"宽窄巷子"是成都市三大历史文化保护区之一，由宽巷子、窄巷子和井巷子三条平行排列的城市老式街道及其之间的四合院群落组成，于上世纪80年代列入《成都历史文化名城保护规划》。2008年6月，为期三年的宽窄巷子改造工程全面竣工。修葺一新的宽窄巷子由45个清末民初风格的四合院落、兼具艺术与文化底蕴的花园洋楼、新建的宅院式精品酒店等各具特色的建筑群落组成。宽窄巷子是成都遗留下来的较成规模的清朝古街道，与大慈寺、文殊院一起并称为成都三大历史文化名城保护街区。

巷子·主题

总体上，宽巷子以成都味道、成都旅游体验及成都悠闲体验为主题，突出其对游客的商业性及文化体验；窄巷子则以成都安逸的生活态度、婚恋等时尚为主题，突出其目标客户的需求和体验；井巷子夜色成都为主题，突出展示成都的夜生活，针对年轻市民定制。

借鉴点：
1.交通组织策略解读：宽窄巷子交通组织方式为外围车行环道，人车分行。
2.功能分区策略解读：宽巷子，对游客的商业性及文化体验；窄巷子，目标客户的需求和体验；井巷子，针对年轻市民定制。
3.博物馆展示体验、小而精的公共空间。
4.消费文化结合文化体验及文化景观。

交通组织解读

次要人行流线、主要人行流线、主要车行流线、主要车库入口

功能分区解读

原味成都、旅游成都、体验成都、安逸成都、婚恋成都、时尚成都、夜色成都

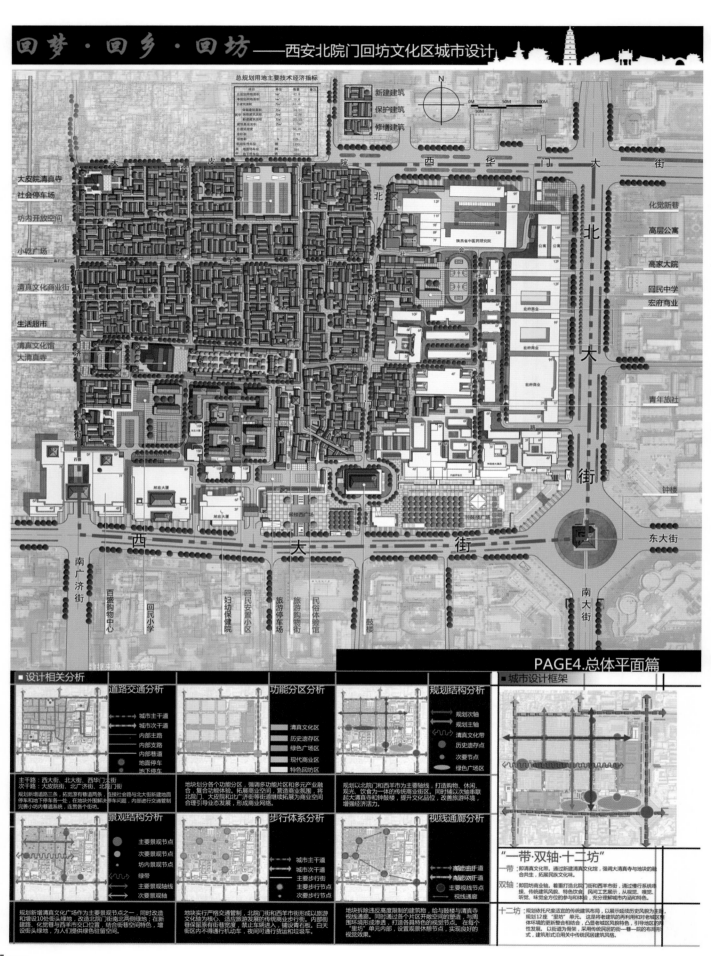

PAGE4.总体平面篇

■设计相关分析

■城市设计框架

"一带·双轴·十二坊"

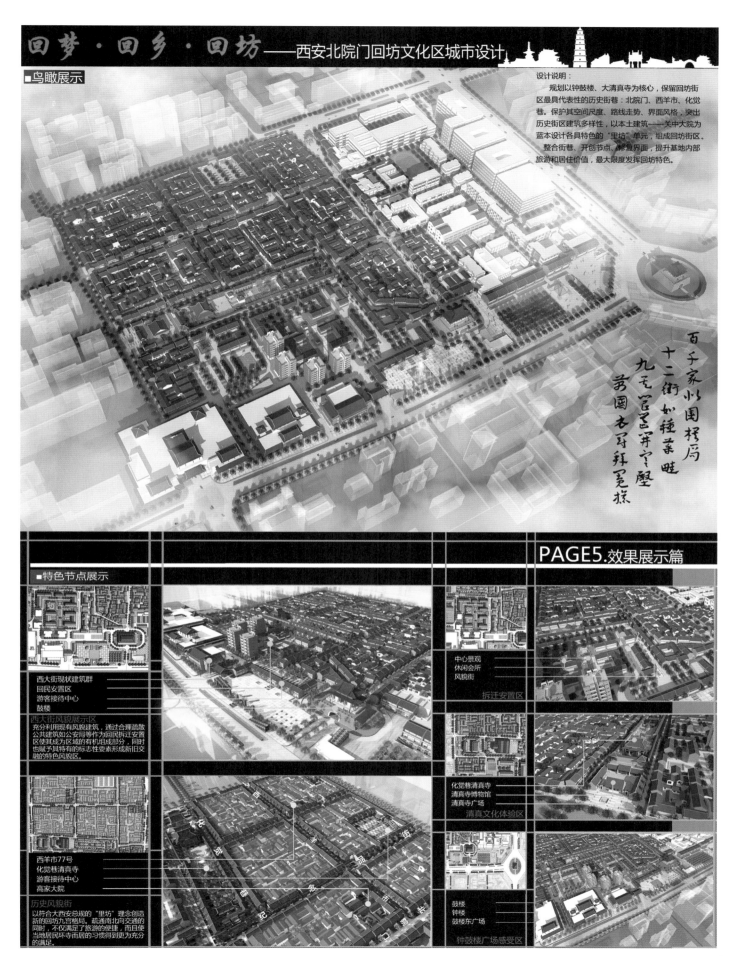

回梦 · 回乡 · 回坊——西安北院门回坊文化区城市设计

■鸟瞰展示

设计说明：
规划以钟鼓楼、大清真寺为核心，保留回坊街区最具代表性的历史街巷：北院门、西羊市、化觉巷。保护其空间尺度、路线走势、界面风格，突出历史街区建筑多样性，以本土建筑——关中大院为蓝本设计各具特色的"里坊"单元，组成回坊街区。整合街巷、开创节点、修复界面，提升基地内部旅游和居住价值，最大限度发挥回坊特色。

百千家似围棋局
十二街如种菜畦
九毛官邸开宫壁
异国衣冠拜冕旒

PAGE5.效果展示篇

■特色节点展示

西大街现状建筑群
回民安置区
游客接待中心
鼓楼

西大街风貌展示区
充分利用现有风貌建筑，通过合理疏散公共建筑如公安局等作为回民拆迁安置区使其成为区域的有机组成部分，同时也赋予其特有的标志性要素形成新旧交融的特色风貌区。

西羊市77号
化觉巷清真寺
游客接待中心
高家大院

历史风貌街
以符合大西安总规的"里坊"理念创造新的回坊九宫格局。疏通南北向交通的同时，不仅满足了旅游的便捷，而且使当地居民环寺而居的习惯得到更为充分的满足。

中心景观
休闲会所
风貌街

拆迁安置区

化觉巷清真寺
清真寺博物馆
清真寺广场

清真文化体验区

鼓楼
钟楼
鼓楼东广场

钟鼓楼广场感受区

021

回梦·回乡·回坊——西安北院门回坊文化区城市设计

■创意空间设计

正房 | 厢房 | 二门 | 宅门 | 偏院

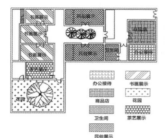

图例：办公接待 | 书画展示 | 商品店 | 花园 | 卫生间 | 茶艺展示 | 民俗展示

作为小规模典型的"前店后宅"居住模式，125号院落为街区中独院住户的改造与利用提供了可借鉴的经验。中"前店"和后院的使用者，它在整个回民历史街区中有一定的代表性。

125号院落经过开发利用对原有院落增加了多种利用方式，所增加的内容包括：

1、展览类—明清建筑艺术、红木家具、传统民居楹联、砖雕艺术。
2、游人参与互动类—传统茶馆酒肆、民间艺术陶瓷制作、藏传佛教唐卡艺术绘制。
3、观摩欣赏类—陕西民间剪纸、皮影戏、汉唐歌舞。
4、销售类—销售古今名人书画、现代中国画精品、古长安老照片、明清瓷器、秦砖汉瓦、古钱币及青铜器，具有陕西特点的旅游纪念品、剪纸、民俗艺术品等。

■步行游线设计

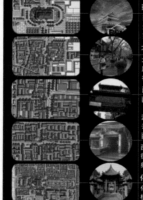

鼓楼
西安鼓楼是我国古代遗留下来众多鼓楼中形制最大、保存最完整鼓楼之一。

北院门
北院门为核心形成的回坊文化风情街，是西安市乃至全国闻名遐迩的回民餐饮商业步行街。

西羊市
西羊市处于回民坊的核心地段，是外地和外国游客来西安旅游时品尝古都小吃美食的最佳去处之一。

西羊市77号
西羊市77号院落位于鼓楼历史街区中的西羊市街中段，是一处典型的关中窄院民居。

化觉巷清真寺
化觉巷清真寺是西安市现存规模最大、保护最完整的明代建筑群。

北广济街清真寺
地处广济坊，临近化觉巷清真大寺俗称"清真小寺"坊民嬉称大寺的"哨门"。

■慢行系统解析

POD >> TOD >> COD
步行环境 | 公交系统 | 小汽车
导向开发 | 导向开发 | 导向开发

本地块采用慢行交通发展模式，在主要节点处设置休憩文化广场并通过景观视觉廊串联，设计游览路线联通各个风貌区：钟楼、钟鼓楼广场、鼓楼、北院门、高家大院、西羊市、西羊市77号、化觉巷清真寺、清真文化体验馆等。

· 形成完善的慢行体系
· 构筑古色古香的历史风貌
· 优化环寺而居的生活空间

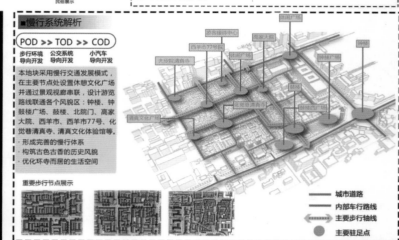

重要步行节点展示

图例：
—— 城市道路
—— 内部车行路线
⇢ 主要步行轴线
● 主要驻足点

■导则

地块性质

序号	代码	用地性质	面积(hm2)	比例(%)
1	B	商业服务业设施用地	10.6	25.2
其中	B1	商业用地	4.8	11.4
	B2	商务用地	5.8	13.8
2	A	公共管理与公共服务设施	10.2	24.3
其中	A3	教育科研用地	3.6	8.6
	A5	医疗卫生用地	2.9	6.9
	A7	文物古迹用地	3.7	8.8
3	S	道路与交通设施用地	2.3	5.5
4	G	公共绿地用地	5.4	12.9
5	R	居住用地	13.5	32.1

规划用地平衡表

地块编号

街区控制指标一览表

地块编号	用地面积(hm²)	建筑密度(%)	容积率	绿地率(%)	新建建筑限高(m)	用地类别
A	8.96	30(上)	1.0(上)	30(下)	12	R、B1
B	8.76	15(上)	1.0(上)	20	20	R、A7
C	7.23	40(上)	1.5(上)	40(下)	12	R、B1
D	5.72	10(上)	1.0(上)	80(下)	20	G
E	5.21	30(上)	1.0(上)	40(下)	20	R、B1
F	8.94	30(上)	1.8(上)	40(下)	20	R、B1、A5

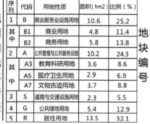

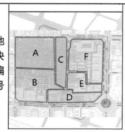

回梦·回乡·回坊
——西安北院门回坊文化区规划设计

延续与传承、尊重与关怀
——石睿

我此次毕业设计研究的课题是"西安北院门回坊文化区规划设计"。在为期 3 个月的设计中，我学到了很多城市设计方面的理论知识与实践经验，特别是对历史街区的改造更新的认识。城市本身是个三维空间，城市设计即是对城市三位空间的设计，城市设计与规划的过程中，用城市特色风貌来传承与保护城市文明是现代城市设计中重要的方面。在旧城更新中，城市的特色与风貌是城市设计的灵感来源，由此确定主要街区的风貌与特色是做好城市设计的首要步骤。街区是城市组成的重要部分，而街区风貌有新旧两种层面上的城市文明的印记。对于历史风貌的延续和对新街区风貌的创造是城市设计的主旨，也是延续一座城的生活形态与城市发展模式。现今，国内城市大部分到了旧城改造，新城开发的阶段，有些城市没好好利用原有街区风貌而一味地拆后重建，会引发城市的建设中忽略越来越多的人文气息。因此，探究街区风貌是城市设计发展中重要的环节。本次规划地块位于西安老城区内北院门地块，属于西安市重点历史文化街区。探究历史街区风貌与现代街区风貌的统一和协调是此次设计中的重点。包括对历史街区街坊的保留与改造，建筑高度的协调。城市设计中，建筑设计与城市的关系紧密相连，由各种各样的建筑组成人居的城市活动空间。所以由建筑立面营造出来的协调性空间对于城市整体性的提升有重要意义。建筑通过不同的方面来营造街道空间。建筑与道路围合而成的街区设计是城市设计中的组成部分，街区风貌是街区设计中灵感的来源所在，延续与传承这里的风貌也是对住在原城市居民的一种尊敬与人为关怀，也是对城市所沉淀出的历史的一种凝固。因此，街区风貌的统筹在城市设计中不容忽视。城市设计是引导城市特色的重要手段。而确定好城市特色对城市设计起促进和美化作用。经历三个月，终于完成了我的毕业设计，也是给大学生涯画上了完美的句号。感谢在毕业设计中给予我细心指导和帮助的李伦亮老师，学校间同学的交流给我提供了很多的经验，感谢一路走来陪伴我的团队。

设计改变生活，生活丰富城市
——薛杰

西安之旅，受益匪浅。能够参加这次联合毕设我感到很荣幸，这不仅是对我五年来在学校学习成果的一次检验，也是一次对外交流学习的窗口。感谢这个大集体给我一次难得的机会，让我接触到来自于不同高校的优秀师生，让我在大学时代的最后一次设计，留下了珍贵的回忆。

这次毕业设计的选题与我们国家现阶段的规划行业有着千丝万缕的联系。当大家都在说规划行业不景气的时候，我们是否看到了现在的规划正从增量规划向存量规划的改变，当我们逐渐改变粗放式、外延式的开发模式的时候，规划思想是否也应当相应地调整呢？这次的回坊文化区给了我很大的启发。回坊街区区别于一般意义上的旧城区，她拥有着特殊的历史、文化脉络，对这样的地方进行改造，要考虑的因素十分庞大。每个城市都有着旧城区，存在着或大或小的问题，这些问题正是与我们的生活而城市规划这样一个具有庞大体系的学科，就是要以人为本，用心融入设计，用设计改变生活，用生活丰富城市。

最后，衷心的感谢给我很多建议和帮助的李伦亮老师和小伙伴。其他高校的老师和同学，你们的意见和建议让我们在交流中共同进步。特别感谢西建大的王闯同学，他对我们联合小组付出了很多。今后的路上，愿我们拥有坚强的心智，勇往直前。

魔力回坊

继承与更新——西安北院门回坊文化区规划设计

INCREDIBLE-CUBE HUI RESIDENTAL CULTURE ZONE

INHERIT URBAN DESIGN RENEW

■ 宏观区位分析

·东以零河和灞源山地为界
·西以太白山地及青化黄土台塬为界
·南至北秦岭主脊
·北跨渭河
·辖境东西长约204公里，南北宽约116公里。

·西安全市辖新城、碑林、莲湖、雁塔、未央、灞桥、阎良、临潼、长安9个区及周至、蓝田、户县、高陵4个县。
·共有街道、乡、镇176个，其中街道办事处89个，镇40个、乡47个。

·地处西安市老城区核心地段
·地处西安市老城区核心商圈
·距西安咸阳国际机场27公里
·距西安火车站2公里
·距西安北站13公里

■ 基地位置

基地位于老城核心地段城市的地理中心，是城市发展的核心动力，具有对牵引各个地区发展的巨大作用，对城市各个方向的发展均具有极强的向心力。

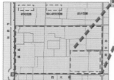

基地位于城墙内部，钟鼓楼广场的西南，西邻城墙，北依莲湖公园。

基地核心研究范围位于基地东南角，本次设计地块的的范围主要依据为：
1、重要车行道及人行道；
2、地块是否规整，便于规划设计后期功能的排放；
3、重要历史遗迹的保护范围
综合上述观点选取范围。

■ 上位规划解读

·采取拉大城市骨架，发展外围新区；优化布局结构，完善城市功能
·布局形态为九宫格局，棋盘路网，轴线突出，一城多心
·降低中心密度，保护古城风貌；显山露水增绿，塑造城市个性
·南北拓展空间，东西延伸发展的城市布局原则，城市未来主要向西南、东北方向发展

■ 特色资源

建筑风格
西安整体建筑风格属于汉唐遗风，简单的装饰，没有明清时过多的雕饰，简约大气，展示了西安特色文化气质。

饮食文化
西安饮食以面食为主，特色主要有肉夹馍、羊肉泡馍、锅盔、秦镇凉皮等地域美食。

民间文化
陕西民间以秦腔、扭秧歌、皮影戏、剪纸等艺术形式最为流行，在人民群众之中广受喜爱。

宗教
以回民坊为代表的伊斯兰教文化和以城隍庙为代表的道教文化

历史景点
西安的景点多为历史古迹。钟鼓楼，大小雁塔，大明宫华清池，兵马俑，骊山大唐芙蓉园，曲江池，这些都是西安重要的旅游景点。

自然生态
西安地处关中平原，南北邻渭水，自然生态良好，地势平坦，水量充沛。

■ 场地周边

交通：城市核心地段，轴线交汇，轨交、快速路交通便捷，与其他功能区联系便捷

通勤：轨道交通以及城区快速路的建设使基地的辐射范围大大增加，强化其影响力

商业：基地本身作为钟鼓楼商圈的重要组成部分，与其余商圈均有便捷的联系

旅游：基地位于各大旅游景点的地理中心，且均有较为便捷的交通联系

■ 经济产业研究

第一产业	农业 Agriculture	采矿业 Mining	制盐业 Salt industry	
第二产业	工业 Industry	建筑业 Building industry	制造业 Manufacturing	
第三产业	交通运输 Transportation	金融业 Financial	餐饮业 Restaurant	房地产业 Real estate

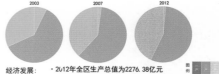

2003　2007　2012

经济发展：
·2012年全区生产总值为2276.38亿元
·城镇居民人均可支配收入达到3万元

产业结构：
·一产：旅游观光农业、生态建设产业
·二产：房地产、金融、保险、农副产品加工业
·三产：酒店餐饮、旅游服务、商业贸易、休闲服务、科教及文化产业

■ 发展需求分析

王先生 34岁 创意工作者　　**聚其业** 创意产业注入体现产业发展需求　　融传统、现代、创新产业于地块中，丰富产业结构，增强活力。

张先生 46岁 城市规划管理者　　**融其绿** 自然景观渗透体现生态发展需求　　充分利用文物保护单位和公园绿化与地块渗透，符合"环境友好"的时代主题。

李小姐 26岁 白领　　**安其居** 个性公寓体现生活发展需求　　现代化个性公寓，完善的配套服务，打造当代精致生活。

小明 21岁 大学生　　**乐其俗** 城市特色体现文化发展需求　　将特色地域文化落实到建筑形态和行为活动中，突出创意主题。

■ 历史沿革

唐　宋　元　民　清　明

唐：皇城所在地。莲湖公园既承天门所在。里坊制格局，以办公功能为主，院子空间为主，相对比较封闭。
宋：皇城东迁，地段衰败，里坊制破败，沿街出现商贸活动，路网格局发生初步变化。**元**：沿袭宋制，继续缓慢演变。
民：变化较大，现今路网格局基本承袭于此时，皇城城轴线变窄，商贸繁华。贡院、北院等迁入。
清：沿袭明制，鱼骨状路网基本成型。民国：局部改造。

■ 内城区位分析

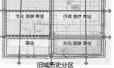

西安内城历史街区格局

基地位于北院门历史街区，外围有三学街历史街区及七贤庄历史街区。各自历史渊源不同，发展定位及特色也有所差异，如何错位发展，值得思考。

差异化发展格局

基地位于城市一级中心的辐射区，作为旧城文化，旅游，商贸的主要承载区域，与其余三个片区形成错位发展。

PAGE1.背景研究篇

魔力回坊

继承与更新 ——— 西安北院门回坊文化区规划设计

INCREDIBLE-CUBE HUI RESIDENTIAL CULTURE ZONE

INHERIT URBAN DESIGN RENEW

■ 场地内部

交通分析

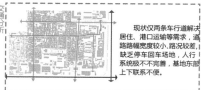

现状仅两条车行道路解决居住、港口运输等需求，道路路幅宽度较小、路况较差，缺乏停车回车场地，人行系统极不完善，基地东部上下联系不便。

建筑质量分析

1、建筑质量好，利用价值较高，功能置换后可直接利用；
2、建筑较完好，立面可更新后可保留原有功能，也可置换新功能；
3、建筑年代较久，外观破败，内部功能也不能满足新的需求，建议拆除。

肌理分析

现状

基地西部和北部保存相对完整，建筑密集，肌理较好，需要局部的梳理，而东部和沿海的肌理较为混乱，需整体梳理。

建筑层数分析

基地内建筑主要以三到四层为主，局部建筑可以达到六层，沿街商业基本达到10层以上。

■ 地块活力点提取

① 现状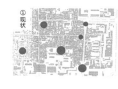
② 培育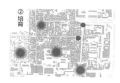
③ 规划
④ 连接

■ 基地要素提炼分析

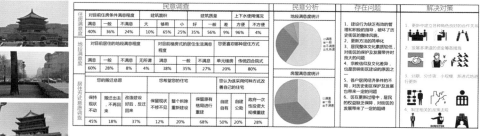

钟楼

北大街

鼓楼

城隍庙　清真寺　西大街　钟鼓楼广场

周边轨道交通　周边文化教育设施　周边旅游文化资源

■ 居民意愿调查与分析

民意调查

住房满意度				建筑面积			建筑质量			上下水使用情况		
满意	一般	不满意		小	够用	大	好	一般	差	方便	一般	不方便
40%	36%	24%		10%	65%	25%	35%	56%	9%	96%		4%

地段满意度				对居住楼式的满意度			您喜欢的居住方式				
满意	一般	不满意	无所谓	满意	一般	不满意	单元楼式	传统四合院式			
60%	28%	8%	4%	38%	35%	27%	20%	80%			

您的搬迁意愿				您希望的住宅						
保持现状不动	搬迁出去不回来	改造建设好后，反正搬回来	保持现状不修可不	整体拆除重新建设	保留原有格局原地重建	自筹自有	自筹公助	政府一次性投资建	
45%	18%	37%	12%	20%	68%	50%	20%	28%	

民意分析

地段满意度统计

房屋满意度统计

存在问题

1、建设行为缺乏有效的管理和规划的指导，破坏了历史城区的整体风貌。
2、更新方法的简单化。
3、居民整体文化素质较低，对民居的保护认与发展时并不良大的问题。
4、宗教信仰及文化差异也是影响街区建设的原因之一。
5、各户居民经济条件的不同，对历史街区保护及发展的利益诉求不一样的问题。
6、区在城更新过程中，居民的发展带来了一定的组碍。

解决对策

■ 典型院落历史沿革分析

曾经

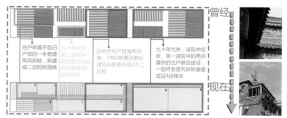

住户将属于自己产权的一半建筑拆除，新建成二层的砖混房。

六七十年代住房归兄弟俩，1982年兄弟俩将建筑外墙更新建成2个二层楼。

九十年代末，该院中厅房。第一进院中的两间厢房的住户联合建设一起将老建筑拆除重建成层4层楼房。

现在

如何看待院落空间的未来？

■ SWOT分析

区位优势：
西安老城区核心地段，中心价值无可复制。城市轴线交汇处，可开发价值高

资源优势：
文化底蕴优厚，地区内部及周边文物古迹，旅游景点众多，品牌及规模效应显著

开发潜力优势：
轨道交通多条规划线路交汇处，公交线路完善，交通可达性极强

S

用地结构：
用地结构极不合理，居住用地占比过多，开敞空间极为缺乏，仅有钟鼓楼广场一块大型开敞空间

秩序缺乏：
居民乱搭乱建现象较为严重，严重破坏当地建筑风貌

配套不全：
市政配套设施不完善，卫生设施尤为缺乏

W

外部机遇：
一带一路规划出台，西安市定位为内陆创新高地。西安市国际旅游城市建设的需要

内部机遇：
回坊地区居民自愿改建的需求有所增加，周边商圈集聚崛起，集聚效应逐渐增加，规模效应开始显现，进行业态差异化发展

O

同质性：
回坊地区的特殊性，不具有一般性旧城改造的性质，开发难度大。回坊居住性质与旅游购物功能的交互影响不能避免

同质化：
短期利益的驱使，周边地块风貌特色商业街区的崛起，如何避免同质化竞争

T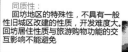

PAGE.2现状分析篇

■ 街巷分析

北院门大街
北院门街街道尺度给人以舒适感，D:H在1~2之间，有一种匀称之感，在影射清真街细部的同时，有一定可以给游客驻足的人行道和游客通行的街巷。北院门街道南北两侧又分别有鼓楼与牌坊的重要标志，有很强的识别性。

西大街
西大街为城市主干道路，道路开阔，尺度大。

北广济街
从西大街方向进入回坊的北广济街，就是从一个非常开敞的空间和街道，进入一个非常拥挤杂乱限定的街巷。有很强烈的不适感。

坊间：
坊间的间距狭小，且存在大量断头路，导致交通非常不方便，空间感受压抑。

北院门大街断面

西大街断面

北广济街断面

■ 规划愿景

规划目标定位
在合理分析基地现状的基础上，对基地内的院落格局进行保护、并逐步恢复传统建筑风貌，将该地区打造成极具民族地域特色的多功能复合区域

规划功能定位
旧城改造＋适度开发＝文化遗迹的创新利用
恢复秩序的院落空间＋现代商业流线＝有机文化区
步行街区＋游憩空间＝购物　体验的增加
民俗体验之旅＋地域特色体验＝文化感召力提升点

■ 案例分析

项目背景
·基础设施陈旧落后，安全隐患多，具有历史价值的古建筑失修
·为充分保护芜湖古建筑、古文化遗产，恢复再现传统风貌，展示城市历史文化底蕴
·"芜湖古城"内保留着大量的历史信息，始终保留着完整的布局，行政、军事、司法、宗教等一应俱全
·芜湖市打造旅游城市的新要求、新机遇

目标定位
过保护原真性历史文化资源要素，延续历史街道肌理，恢复古城标志性色产业，再现往日生活场景。
规划中延续了"对话"的营建理念，通过丰富多元的项目业态策划，以具匠心的空间设计手法。
规划一方面着重考虑了文化艺术和场所的融合，另一方面着力打造儒林大师苍等特色社区

空间手法 保护建筑本体，保护建筑的保护范围，保护建筑的建设控制地带的前提下围墙保护建筑进行空间补，恢复原先的街巷格局。核心区以环状的重点旅游路线为特色，有效带动基地整体发展同时完整的居住模块，使古城注入生活气息。

场所记忆的保留——旧其旧
全新的商业模式——新其新
＋
原住民的有机融合

借鉴
·古城北侧的配套服务区，功能上以商业、居住为主，有助于弱化两者之间的对立关系，强化古城的部分服务职能。
·环状的核心区功能以商业、旅游和服务为主，可提供文化展示、参与体验等活动.每个地块地下空间应同周边地块地下空间连成整体。

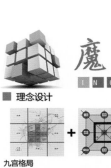
理念设计

九宫格局

棋盘路网

里坊复原

概念生成

魔力 回坊

通过植入串联功能置换 —— 复兴唐皇城里坊制风采
通过多元复合再现活力 —— 展现回坊文旅核心价值

通过活力植入，功能串联和多元复合打造了具有魔力的回坊街区。以历史文化为主导，传统商业为支撑，通过旅游、商业、服务、娱乐休闲为产业融合衔接，打造一个有韵律、高品质的历史文化特色街区。展现西安市在世界六大古都中的魅力。

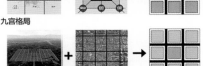
宗教 旅游 休闲 展示
历史文化 文化 文化传承 民俗 观光
居住 商业 商务 办公 旅游
商业 居住 展示

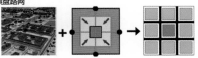
缺乏联系的资源点
以民俗活动点刺激资源点，并注入新的活力
步行空间串联

缺乏活力的老城中心区。
重新塑造适合发生活动的场所，并提供工作机会。
以民俗文化为主串联各个活力点。

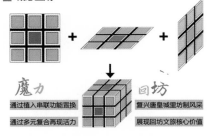
空间的整改和遗存的保护。地块内部历史价值丰富，有较多的历史遗存。其中国家文物保护单位三处，省级文物保护单位八处。另有特色民居若干。是典型的关中民居形制。以此形制充分保护和利用，为活动的发生提供场所。

民俗活动的挖掘以及原住民生活习惯的延续。让城市空间充满活力。非物质遗产的价值在场所空间中的体现，更有利于城市文脉的延续和发展。也为活动的发生创造氛围。

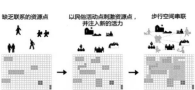

设计框架

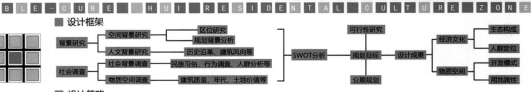
背景研究 —— 空间背景研究 —— 区位研究 / 规划背景分析
人文背景研究 —— 历史沿革、建筑风向等
社会调查 —— 社会背景调查 —— 民族习俗、行为调查、人群分析等
物质空间调查 —— 建筑质量、年代、土地价值等
SWOT分析 —— 规划目标 —— 可行性研究 / 分期规划
设计成果 —— 经济文化 —— 生态构成 / 人群定位
物质空间 —— 开发模式 / 用地属性

设计策略

实施策略 1

开发方式

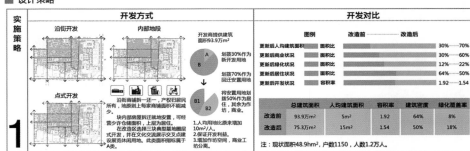
沿街开发 内部地段 点式开发

开发商提供建筑面积93.9万㎡
A 划拨30%作为新开发用地
B 划拨70%作为回迁安置用地
B1 将安置用地拨50%作为居住，其余为作坊、商业。
B2

沿街商铺拆一还一，产权归原住所有，地块则与上家商铺面积不能减少。

块内房屋原则上就地安置，可经营少许仓储居民式开发，并在文化交流展示交义点建设展览休闲用地，此类面积指标属于A类。

1.人均用地比原来增加10㎡/人。
2.保证开发利益。
3.增加作坊空间，商业工坊分离。

开发对比

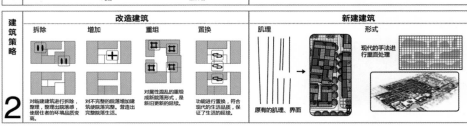

图例	改造前	改造后
更新后人均建筑面积 面积比	30%	70%
更新后商业状况 面积比	30%	60%
更新后绿化状况 面积比	12%	22%
更新后居住状况 面积比	64%	50%
更新后开发状况 容积率	1.92	1.54

	总建筑面积	人均建筑面积	容积率	建筑密度	绿化覆盖率
改造前	93.9万㎡	5㎡	1.92	64%	8%
改造后	75.3万㎡	15㎡	1.54	50%	18%

注：现状面积48.9hm²，户数1150，人数1.2万人。

建筑策略 2

改造建筑

拆除 | 增加 | 重组 | 置换

对临建建筑进行拆除整理，整理出院落感，使居住者的环境品质变高。

对不完整的院落增加建筑使新院落升高，营造出完整院落生活。

对属性混乱的重组成新院落形制，是新旧更新的延续。

功能进行置换，符合现代化需品质，保证了生活的延续。

新建建筑

肌理 | 形式

现代的手法进行整面处理

原有的肌理、界面

街道策略 3

车行街道

禁止 | 增加 | 引擎 | 保留

步行街禁止车行，营造出良好的步行气氛。

增加活动场地来疏通交通步行带来的压力。

通过交通的引导使车行更加的有效性。

对一些好的气氛的商业进行保留。

人行街道

增加功能 | 变宽 | 打通 | 增加功能

在步行街上增加空间，增加功能。

增加人行道的宽度，缓解人多压力。

打通新的人行道，使之畅通。

增加人行道的功能。

公共生活策略 4

公共生活

广场 | 街道 | 活动中心 | 古树

广场提供活动场所
街道增加开放空间
提供室内活动场地
由自然场所引导

组团生活

组团中心 | 街角 | 组团院落 | 组团内街空间

组团内开放空间
街角开放空间
围合的公共院落
街道空间

院落生活

旧院落 | 新院落 | 院落作坊 | 院落展览

对旧院落进行整理
新建院落空间
院子内提供商业活动
提供展览空间

宗教生活

清真寺 | 礼拜

回族以清真寺为活动的中心，依寺而居，婚丧嫁娶都离不开清真寺。

回族有很强的朝圣特点，每日做礼拜，一日五次。

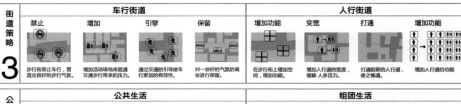
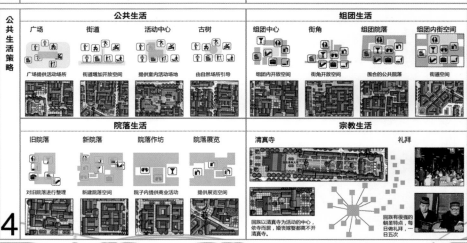

PAGE.3 方案演进篇

第一阶段以草图为主，将地块层层解析，梳理路网，明确文物保护单位界限，以及传统历史街巷，保留与拆除建筑比例范围。

在充分了解挖掘现状的基础上，进行了第一轮方案假设。对需要开敞和开放的空间中开辟了道路和街头广场。基本肌理不破坏。

此阶段开始对场地内部混乱的秩序进行梳理。在不动居民产权的前提下将内部空间进行打开和创造。并保证消防安全。

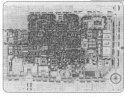
该阶段基本框架已经确定，主要研究方向以增加绿化面积为主。对改善居住环境的基本问题上以及空间视廊的手法进行解析和控制。

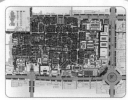
最后阶段以计算机制图为主，考虑空间关系与传统肌理的衔接。细化建筑与空间尺度关系。

项目	单位	数量	备注
总规划面积	hm²	51.6	
净规划面积	hm²	48.9	
总建筑面积	万m²	75.3	
其中 保留建筑面积	万m²	68.5	
拆除建筑面积	万m²	18.6	
新建建筑面积	万m²	6.9	
建筑基底面积	hm²	22.45	
总建筑密度	%	50%	
容积率		1.54	
绿地率		18%	
机动车停车位	辆	2316	
其中 地面停车位	辆		
地下停车位	辆	2100	

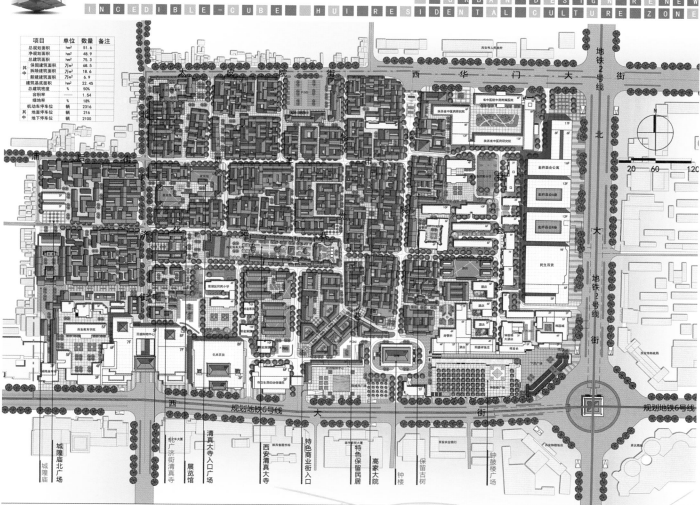

■ 总平面及设计说明

方案位于陕西省西安市北大街与西大街交叉口的西北角。是城市主要轴线的交叉点。也是西安复兴唐皇城规划的核心地块。其总面积约为51.6公顷。其中有文物保护单位6处，历史街巷4条。保留民居若干处以及挂牌名树一棵。非物质文化遗产丰富。是一次有非凡意义的规划设计。

■ 城市设计框架

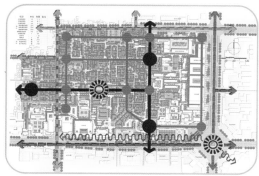

"T"型轴线

以北院门、化觉巷清真大寺为横竖两条T型轴线构成主要骨架。南北东西向次轴构成九宫格局。

一核多节点

以化觉巷清真大寺为主要核心，钟楼、鼓楼、城隍庙、高家大院、大皮院清真寺等节点。串联步行空间。形成体系框架。

一带

以现状建成的北大街、西大街、以及钟鼓楼广场为设计的出发点，也作为该地块的规划控制区。建筑风貌与高度与回坊街区相协调。形成一条集娱乐、休闲、餐饮、聚会的综合商业街区。充分体现地块在城市中的性质及地位。展现旧城区在城市有机更新中的价值。

PAGE.4 总平展示篇

■ 方案分析图

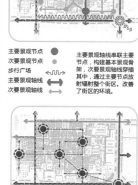

主要景观节点
次要景观节点
步行广场
主要景观轴线
次要景观轴线

主要景观轴线串联主要景观节点，构建基本景观骨架，次要景观轴线点穿插其中。通过主要节点放射辐射整个街区。改善了街区的环境。

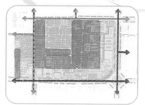

商业办公区
传统民居区
保留居住区
创意居民区
传统商业区

地块中进行多功能片区与多功能产业的融合。复合功能体验。方案将传统保留片区与特色新建社区相结合。增加了街区的体验感受。

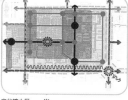

文化核心区
活动中心
生态步行轴
主要轴线
次要轴线

规划结构：
"一带两轴，一核多心"
主要轴线与次要轴线形成九宫格放射形式。以清真大寺为核心，串联各个文保单位，游线清晰。

城市主干道
城市次干道
主要视线节点
视线通廊

通过重要节点周边的开敞空间形式的塑造，打造各具有特色的片区视线节点，与周围环境进行渗透，实现良好的视觉效果。

城市主干道
城市次干道
内部车行道
内部步行道
地面停车
地下停车

主干道：北大街 西大街
次干道：广济街 西华门
内部道路纵横贯穿各整个区。基本以步行为主，限制车流。停车在地块外围解决。

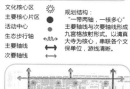

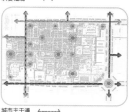

城市主干道
城市次干道
主要步行节点
次要步行节点

主要步行节点通过广场放大，形成了人流主要聚集区，次要步行节点通过步行道与主要节点联络，形成空间的缩放变化，为游人提供丰富的步行体验。

魔力回坊

继承与更新———西安北院门回坊文化区规划设计

INHERIT
URBAN DESIGN RENEW
INCEDIBLE-CUBE HUI RESIDENTIAL CULTURE ZONE

■ 鸟瞰效果图

长安通街十二陌
出入九州憑八涂
行人未注但西东
莫问與之巳今若
——长安

设计说明：
方案位于陕西省西安市北大街与西大街交叉口的西北角是城市主要轴线的的交叉点，也是西安复兴唐皇城大规划的核心地段。其总用地面积51.6公顷。其始终文保6处，历史街巷4条，保留居民若干处以及挂牌名树一棵，非物质文化遗产丰富，是一次有非凡意义的规划项目设计，寄希望于这次设计展望为回坊地区接下来的发展探求新方向。

西大街沿街立面

■ 特色节点展示

PAGE.5效果展示篇

城隍庙节点
西安作为历史上著名历史文化名城，建城史历史悠久，城隍庙在城建格局上具有重要作用，本次设计在原有的历史建筑的基础上，将周边不符合历史风貌的建筑进行拆除与整治，使其与环境协调统一。

修饰　打通　整饰

城隍庙大殿
戏台
小商品购物

大清真寺节点
大清真寺作为为作为国家保护文物。同时作为坊内最大的清真寺，具有统领全局的作用，设计中将其原有院落格局完整保留，周边乱搭乱建建筑进行拆除，院落南侧开辟一条步行街，使大清真寺的景观进行渗透。

打通　打通

大清真寺
南侧新开辟步行道

纪念品购物节点
规划在化觉巷北端规划设计纪念品中心，同时配套停车场。

民俗展示馆
规划在地块西北部建设民俗文化展示馆，进行集中展示。

北院门街道节点
北院门牌坊处建设较为混乱，进行沿街立面的整治与修复。

西华门沿街立面

■ 节点放大分析图

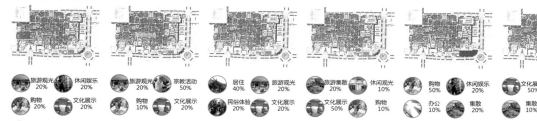

旅游观光 20%　休闲娱乐 20%
购物 20%　文化展示 20%
民俗庆典 10%　居住 10%

旅游观光 20%　宗教活动 20%
购物 10%　文化展示 20%

居住 40%　旅游观光 20%
民俗体验 20%　文化展示 20%

旅游集散 20%　休闲观光 10%
文化展示 50%　购物 10%
民俗庆典 10%

购物 50%　休闲娱乐 20%
办公 10%　集散 20%

文化展示 50%　休闲娱乐 10%
集散 20%　交流 10%
体验 10%　购物 10%

居住 50%　购物 20%
体验 20%　观光 10%

■ 要素叠加分析

1.特色元素的保护

　国家级文保单位和省级文保单位重点保护。如城隍庙，清真大寺等特色建筑群。

2.历史街道的延续

　历史街道自古至今岁月沉积形成商业居住界面，保护街区的肌理。

3.传统民居的保留

　依寺而居的传统习俗在街区的设计中重点体现。保留是最基本点。

4.多元产业的注入

　将单一的功能产业进行整合和植入，创造一个有机活力的街区。

5.综合商业的衔接

　保留传统风貌肌理的同时，站在城市的角度诠释有机更新的设计理念。

6.景观环境的串联

　环境因素是影响城市以及人物感受的重要因素。景观是整个街区的骨架。

7.功能片区的融合

　打造一个有机活力的旧城区有机更新。展现城市风采。

总结

西安是13朝古都，有3100多年的建城史，1100多年的建都史，在西安的历史长河中，独特的城市风貌和韵味使西安在世界六大古都中占据着不可磨灭的重要性。基地位于明城遗址的中心处，也是西安市中轴线的中心点。具有着非凡的历史价值。同时，这里是丝绸之路的起点，也就造就了多元文化融合的文明。这里的回民形成了一道独具特色的风景线，也是非物质文化的一种形式。

■ 城市设计导则

街区控制指标一览表

地块编号	A	B	C
用地面积（hm²）	8.96	8.76	7.23
建筑密度%	30(上)15(上)40(上)		
容积率	1.0(上)1.0(上)1.5(上)		
绿地率	30(下)30(下)40(下)		
新建建筑高度 m	12	20	12
用地类别	R,B1	R,A7	R,B1

地块编号	D	E	F
用地面积（hm²）	5.72	5.21	8.94
建筑密度%	30(上)30(上)30(上)		
容积率	1.0(上)1.0(上)1(上)		
绿地率	80(下)40(下)40(下)		
新建建筑高度 m	20	20	20
用地类别	R, B1	R, B1	R, A5

引导导则　地块空间意向

图例　
■ 主体建筑控制线
□ 开放空间控制线
— 绿化控制线
▲ 主要步行入口
● 停车位置

设计引导说明

地块编号	建筑高度/用地空间界线	地块性质	备注
E-01	--	15m	浅灰
E-02	--	15m	浅灰	B1

地块编号	建筑高度/用地空间界线	地块性质	备注
C-01	--	10m	浅灰	B1, R2
C-02	--	10m	浅灰	B1, R2, A7
C-03	--	10m	浅灰	B1, R2

地块编号			
D-01	--	--	G
D-02	--	--	G

地块编号			
F-01	--	20m	D,R, R2
F-02	--	15m	G
F-03	--	30m	A5

PAGE.6节点及导则篇

■ 网络活动频率

	6:00-8:00	8:00-10:00	10:00-12:00	12:00-14:00	14:00-16:00	16:00-18:00	18:00-20:00	20:00-22:00
A								
B								
C								
D								
E								
F								
G								
H								
I								
J								
K								
L								
M								
N								

根据社会交往轨迹及节点调查分析的初步结果，选取了双休日的一天进行全天的观测，对14个活力点进行定点观测，以选取每个小时中的两刻钟为间隔，记录了在此空间活动的人数，得出各主要社会网络活动空间容纳的频率。因此来预测社会网络空间的网络频率。

■ 60人以上
■ 41-60人
■ 21-40人
■ 11-20人
■ 1-10人

城隍庙商圈　清真大寺商圈　高家大院商圈　大皮院商圈　北院门商圈　北广济街商圈

钟鼓楼商圈

早晨晨练
上午生意
下午休闲
晚上散步

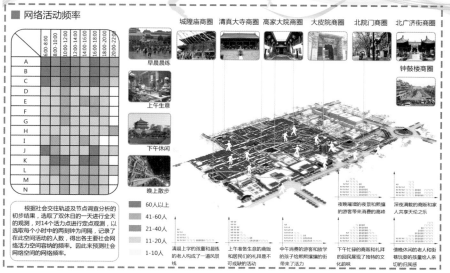

清晨上学的孩童和晨练的老人构成了一道风景线

上午准备生意的商贩和居民间的礼拜是不可或缺的活动

中午消费的游客和放学的孩子炽热围绕的街带来了活力

下午忙绿的商贩和文化展现了特色的文化味

傍晚休闲的老人和孩子巷尾玩耍的孩童哈人共享天伦之乐

夜晚璀璨的夜景和精彩的游客带来消费的高峰

深夜满载的商贩和家人共享天伦之乐

魔力回坊

—西安北院门回坊文化区规划设计

因为设计，青春不散

——黄海燕

五年的时间一晃而过。我很庆幸自己能代表安徽建筑大学参加第五届联合毕业设计。在过去的三个月里，不论是辗转两次西安进行实地调研和中期答辩，还是最后浙江工业大学的成果展示。我都感到何其有幸能加入这个平台中而收获导师们的谆谆教诲和同学之间的深深友谊。

当我回头再写下这篇文字的时候，已经即将离开这个我人生中的最后一个母校。回首3个月，1个项目，7个人，1个团队，这是一次专业技能的锻炼。虽然这其中困难重重，但我们披荆斩棘，不断地推进方案。对于本次规划设计，我个人认为最重要的应该是对地块内部精神场所的发掘，让居民产生归属感，也让远道而来的游客接受精神的洗礼，文化的融合。面对这个亟需改造的历史地段，地域文化的深刻认知和对未来市场的准确把握才能顺应时代不被淘汰。一片瓦，一个院墙，一种习俗，都是文化的凝聚，精神的载体。也许多少年后我再踏上这块我曾经思考过的土地上时，我还能摸到熟悉的厚土，尝到地道的美食，看到熟悉的身影。我由衷希望西安回坊历史街区焕发新的生命力。

击掌欢庆的同时，也应该做一番自我总结。通过这次联合毕业设计，我学习了不同学校老师的教学思想，也交了来自五湖四海的朋友。认识到了自身存在的问题和差距。但这不是终点，是下一段设计人生的起点。在这里，我感谢与我并肩作战的搭档，更要感谢悉心指导的李伦亮老师，感谢他的高标准和一丝不苟，让我们受益终身。这次毕业设计将在我的记忆里留下永不磨灭的印记！

魔力回坊，继承与更新

——管弢

非常有幸能参与这次七校联合毕业设计，感慨颇多，西安厚重的历史文化氛围给我留下了深刻的印象，回坊地区特色的民俗文化、地域美食让我体会到中华文化的博大精深。本次设计课题的难度较大，现场调研受包括时间、居民隐私等多方面限制因素的影响，因而通过阅读大量文献加强对基地的深入研究，重点研究了回民围寺而居的居住特点，紧紧抓住继承与更新这两条主线，引入魔力回坊的概念，通过疏通地块交通脉络，重构地块院落肌理，衍生新生业态等手段，对回坊地区进行了渐进式的更新。

在前期调研及最终答辩的过程中，各校独具特色的设计处理手法，方案推演清晰的逻辑关系给我留下了深刻的印象。在互动与交流中我学到了很多，同时也为我未来的职业生涯中多思维多角度思考问题、进而解决问题提供了铺垫。

研究框架
Research Framework

区位分析
Location Analysis

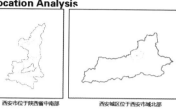

西安市位于陕西省中南部　　西安城区位于西安市域北部　　基地块位于西安中心城区

经济分析
Economic Analysis

西安GDP总产值

西安人均GDP产值

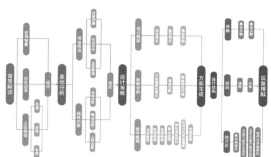

区位交通分析
Regional Transportation Analysis

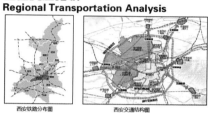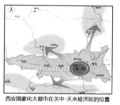

西安铁路分布图　　西安交通结构图　　西安国家化大都市在关中-天水经济区的位置　　西咸新区在西安国际化大都市的位置

上位规划
Master Plan

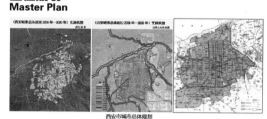

西安市城市总体规划

西安市城市总体规划——明城保护规划

历史沿革
Historical Development

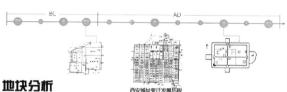

西安城址变迁发展历程

周边分析
Surroundings Analysis

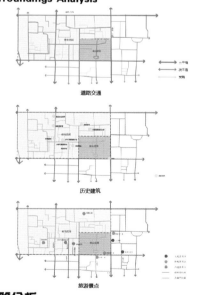

道路交通

历史建筑

旅游景点

地块分析
Site Analysis

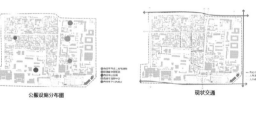

公服设施分布图　　现状交通　　现状用地

市政设施分布　　公交系统　　公共空间分布

古树名木分布　　活力点分　　历史遗留分布

建筑分析
Architecture Analysis

建筑质量　　建筑高度　　建筑年代　　建筑风貌　　改造方案

小组成员：白晓静　桑家眸　刘佳琦　　　　指导老师：张忠国　苏毅

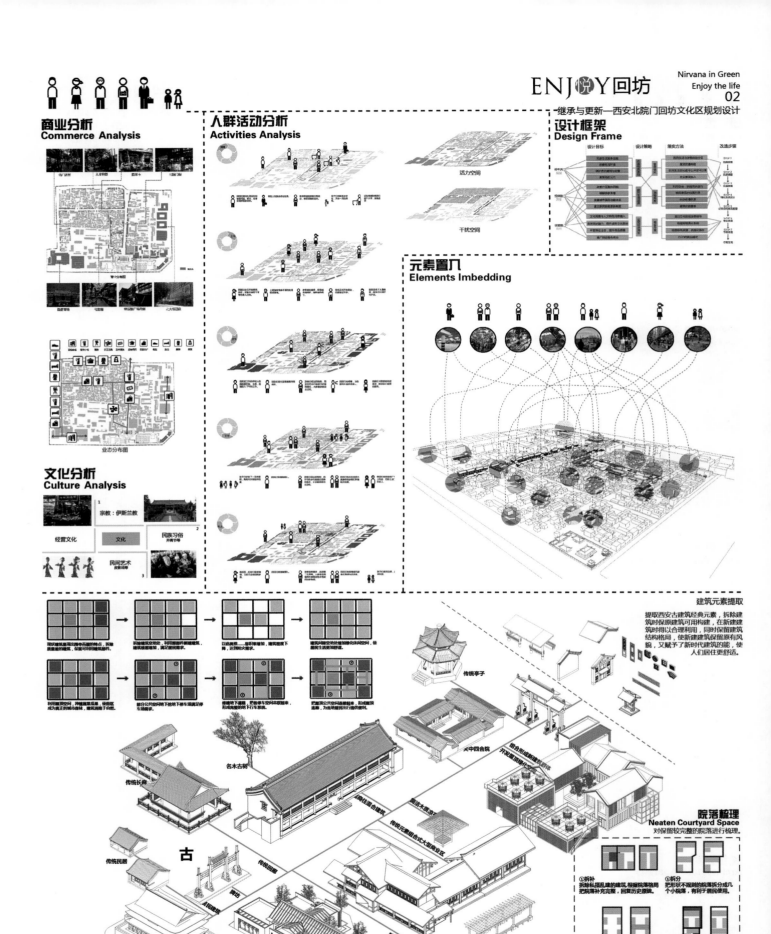

商业分析
Commerce Analysis

人群活动分析
Activities Analysis

活力空间

干扰空间

设计框架
Design Frame

元素置入
Elements Imbedding

文化分析
Culture Analysis

宗教：伊斯兰教

经营文化   文化   民族习俗
开斋节等

民间艺术
皮影戏等

建筑元素提取

提取西安古建筑经典元素，拆除建筑时保留原建筑可用构建，在新建筑时加以合理利用，同时保留建筑结构格局，使新建筑保留原有风貌，又赋予了新时代建筑的能，使人们居住更舒适。

传统亭子

名木古树

古

今

传统长廊

传统民居

传统回廊

精致木雕长廊

院落梳理
Neaten Courtyard Space
对保留较完整的院落进行梳理。

①拆补
拆除私搭乱建的建筑，根据院落格局把院落拆补充完整，回复历史原貌。

②拆分
把形状不规则的院落拆分成几个小院落，有利于居民使用。

③补全
补全不完整的院落，完善院落格局，恢复院落本来面貌。

④覆合
拆除私搭乱建的建筑，把散落的院落合并成一个院落。

团地再生
Nirvana Group Land

小组成员：白晓静 桑家晔 刘佳琦   指导老师：张忠国 苏毅

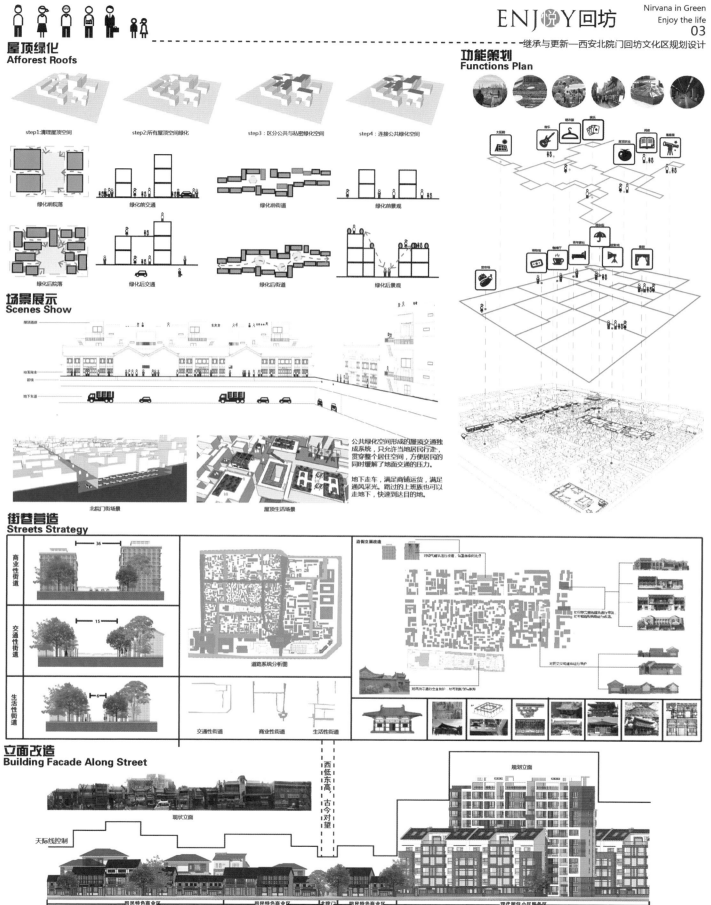

屋顶绿化
Afforest Roofs

step1:清理屋顶空间　　step2:所有屋顶空间绿化　　step3：区分公共与私密绿化空间　　step4：连接公共绿化空间

绿化前院落　　绿化前交通　　绿化前街道　　绿化前景观

绿化后院落　　绿化后交通　　绿化后街道　　绿化后景观

场景展示
Scenes Show

公共绿化空间形成的屋顶交通独成系统，只允许当地居民行走，贯穿整个居住空间，方便居民的同时缓解了地面交通的压力。

地下走车，满足商铺运货，满足通风采光。路过的上班族也可以走地下，快速到达目的地。

北院门街场景　　　屋顶生活场景

功能策划
Functions Plan

街巷营造
Streets Strategy

商业性街道		
交通性街道		
生活性街道		

道路系统分析图

交通性街道　　商业性街道　　生活性街道

立面改造
Building Facade Along Street

规划立面

现状立面

天际线控制

西低东高 古今对望

回民特色商业区　　回民特色商业区　北院门　回民特色商业区　　现代居住小区服务区

小组成员：白晓静　桑家晔　刘佳琦　　　指导老师：张忠国　苏毅

继承与更新—西安北院门回坊文化区规划设计

商业分析
Business Analysis

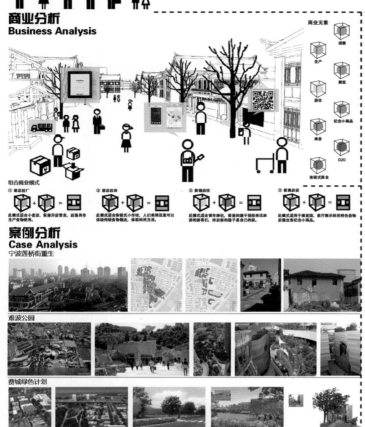

商业元素

消费
生产
展览
居住
纪念小商品
美食
O2O
体验式商业

组合商业模式

① 前店后厂
② 前店后坊
③ 前银后住
④ 前展后店

此横式适合小吃店，前屋开店营业，后屋用作生产食物供售卖食用。

此横式适合体验式小饮坊，人们来到这里可以体验传统饮食物制作，体验回民生活。

此横式适合青年旅社，前面的屋子租给来此旅游的游客们，而后面的屋子是自己的家。

此横式适用于展览，前厅展示回民特色食物，后屋出售纪念小商品。

案例分析
Case Analysis

宁波莲桥街重生

难波公园

费城绿色计划

技术路线
Technical Route

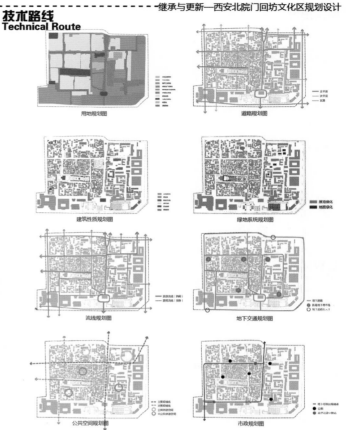

用地规划图

道路规划图

建筑性质规划图

绿地系统规划图

流线规划图

地下交通规划图

公共空间规划图

市政规划图

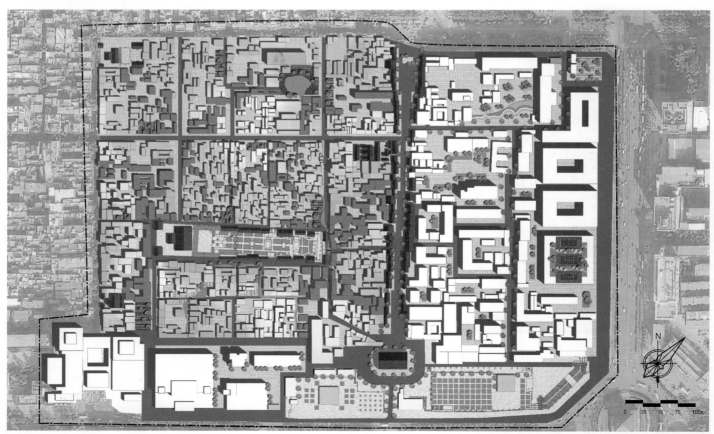

N

0 25 50 75 100m

小组成员：白晓静 桑家眸 刘佳琦   指导老师：张忠国 苏毅

ENJ悦Y回坊

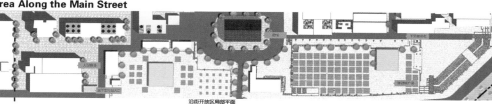

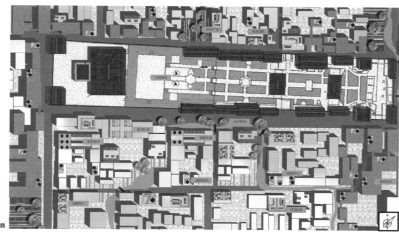

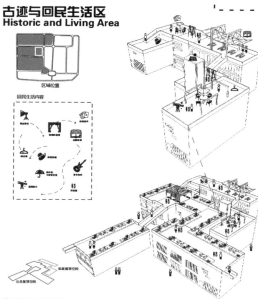

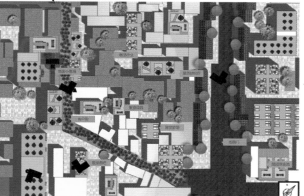

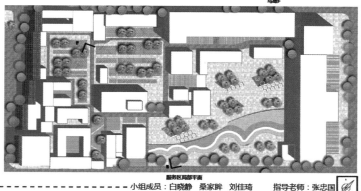

—继承与更新—西安北院门回坊文化区规划设计

设计结构
Design Structure

历史沿街开放区
Area Along the Main Street

沿街开放区局部平面

区域位置

透视图A

透视图B

古迹与回民生活区
Historic and Living Area

区域位置

回民生活内容

公共屋顶空间

私密屋顶空间

生活区局部平面

商业体验区
Business Experience Area

商业区局部平面（1：500）

商业体验区位置

商业体验流线

透视图A

透视图B

现代生活与服务区
Modern Life & Service Area

透视图C

透视图D

鸟瞰E

鸟瞰F

现代生活与服务区位置

服务区局部平面

小组成员：白晓静 桑家晔 刘佳琦   指导老师：张忠国

分图则
Points Plan

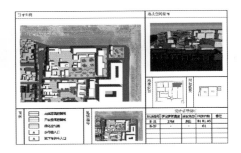
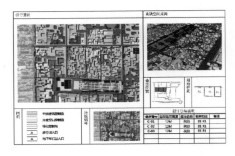

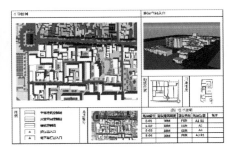
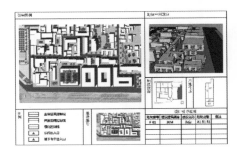

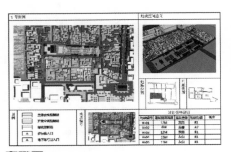
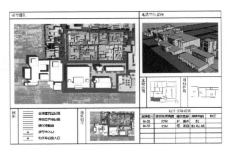
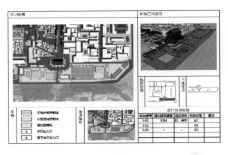

鸟瞰图
Bird's-Eye Viewplan

小组成员：白晓静　桑家晔　刘佳琦　　　指导老师：张忠国　苏毅

ENJOY · 悦 · 回坊

——西安北院门回坊文化区规划设计

努力创作的一种精神

——白晓静

如果说五年大学是我们情感和理想的孕育期，那么毕业设计就是果实收获期；不管绚丽还是平凡，也不管饱满还是干瘪，我都将无怨无悔。

毕业设计宛如展示自己的一个平台，倾听各方意见和建议，做出好的作品，也展现自己的才智，这是努力创作的一种精神。设计是自己的选择之路，没有答案就应该勇敢地去寻找，说出自己想要的，在设计中体现对于事物的看法，对于情感的理解。因为自己总是不愿满足，在简单的生活里找到满足，在复杂的世界里发现生活，找到自己对人对事明确的路，我觉得这就是设计——把对事的看法用点、线、面去表达。就让感谢的话转换成一种动力，让自己在以后的路上能走得更精彩吧。

天空不留下飞鸟的痕迹，但我已经飞过；校园没有了我们的足迹，但我们已经走过。踏花归去马蹄香。满载希望我们即将离去，就让这毕业设计的迷人香气萦绕在你我的心间吧！

立足当地实际

——桑家眸

人是城市建设的主体，也是城市建设的出发点和落脚点。如果道路越建越宽却难以保证"两个轮子"的通畅，如果地标式文化场所建得富丽堂皇却难让普通百姓走进享受，如果拼命追求"第一高楼"而破坏了城市天际线的美感，如果为了旧城改造而破坏城市的文化记忆……这样的城市规划与市政建设，既无法在物质层面上满足人们需要，更难以在精神情感上增加对城市的归属感。这样的城市，是冰冷的，而不是温暖的；是物化的，而不是人性的。

我们需要学习继承前人的先进文化艺术，需要打开视野善于借鉴外地优秀文化艺术。但是，借鉴不是生搬硬套。每个地方都有各自的自然条件，每个地方也都有自己的建筑历史、风俗习惯、风土人情和精神文化追求。只有立足当地实际，坚守为人服务，才能建设风格独异、符合当地人需要又具文化内涵和时代气息的现代化城市。

突破自己、突破常规

——刘佳琦

时光飞逝，现在回想起近半年的毕业设计与实践，一路走来，感受颇多。在不断的反复中走过来，有过失落，有过成功；有过沮丧，也有过喜悦。在一次次的失落走向成熟中，不断历练了我的心志，考验了我的能力，也证明了自己，发现了自己的不足。

半年的毕业设计培养和提升了自己的知识运用能力，使自己从被动的基础学习和按部就班的设计阶段，进入理论联系实际和主动分析和解决问题的开放式思维阶段。其间很多的思绪缠绕着我，犹如被困的蝉蛾一样，想突破自己，突破常规，必须经历时间的考验，最后拾起散落满地的思想碎片，在不断的挣扎与蜕变中完成设计，并得到满意的答卷。

现状分析

区位分析

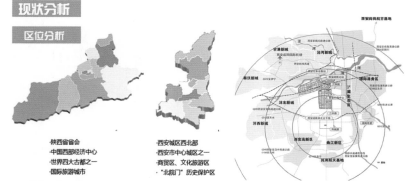

- ·陕西省省会
- ·中国西部经济中心
- ·世界四大古都之一
- ·国际旅游城市

- ·西安城区西北部
- ·西安市中心城区之一
- ·商贸区、文化旅游区
- ·"北院门"历史保护区

调研区域面积：约为200公顷
地块面积：约42公顷
地块人口：4万多人

南：西大街
北：大皮院街
东：北大街
西：北广济街

上位规划解读

交通区位：回坊地区区域位置优越，陆路交通十分便捷。紧邻目前开通的两条地铁1、2号线。距西安站以及西安东站直线距离分别2.5公里和5公里。距离咸阳国际机场35公里。因此，此区是东西部人流，物资、交通互动交流的关键枢纽。

区位：此次设计的基地位于莲湖区，西安北院门回坊文化区位于西安老城区即明清西安城西北部。紧靠中轴线，比邻钟楼、鼓楼以及北大街、西大街。基地内的"回民街"是西安著名的历史文化旅游区。

地块范围：研究范围约227公顷，设计范围约42公顷。设计区域位于调研区域东南角，地块人口约4万人。

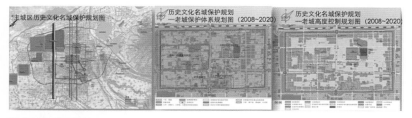

历史文化名城保护规划：基地属北院门历史保护区。历史文化名城保护规划提出：需要保护老城传统风貌，妥善保护重大遗址；保护性改造名城主要历史街区及建筑，整体改善人民生活环境。

保护文化遗址及街巷肌理：老城内原则上"只拆不建、多拆少建"，老城内的行政办公功能逐步外迁，疏解市中心人口，逐步降低古城墙内居住人口密度，依据《西安历史文化名城保护条例》，老城内建筑高度严格采用分区梯级控制，整体建筑高度不超过24米。

历史沿革分析

| 唐 | 宋 | 元 | 明 | 清 | 近代 | 现代 |

本区的历史起于唐朝。一个坊相当于一个居民社区，四周有坊墙。一队帮助唐肃宗平定安史之乱的回民军成为长安坊民先民一部分。

到宋代时，商业繁盛，经营通宵达旦，店铺沿街开设，打破了"坊"的限制。

元代是回族发展史中一个关键时期。由于战争和经济的原因，中亚和阿拉伯地区的穆斯林来到中国。

明代，回族经过跟本地汉族以及其他民族的通婚，人口数量大大提高，清真寺随着也大量扩建。

清朝时，由于西北的民族起义事件，回民受到一定压制，但是"七寺十三坊"的格局完全形成。

近代西安回族依然在原有回坊范围内发展，但是人数已经明显增多。

现代由于外来文化渗透，回区的宗教作用弱化，文化发展面临挑战。

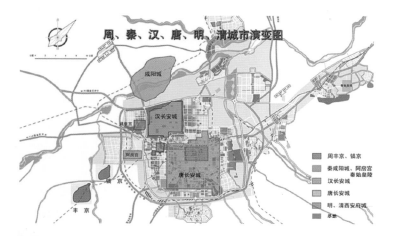

周、秦、汉、唐、明、清城市演变图

- 周丰京、镐京
- 秦咸阳城、阿房宫 秦始皇陵
- 汉长安城
- 唐长安城
- 明、清西安府城
- 基地

地块历史：

北院门位于鼓楼北侧，唐代属皇城范围，尚书省即位于此地。宋元明清时的京兆府、奉元路总管府、西安府等均设在此街及其周边。清代因街北巡抚部院署与今西大街以南总督部院署分称"北院"、"南院"，遂名此街北院门。

1900年慈禧太后携光绪帝逃至西安，曾居北院，称"行宫"，当时各省所贡银两物品均在此聚集，银号店铺应运而生，盛极一时。

西侧的大学习巷源于唐长安城的一个小坊，当时西域的回纥族帮助郭子仪平定"安史之乱"，郭子仪从甘肃回长安时，带回了200多个回纥将领和随从，他们住在这个小坊附近学习唐朝的法令和汉人的文化，所以这个地方取名为"大学习巷"，并逐渐扩展成为西安的回坊。

如今的北院门回坊文化区为以北院门、西羊市、化觉巷形成的环形旅游线路，全长1100米，即为俗称的"回民街"。街区内南有鼓楼，北有牌坊，清真大寺、古宅大院及店铺食肆镶嵌之间，是西安独具古城风貌的历史文化旅游街区。

然而，在现状的回坊地区，其用地布局、土地效益、环境面貌均存在一定的问题，亟待进行城市设计和研究，明晰功能定位，策划重点项目，整合用地布局，梳理道路交通，提升环境品质，强化空间形象。

场地背景分析

现状概况：
北院门回坊文化区为北院门、西羊市、化觉巷形成的环形旅游线路，全长1100米，俗称"回民街"。街区内南有鼓楼，北有牌坊，清真大寺、古宅大院及店铺食肆镶嵌之间，是西安独具古城风貌历史文化旅游街区。

1）道路交通：
基地所在位置道路体系完善，交通便捷，北大街及西大街分别从基地研究范围的东侧及南侧通过，环城西路从基地研究范围西侧通过。地铁2号线从基地研究范围东侧通过，地铁1号线从基地研究范围北侧通过。

2）用地性质：
基地研究范围内现状用地性质主要为商业办公、文化用地、居住、教育、宗教用地等。

3）历史文化遗产
基地研究范围内为《西安市总体规划（2004-2020）》历史文化名城规划的历史街区。其中全国重点文物保护单位有4项，分别为：钟楼、鼓楼、化觉巷大清真寺、唐承天门遗址。省文物保护单位3项，分别为：小皮院清真寺、大学习巷清真寺、城隍庙。市文物保护单位1项：西五台遗址。以及各时代民居9处。

场地周边分析

（1）公共交通：场地周边三个主要公交车站的公交，普遍通向东西方及南方，而通向北方的公交线路很少，通向西北方的寥寥无几，所以居民出行十分不便。

（2）周边商业发达，绿色点为银行，遍布周边场地，红点为大型商场，以钟楼为中心，沿老城中轴线分布，既吸引游人也满足了本市居民消费。

（3）旅游资源：周边旅游资源丰富，遍布文物古迹，具有重要的文化价值和旅游价值。

场地交通分析

策略导出

transportation:
货物和垃圾运输与人冲突
缺乏内部停车场
动态交通与人流冲突
本地与游客冲突
非机动车随处停放

space:
建筑密度过高
公共空间不足

landscape:
绿化率不足
植被物种单一

Public work:
内部消防车不可达
垃圾桶置于当路中间
电线等设施暴露在外

culture:
文物保护力度不足
商业业态单一
业态沿街分布过密
邻里单元沟通缺失
汉化严重

地面空间不足

道路拥挤

市政有待改善

文化弱化

我们将交通、空间、景观、市政、文化五个部分的问题一一罗列出来，进行整体梳理，将主要问题图示表达并且导出解决概念。综合解决概念引出我们的方案。通过案例解读，我们决定用纤维化的策略来解决该地块的现状问题。

纤维，本意是指由连续或不连续的细丝组成的物质。我们则采用纤维这一概念分别从不同方面不同程度来展示该方案。

主要策略：

1，开发地下空间，减少地面容积率，将机动车道移至地下，同时增加地下停车场。

2，新增绿色廊架，将部分人流上移，减小地面人口密度的同时美化环境。

3，部分管线埋于廊架中，美化环境同时增加消防设施。

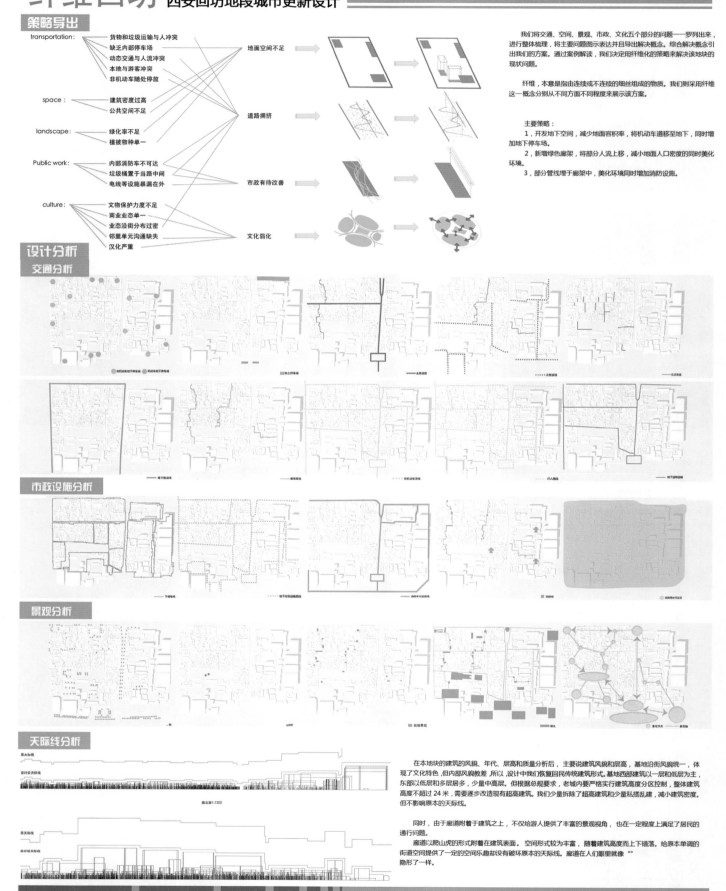

设计分析
交通分析
市政设施分析
景观分析
天际线分析

在本地块的建筑的风貌、年代、层高和质量分析后，主要说建筑风貌和层高，基地沿街风貌统一，体现了文化特色，但内部风貌较差，所以，设计中我们恢复回民传统建筑形式。基地西部建筑以一层和低层为主，东部以低层和多层居多，少量中高层。但根据总规要求，老城内要严格实行建筑高度分区控制，整体建筑高度不超过 24 米，需要逐步改造现有超高建筑。我们少量拆除了超高建筑和少量私搭乱建，减小建筑密度。但不影响原本的天际线。

同时，由于廊道附着在建筑之上，不仅给游人提供了丰富的景观视角，也在一定程度上满足了居民的通行问题。

廊道以爬山虎的形式附着在建筑表面。空间形式较为丰富，随着建筑高度而上下错落。给原本单调的街道空间提供了一定的空间乐趣却没有破坏原本的天际线。廊道在人们眼里就像""隐形了一样。

纤维回坊
Fiber District —— XI'AN HUI DISTRICT URBAN DESIGN
西安回坊地段城市更新设计

04

概念解释

两张图是同等面积的绿化范围比较。可看出右图的纤维分散式绿化效率明显高于左图的集中式绿化。

本地块严重缺乏绿化，但是开敞空间以及闲置空间又不足，因此，将绿化以纤维状的形式附在狭长的道路或者是廊架上较为可取。

纤维状的绿化形式既能省空间，满足绿化率，且能给游客和居民营造出丰富的空间感受。

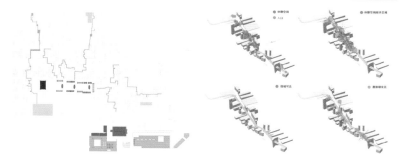

策略演示

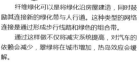

纤维绿化可以是将绿化沿房屋建造，同时鼓励其连接新的绿化带与人行道。这种类型的网络连接是通过形成步行线路和绿色的组合带。

通过这样做不仅将减灾系统提高，对汽车的依赖会减少，翠绿将在城市增加，热岛效应会缓解。

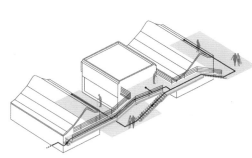

策略示意图

2 Develop A Center

1 Create Gateways

3 Road Landscape

1 Create Gateways

廊道以爬山虎的形式附着在建筑表面。空间形式较为丰富，随着建筑高度而上下错落。给原本单调的街道空间提供了一定的空间乐趣。

片区的多余部分公路系统成线性公园。此将确保片区在遇到紧急情况时能方便疏散，以及提供绿色宜人的场地给城市居民。更重要的是，自行车，轻型车辆和行人的通行通常是有限的。

这个廊架将会使得车站或公交车将逐渐被遗弃。本片区域的老龄化现象较为严重，所以纤维廊架缩构造的区域是一个方便步行移动的社区。

廊架沿未开窗的建筑立面沿边设置，部分在公共空间部分，并未跨越私人院落，部分街道的上方，最低处3米，最高处6米。在廊架上能设置休息平台，提供原本该地块缺少的休憩空间。使得游人能从另一个角度休闲地观察回坊街区。

廊架沿未开窗的建筑立面沿边设置，部分在公共空间部分，并未跨越私人院落，部分街道的上方，最低处3米，最高处6米。在廊架上能设置休息平台，提供原本该地块缺少的休憩空间。使得游人能从另一个角度休闲地观察回坊街区。

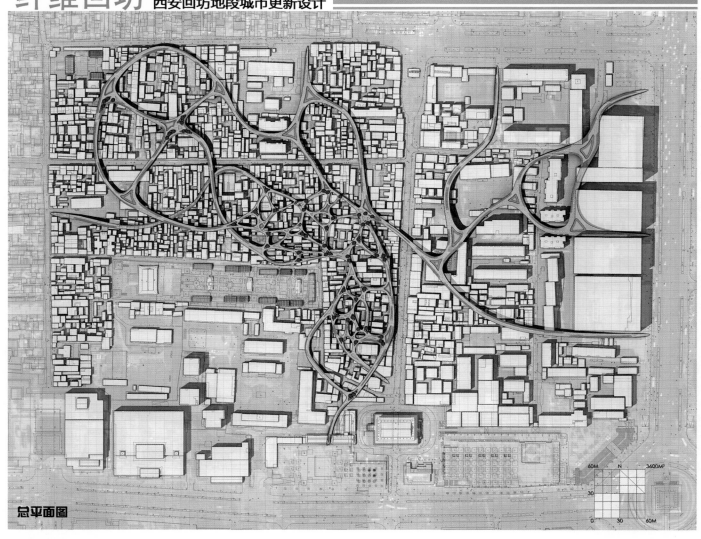

总平面图

方案生成

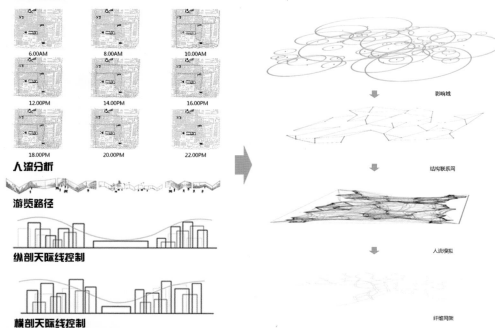

6.00AM 8.00AM 10.00AM

12.00PM 14.00PM 16.00PM

18.00PM 20.00PM 22.00PM

人流分析

游览路径

纵剖天际线控制

横剖天际线控制

影响域

结构联系网

人流模拟

纤维网架

废弃材料利用策略

对于历史街区的改造永远都是反对大拆大建的，但局部的拆建是避免不了的。被拆除的房屋，会留下大量废弃的材料，这些废料于我而言却是这个地块的记忆，它们有着历史的喜怒哀乐。

我希望保留它们，将它们用于改造的空间中，从而传承这个区域的文化，延续没有断裂的文脉。

空心砖：在改造的空间中，空心砖墙砌不同的纹理图案，无论对于游者，还是本地居民，都是一种记忆。

瓦片：不同的瓦片，不同方式的堆砌，会形成的不同图案。

砖块：人在其中走动，那粗陋感觉的墙，别有一番风味。

竹子：可以用不同长短的竹子拼砌成不同的图案，形成天然的屏风。

设计说明：

在大城市建成区的城市设计中，如何应对土地、资金及生态环境问题，东京大学大好秀教授在东京2050年概念规划中提出了"纤维化"的绿廊设计途径，突出方案的柔性与可行性。在介绍此概念规划主要内容的基础上，强调了这种"纤维"绿廊设计中应用的精细化调研和针对性施治、多学科交叉、以数据可视化为手段探索城市表象背后的规律、不定形的绿廊形态表达等新方法对于促进旧城区可持续发展的价值。借此毕设之际，将之运用于设计中，用纤维化的空间去组织回坊。

局部构建

个人空间

家庭聚会空间

戏水空间

休憩空间

微型景观空间

儿童游戏空间

鸟瞰图·生态设计策略

剖面示意

生活场景

局部透视

纤维回坊

——西安回坊地段城市更新设计

文化，魅力所在

——蔡亚

第一次接触到如此丰富的历史街区城市设计：宗教、历史、商业全部综合在了一起。虽然对地块很是陌生，但是为期几天集中性的调研着实让人收获不小，尤其是小组对于地块的文化部分研究极为深刻，从回民的日常生活到宗教的礼拜，一切在使我感到好奇的同时，更多让我认识到一个地块设计的重点——文化。这便是其魅力所在。

因此，在以后的设计中我学到了实地调研的重要性，以及对于文化发掘的必须性——好的设计不仅是尊重地块、肌理，更多地是人文和传统。这才是延续的真正含义。

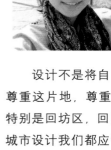

以退为进，改善更新

——彭斌鑫

设计不是将自己的想法强加在基地上，我们应该先做到尊重这片地，尊重这片地的文化，尊重住在这片地上的人。特别是回坊区，回民有自己的生活习惯，所以这片地同类的城市设计我们都应该以退为进，至少先让住的人舒适了，再来谈改善和更新。

这次的联合毕设让我有很多感悟，从别人的设计以及老师的评论中学到很多，也从个别作品中反省了很多。前期分析的严谨，设计想法的创新，成果的合理性都是我们应该进一步完善的。同时，对待这片地我们不能仅仅以寻找问题的眼光去看待，而应该怀抱更为客观的态度，在发现问题的同时，也发现地块的优点，价值点，可发展点。

联合毕设给了我们一次进行设计思想交流的机会，不仅仅同学之间，也包括同学和老师之间。

彼刻已逝，此刻不复

——李伟佳

彼刻已逝，此刻不复，都是我每次做历史街区时不断纠结的问题。历史既然已经逝去，又何必去留住历史洪流中无法去抓住的东西，就算是现在看似美好的事物，也稍纵即逝，更不要去说未来美好的规划。

我喜欢城市设计，是因为它没有城市规划理性的死板，而多了一份设计的感性的情怀。

"纤维回坊"这个方案是我结合书法的笔势，山水画的皴法，中国古典园林曲径通幽、移步换景等想法，并融合了中国式的写意，运用大胆甚至诡异的曲线去塑造夸张的造型。之所以在一个历史街区用这样大胆、前卫、格格不入的想法和概念，是想借此联合毕设之际，让各位老师和同学重新审视现在的教学模式、个人的理想以及对于城市塑造的想法。

借此，我想用路易斯·芒福德一句话——城市的主要功能是化力为形，化能量为文化，化死物为活生生的艺术造型，化生物繁衍为社会创新——去阐释在未来城市空间塑造过程中的种种可能性，愿各位同学一起共勉前行。

生色和鸣

回坊社区城市设计

1.1 综合背景

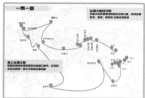

一路一带

丝绸之路经济带

第二亚欧大陆桥

一路一带：西安为重要节点

宏观背景

文明古都：历史文化名城

中观背景

底蕴古城：明城墙

微观背景

1）陕西省省会和关中城市群与"一线两带"发展的核心城市。
2）定位：形成面向中亚、南亚、西亚国家的通道、商贸物流枢纽、重要产业和人文交流基地。

1）世界四大古都之一，是古都型旅游胜地。
2）西安城区建立在历史城市遗址上，秦代宫殿高台尤存，汉长安城轮廓完整，隋唐长安城棋盘格局依稀可见。

1）西安城墙是中国目前保存比较完整和规模最大的古城垣，展现出明清古城的传统风貌。
2）记录了朝代兴替，岁月变迁。
3）最本质的老西安生活轨迹和历史气息。

1.2 区位分析

宏观区位

唐轴与历史文化轴，主要景观轴均以明城为中心穿越而过，是城市文化内核。

中观区位

北院门历史文化街区，重要的旅游景区之一，该地承载着城市特色文化，是城市"展厅"。

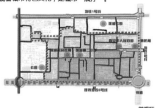

微观区位

基地处于一级商业中心钟楼商业圈内，基地周边有地铁1、2号线通过，规划在建地铁6号线。

1.3 上位规划

功能分区

西安市总体规划（2004—2020）

历史文化名城保护规划

1）以"米"字型干道为基础，构筑西安大都市圈。
2）西安城市空间格局为："九宫格局，棋盘路网，轴线突出，一城多心"的模式。把空间布局划分为西安中心城市、西安中心市区、西安旧城区三个层次。

1）疏解人口。
2）弱化和分离行政、交通、居住等功能，强化其旅游、文化交流功能。
3）注重社区传统风貌、历史文遗产和真实生活世界的综合保护；结合城市CBD和RBD的重点建设，推进社区空间环境的保护与更新；深化升级社区文化旅游产业，激发社区经济和社会文化活力。

保护和延续城市的平面形状、方位轴线、均衡对称的路网格局、方正的城墙、城河系统以及由街、巷、院构成的空间层次体系。老城区内严格实行建筑高度分区控制，逐步改造现有超高建筑。城墙内侧100米以内建筑高度不得超过9米，基地处于9米控制区内。

1.4 回坊社区

唐 宋 元

民 清 明

回坊圈层式发展结构　回坊社区划分　"寺坊制"基本功能单元　清真寺教派分布

回坊的空间结构

回坊的历史沿革：唐初，由于丝绸之路的兴起与繁荣，大量阿拉伯、波斯国家的穆斯林商人和宗教活动家侨居都城长安，历经宋元两代的繁衍壮大，逐步形成了具备一定规模的族群实体，在长安城内和近郊聚族而居。

回坊的社区秩序：回坊的社会体系在回坊空间形态上，以共同宗教信仰为核心加以信仰缘、业缘、民风风俗、血缘是共同构建。

回坊的文化概况

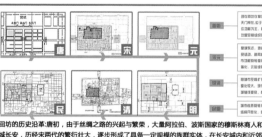

物质文化　非物质物质文化

1）人口构成：差异化

·回坊人口构成情况

·回坊人口受教育情况

·回坊人口从业分布情况

·回坊家庭月收入情况

2）生活行为：世俗化

宗教信仰的重要性　参加宗教活动频率　现有的生活环境对宗教信仰是否造成影响

3）生活环境：归属感与认可感强

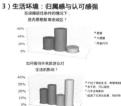
在保障居住条件的情况下，是否愿意搬离老城区？

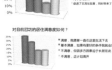
如何看待外来旅游业对生活的影响？

对目前居住环境的满意度如何？

是否愿意将自己的住宅改建为商业建筑？

继承与更新—西安北院门回坊文化区规划设计
Inheritance And Renovation Of Xi'an North Gate Of Hui Culture District Planning And Design

生色和鸣

回坊社区城市设计

2.1 现状用地性质

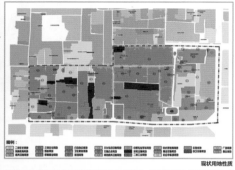

图例：...

现状分析：基地内居住用地以三类居住用地为主，居住密度高，环境质量低；公共管理用地占有极大比例；商业职能单一；缺乏公共绿地；市政设施配套不足。

2.2 现状建筑评价

现状建筑肌理

现状分析：南侧和东侧的大块肌理，内部以小块肌理，环寺组织的寺坊组团单元清晰可见，线性街道、两侧串连层层院落。

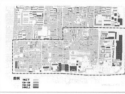

现状建筑肌理

现状分析：基地位于西安古城内，受到上位规划的控制，以低层和多层建筑为主。层数较高的建筑主要分布在北大街和西大街一侧。

现状分析：建筑风貌混乱，质量各异，仍有传统院格局的建筑需将加建建筑拆除更新。

现状建筑风貌

现状建筑产权

分清公共产权、经营性产权、民产以及落落权属，有利于今后用地规划，置换用地，建筑拆除提供依据。

2.3 现状空间结构

现状道路系统

现状分析：社区微型网络结构与城市格网过渡布接先天不足。

现状静态交通

现状分析：公共交通系统较为完善，基本满足外部人群到达基地的条件。静态交通系统不完善，场地混乱。

文保单位高度控制

现状分析：历史资源缺乏整合，资源点分散，缺乏有效的连接方式。表层化的文物保护文，缺乏生活内涵体现，传统民居保护力度较弱。

现状业态分布

现状分析：现代商业业态较为缺乏，不能满足居民与游客生活、休闲的增长需求。业态混乱，需进行整合、升级。产品多元化、产业复合化。

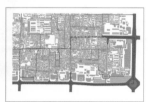

现状公共空间

现状分析：分不均公共空间之间缺少有效的连接机制，并且缺少游客与居民交流、沟通的空间形式，缺乏通过对特征空间的营造所形成的空间序列与节奏感。

现状公共服务设施

现状分析：公共服务设施空间分布基本合理，满足服务半径需求。基于基地东部处于重要商圈内，人流较大，不建议在基地东部建设小学。

现状环卫设施

现状分析：基地东部具有较多的公厕，分布较为合理，垃圾转运站在基地外部。基地西部缺乏公厕，应增建，保证需求。

现状人群分布

现状分析：弥漫式路网与人流极化增长空间的不匹配。因将人流往学习巷引导。

3、核心问题

历史格局模糊

空间体系混乱

3.1 空间秩序的混乱与缺失

历史格局的模糊
西安老城基本继承明城空间格局，如东西南北大街和一些主要干道。但传统格局不能满足现代生活，需要改进。基地仍留有唐骨局，里坊更是在此基础发展而来，而现在基本格局难以寻觅。

空间体系
公共空间分布只有大块公共空间，相互之间缺乏联系，公共空间没有层次，缺乏整体性，可达性差，空间环境品质差，社区公共空间分布少。建筑肌理不一质，但趋向同质化。

3.2 文化内涵的忽视与没落

坊内文化表层化展示

传统肌理的丢失

历史资源的散点分布

资源点单一分散。资源点未充分突出地域特色，尚未形成文化产业链。建筑风貌混乱，肌理破碎，破坏了历史文化街区整体风貌。基地内拥有丰富的资源，但多处于低级开发状态，粗放式发展。

3.2 文化内涵的忽视与没落

安全

电线放置乱、安全隐患

防火间距不够，无消防车道，无防火设施。

居民与游客具有一定的冲突，过多人流拥挤和人车混行对居民安全出行造成影响。

生理

情感

基础设施差，建筑间距小，导致通风、采光环境较差，居民基本生理需求难以满足。

日常生活网络体系的不完善，社交空间的缺失，在社区和谐上存在情感缺失与联系。

4、案例借鉴

菊儿胡同设计借鉴：
1）更新方式：立新≠破旧。
2）土地开发：低层≠低密度。
3）街坊模式：街墙≠围墙。
4）新四合院：神似≠形似。

福州三坊七巷借鉴点
1）划定原生态功能地区和现代功能植入地区。
2）模式的提出：新型院落模式的研究，不破坏原生肌理情况下，不同院落组合可以创造不同建筑空间的可能。
——传统民居院落
——柴栏厝
——商业与居住模式并存

继承与更新—西安北院门回坊文化区规划设计
Inheritance And Renovation Of Xi'an North Gate Of Hui Culture District Planning And Design

生色和鸣

回坊社区城市设计

规划定位

(1)回坊总体定位：民族宗教特色的历史文化展示街区，西安市重要的旅游服务基地之一。

(2)回坊空间形态特色可定位为：平面格局保持唐代时期的里坊制格局，建筑风貌（建筑形态）恢复明清建筑风格，建筑功能则顺应当下商贸、旅游、居住的需求。

(3)社会形态特色定位：居住者以回民为主导，商业特色以体现回民商业文化为主导，经营者身份不限（可回汉不分），由市场规律来选择，而游客则更趋于多元化。

(4)基地定位：以居住为主，辅以商贸、旅游、文化展示的功能复合型社区。

规划目标

（1）优越的生活 （2）无上的信仰 （3）和谐的社会 （4）传承的记忆

逻辑框架生成

6.1 社区—城市的结构耦合

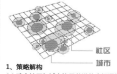

1、策略解构

1）建立社区与城市协同共进的空间逻辑。

2）梳理两重社会网络秩序：

　　第一重社区居民日常生活交往逐步积淀形成的相对内向的自在秩序。

　　第二重社会网络秩序是相对开放的旅游交流秩序。

2、空间逻辑演变

通过空间句法的图论视角深入解析社区结构形态的变迁过程和演进方向，并且发现社区结构形态持续发展的存在因据。然后，以这些现实问题为导向进行网络编织，优化社区结构形态的网络基础。

3、具体策略—道路网络

1）道路衔接　2）日常生活网络　3）历史文化网络

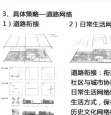

道路衔接：衔接城市与社区道路，建立社区与城市协同共进的空间逻辑。

日常生活网络维护建构：维护社区传统生活方式，保有较独立活动秩序。

历史文化网络建构：提升社区所承载的城市职能，完善旅游游览。

6.2 历史—现代的活化触媒

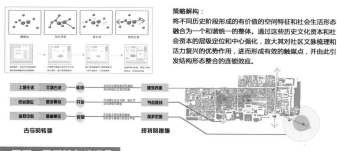

策略解构：

将不同历史阶段形成的有价值的空间特征和社会生活形态融合为一个和谐统一的整体。通过这些历史文化资本和社会资本的层级定位和中心强化，放大其对社区文脉梳理和活力复兴的优势作用，进而形成有效的触媒点，并由此引发结构形态整合的连锁效应。

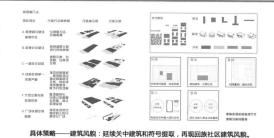

具体策略—建筑风貌：延续关中建筑和符号提取，再现回族社区建筑风貌。

6.3 同质—异质的有机混合

解构回族聚居的"同质"细胞—寺坊单元。判断其存在价值并且寻找其与"异质"结构有机混合的突破口。通过公共介质的植入加强"异质"结构对寺坊组团这一"同质"单元的空间渗透。结合各群居民的行为规律和社会结构特征在社区空间内楔入公共活动中心、街头绿地、休闲广场等公共介质，从而建立不同族群、不同阶层社会链桥，促进各民族集团之间的社会交往和共生理解。

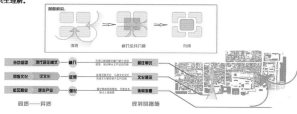

具体策略—居住单元

三种模式的提出：纯居住模式、外商内居模式、外商内居结合公建模式。

具体策略—文化策略

体验回坊旅游与老城特色、市井商业、宗教特色、关中传统民居合院。

具体策略—产业升级

对基地内的功能业态进行整合，有利于旅游产业的开发，同时对短缺的业态进行补充，满足居民与游客的需求，并且与创意经营联动发展，进一步挖掘文化的潜在价值，促进文化的展示与宣传。

（1）业态整合：特色食品商贸区，手工食品售卖区，宗教文化用品售卖区。

（2）业态植入：传统文化艺术展示功能、特色民宿功能、创意产业功能。

生 色 和 鸣

回坊社区城市设计

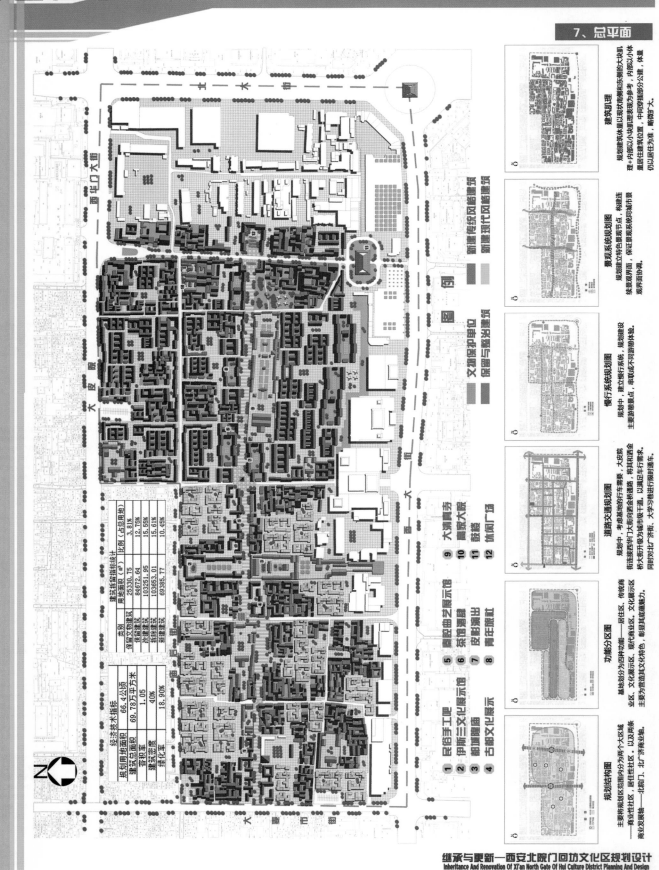

图例
- 新建传统风貌建筑
- 新建现代风貌建筑
- 文物保护单位
- 保留与整治建筑

① 民俗手工坊
② 伊斯兰文化展示馆
③ 韵顶陶邑
④ 古都文化展示
⑤ 襄昭曲艺展示馆
⑥ 荣宝渡廊
⑦ 皮影演出
⑧ 青都文化展示
⑨ 大清真寺
⑩ 喜居大院
⑪ 鼓楼
⑫ 休闲广场

经济技术指标

规划用地面积	66.4公顷
建筑总面积	69.78万平方米
容积率	1.05
建筑密度	40%
绿化率	18.90%

建筑拆除统计

类别	用地面积（m²）	比例（占总用地）
保留文物建筑	25330.15	3.81%
保留建筑	84672.64	12.75%
改造建筑	103251.95	15.55%
拆除建筑	103653.01	15.61%
新建建筑	69385.77	10.45%

规划结构图
本案移规划范围内分为两个大区域 ——商业性社区、居住性社区。以这两条轴为主要商业发展轴—北院门、北广济街商业组。

功能分区图
基地划分为四种功能——居住区、商业区、文化展示区、现代商业区，文化展区主要为营造浓郁文化特色，彰显其魅力能基地。

道路交通规划图
规划中，考虑基地的行车主要，大清真寺连接西华门门大街向西延伸，将其和西北大街大街升级为城市级干道，以满足行车需求，同时对北广济街、大学习巷进行限制通车。

慢行系统规划图
规划中，建立慢行系统，规划建设主要游览景观点，串联成不同游览线路。

景观系统规划图
规划建立特色景观节点，构架连续景观界面，保证景观系统与同城市景观界面协调。

建筑肌理
规划建筑体量以现状南侧和东侧的为大机理，内部以小机理建筑表现为参考，内部以小体量住建筑的公建，中间穿插的分布公建、体量仍以居住为准，略微加大。

生色和鸣

回坊社区城市设计

节点设计

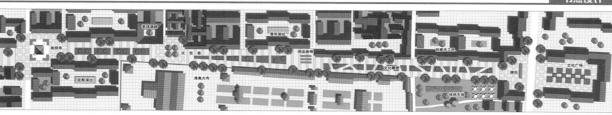

化觉巷轴线东段放大图

化觉巷东段北立面图

化觉巷西段北立面图

化觉巷文化街

文化街入口

步行街一角

街道节点

文化街一角

继承与更新—西安北院门回坊文化区规划设计

Inheritance And Renovation Of Xi'an North Gate Of Hui Culture District Planning And Design

生 色 和 鸣　回坊社区城市设计

9.1 纯居住模式—传统院落民居分析

研究传统民居建筑以关中建筑作为元素对象，传统民居院落和建筑受空间和功能限制，形式较为单一。主要包括A"T"字形院落；B"T"字形院落；C"口"字形院落；D"工"字形院落。四种院落格局相互结合成不同院落群体，组合成地块模式。组合形式多样，但为保证最大使用率建议相同院落组合。重建院落基本以两进为主，局部一进或三进。

典型院落单体：

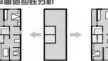

院落组合方式：

A+A　A+B　A+C　A+D　B+B
B+C　B+D　C+C　C+D　D+D

院落组合发展模式：　院落组合屋顶肌理：

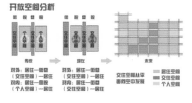

回坊民居独院式住宅平面布局：

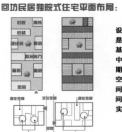

设计居住模式是回坊民居为基础，结合关中院落群组，期望达到居住空间、交往空间以及个性空间不同层次的实现。

9.2 纯居住模式—创新建筑分析

平面适应性分析

开放空间分析

建筑模块生成分析

单元平面生成

各层模块生成

建筑模块生成

第三层　第二层　第一层

空间适应性分析

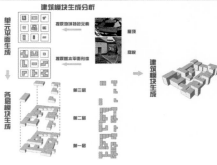

9.3 外商内居模式

回民特殊的生活性依坊而商，商业尤以饮食产业对于回民住宅功能要求占据一定地位。但是因经济利益驱动，现状商业功能已经侵蚀居住功能，公共-半公共-半私密-私密的空间过渡缺失。本模式的提出基于未来发展的可能，探讨商住模式的单元组合。

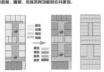

1）传统模式　2）相邻模式　3）独立模式

一层平面　二层平面　屋顶

9.4 外商内居结合公建模式

1）居住院落的功能置换：　2）传统院落格局演变：

公建变形一：

公建变形二：

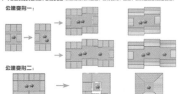

在外商内居模式基础上，因设计需要，加入公建。公建体量是在原居住体量大小，适当增大，同时增大院落空间，保证足够的开放空间。或是以原居住院落，植入新功能，形成公建。

公建组合发展模式：　屋顶肌理组合示意：

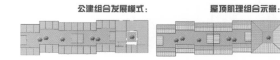

城市设计引导

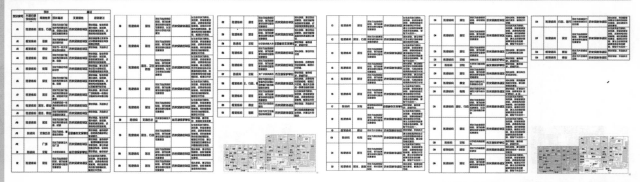

生色和鸣

—— 西安北院门回坊文化区城市设计

毕设，痛并快乐着

—— 黄冬梅

很荣幸能参加这次的联合毕业设计，让我在毕业季有了一次难忘的经历。从西安到杭州，从开题到终期，将近4个月的毕业设计，既纠结又忙碌，既充实又温馨，一路走来，是一次痛并快乐着的旅行。

基地踏勘中，琳琅满目的回族小吃，带着白色帽子的回民，古朴而特别的清真寺，在汉唐文化之外，让我体会到了西安别样的一面；开题汇报上，在不同学校同学的合作中，让我学到了不同的工作方式，也结识了来自其他六校的朋友。

而面对游客与居民的不同诉求，面对多维度下基地的分析，当越接近事物的本质时，仿佛思维变得更加发散与难以取舍。最终，在老师的帮助下，我们选择了从社区的角度切入课题，最终确定设计的方向。而在方案深入的过程中，面对中期汇报老师的质疑，以及批评我们"拆除太多"，我们进行了反思和方案修改，在与小伙伴的几次争论中，在与连续几个深夜的并肩研究下，我们一步步完成了方案的定稿。

回顾整个过程，这一路的辛苦，在终期汇报上得到的肯定面前已不算什么。在这里，我要特别感谢小伙伴的一路鼓励和并肩作战；也要感谢杨昌新老师和卓德雄老师，在设计过程中给我们的启发和帮助，让我们在方案上和逻辑表达上更加完善；同时，还有西安建筑大学和浙江工业大学给予我们的帮助，让我们度过了更加精彩的旅程。

一次体验与收获之旅

—— 王欢

时光荏苒，伴随着毕业设计最终成果的提交，我们为大学五年生活画上了个句点。联合毕业设计，是一次旅程，一次体验，也是另一番收获。

从西安回坊地块的实地调研开始，问题就开始纠结于脑海中。回族文化与宗教文化的复合，使这个地块在社会学层面呈现一种相对独立和隔离。文化的差异使现状调研入户调查较为困难；现状问题的表象之下，由于基础资料很多缺失、现状调研时间不够充足，使得对地块的深入认识存在障碍……我们只能寻求文献的帮助，从文献资料中提取有用的历史数据和描述，以求更加全面的认识地块特性。

在老师的启发下，我们选择社区的角度作为设计的切入点。从这个角度出发，我们围绕"回民"这一居住群体，做了更加深入的剖析。从社区社会构成到"依寺而居、依坊而商"的居住模式的解读和演绎，我们在物质空间的表象之外寻求的是社区发展演变的动力。回顾整个过程，在一次次分析和总结中，一步步完善自己的推理和逻辑，最终走向自己的方案。而在逻辑的完善中，经历的是一次次自我纠结的辩驳。

匆匆几个月，在体验之外，感受到的有不同学校的思维方式和设计风格，认识到自己的不足之外也对设计有了更全面的理解。在此，特别感谢杨昌新、卓德雄两位老师的悉心指导，在迷茫之时给我们启发的曙光；同时，也要感谢西安建筑科技大学和浙江工业大学在这次过程中给我们提供的帮助。

承脉·融新 西安北院门回坊文化区规划设计
XI' AN NORTH GATE BACK ALLEYS AND CULTURE AREA PLANNING AND DESIGN

||| 城市背景 Background Interpretation

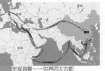

宏观背景——世界四大古都　　中观背景——历史文化名城　　微观背景——明城墙

西安是新亚欧大陆桥及黄河流域最大城市，是世界四大古都之一，曾经作为中国首都的政治、经济、文化中心长达1100多年，是古丝绸之路的起点，也是经济、文化、商贸中心。

西安古称长安，地处中国中西部陕西关中平原腹地，古时就有"八川分流绕长安，秦中自古帝王州"之称。西安城区建立在历史城市遗址上，隋唐长安城棋盘格局依稀可见。2011年被定位为全国唯一的"历史文化基地"城市。

西安城墙是中国目前保存比较完整和规模最大的古城垣，并与钟鼓楼、化觉巷清真寺、大学习巷清真寺、城隍庙、等代表性古建筑及历史街区一起，共同展现出明清古城的传统风貌。

||| 地块概述 Site Introduce

设计地块位于西安老城区内（明城墙内）的回坊文化区，是西安主要的回民聚集区。同时设计地块也是北院门历史文化街区的一部分。规划设计地块在原有研究范围的基础上稍微调整，范围向西北由西至红埠街。具体范围为北至红埠街，南临西大街，东至北大街、西至北广济街，面积约52.3公顷。

历史城区（控制建设地区）范围　历史文化街区　回坊范围　设计地块范围

||| 历史沿革 Historic Evolution

唐
开放的社会氛围吸引大量的阿拉伯地区商人来经商，进而加快了伊斯兰教在中国的传播和中国穆斯林数量增长，为回坊的最终的形成提供了重要的内部条件。

五代
战乱导致唐长安城的破坏，后经由佑国寺度使韩建重新修建城市，新的皇城比原来的皇城小，在新皇城的西北隅将回民统一安置管理。

明
"禁胡服""禁胡语"等汉化政策的推行，穆斯林为了维护伊斯兰教的发展和传承，开始大量吸收以汉文化。因此也就有了我们现在看到的被"汉化"的清真建筑。

清
清乾隆年间，回坊形成了"七寺十三坊"的空间格局。

今
清真寺增加至十二座，回坊居民依托传统特色餐饮发展零售商业，传统手工业、旅游业也飞速发展，民族融合程度增加。

未来
?

||| 相天规划分析 Plan Analysis

西安市总体规划（2004—2020）

明确了其主要思路为：
1、疏解人口
2、弱化和分离行政、交通、居住功能，强化其旅游观光、文化交流功能。

规划保留居住用地作为其主导用地，并明确了老城土地利用规划原则：
1、居住用地：调和改为主，原则上不再规划新的居住用地
2、调整工业、合档用地
3、行政办公逐步外迁，用地可能调整为公共设施用地
4、改善绿地布局成系统结构，增加绿地面积
5、产业用地以人文旅游、文化服务、商业零售业为主。

《西安市总体规划——历史文化名城保护规划》

明确：北院门为明清历史文化街区。
老（明）城区保护规划主要内容：
1、保护和继续传统空间格局
2、建立老城保护体系和保护名录
3、延续历史文脉
4、控制高度及建筑风貌

||| 现状分析 Status Analysis

part 1 发展条件分析

1、城市经济发展机遇
在"一带一路"空间规划中，西安作为曾经丝绸之路的起点，被重新赋予了内陆开放新高地的耶贲，被定位为商贸枢纽、产业和人文交流基地。"一带一路"为西安带来了新的发展契机。
回坊自古是中外交流频繁的场所，溯其缘起与古丝绸之路有着深厚渊源。新的机遇下，回坊需加快硬件设施的提升，发挥原有的历史文化多样性和包容性，

"丝绸之路经济带"
该线运行的初始阶段将主要涉及中国和中亚各国
未来将会逐步覆盖和辐射中东欧、西欧以及西亚、北非地区等更广泛的地域

21世纪海上丝绸之路
员前的合作主体将是中国和东南亚国家
今后将延伸到南印度洋、中东、非洲和地中海地区国家

2、城市品牌打造需求
西安作为关中经济区的核心，被定位为"历史人文特色的国际化大都市"、"国际一流旅游目的地"，迫切需要打造体现西安特色的文化标牌，更好的带动旅游业的发展。从数据可看出，西安旅游总量逐年零升，发展迅速。但和同为国际性城市的北京、上海，仍有一定差距。

回坊属于北院门历史文化街区，文化底蕴深厚、历史遗迹众多，是西安旧城历史积淀不可分割的一部分。起着文化传承、文化展示的功能。因此回坊急需重塑风貌形象，完善旅游设施，更好的展现城市风采。

3、城市RBD中心要求
由于受古城保护限制，原西安老城区内以钟楼片区为核心的"CBD"开发受到限制。随着城市化进程的加快，老城区原有中心商务功能向城外疏解、市政的外迁，老城区商业购物和游憩功能更加突出，CBD逐渐转型为RBD。

回坊位于西安旧城区中心，紧邻老城区两条主要轴线，交通便利，区位良好。作为城市级中心和RBD的重要组成部分，回坊承担着中心区经济集聚效应和市民公共活动中心的双重职能。

文化资讯功能　观光游览功能　商业购物功能　餐饮住宿功能　休闲娱乐功能　康体健身功能
RBD功能组成

旅游人口统计（万人）
旅游收入统计（亿元）
西安与北京、上海旅游人口比较（万人）
西安与北京、上海旅游收入比较（亿元）

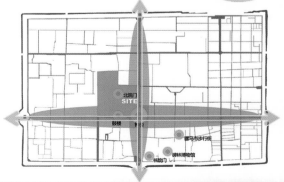

||| 现状分析 Status Analysis

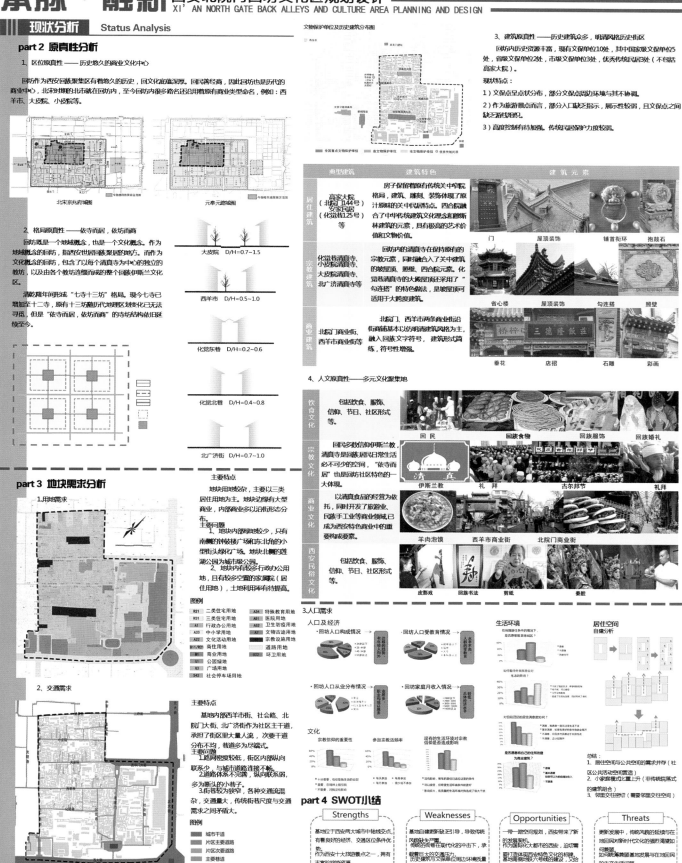

part 2 原真性分析

1、区位原真性——历史悠久的商业文化中心

回坊作为西安回族聚集区有着悠久的历史，回文化底蕴深厚。回民善营商，因此回坊也是历代的商业中心，北宋时期的北市就在回坊内，至今回坊内很多路名还沿用着原有商业类型命名，例如：西羊市、大皮院、小皮院等。

北宋京兆府城图　　元骆驼路段图

2、格局原真性——依寺而居，依坊而商

回坊既是一个地域概念，也是一个文化概念。作为地域概念的回坊，指西安世居回族聚集地。而作为文化概念的回坊，包含了以每个清真寺为中心的独立的教区，以及由各个教区连续而成的整个回族伊斯兰文化区。

清乾隆年间形成"七寺十三坊"格局。现今七寺已增加至十二寺，原有十三坊随历代地理区划变化已无法寻觅，但是"依寺而居，依坊而商"的寺坊结构依旧延续至今。

大皮院　D/H=0.7~1.5

西羊市　D/H=0.5~1.0

化觉东巷　D/H=0.2~0.6

化觉北巷　D/H=0.4~0.8

北广济街　D/H=0.7~1.0

part 3 地块需求分析

1.用地需求

主要特点
地块用地较杂，主要以三类居住用地为主。地块边缘有大型商业，内部商业多以沿街形态分布。
主要问题
1. 地块内部绿地较少，只有南侧的钟鼓楼广场和东北角的小型街头绿化广场。地块北侧的莲湖公园为城市公园。
2. 地块内有较多行政办公用地，且有较空置的家属院（居住用地），土地利用率有待提高。

图例
- R21 二类住宅用地
- R31 三类住宅用地
- A1 行政办公用地
- A33 中小学用地
- A22 文化活动用地
- B1/R21 商住用地
- B1 商业用地
- G1 公园绿地
- G3 广场用地
- S42 社会停车场用地
- A34 特殊教育用地
- A51 医院用地
- A52 卫生防疫用地
- A7 文物古迹用地
- A9 宗教设施用地
- 道路用地
- U22 环卫用地

2. 交通需求

主要特点
基地内西羊市街、社会路、北院门大街、北广济街作为社区主干道，承担了街区里大量人流，次要干道分布不均，巷道多为尽端式。
主要问题
1.路网密度较低，街区内部纵向联系少，与城市道路连接不畅。
2.道路体系不完善，街巷联系弱，多为断头式的巷子。
3.街巷较为狭窄，各种交通流混杂，交通量大，传统街巷尺度与交通需求之间矛盾大。

图例
- 城市干道
- 片区主要道路
- 片区次要道路
- 主要巷道
- 小巷

文物保护单位及历史建筑分布图

3、建筑原真性——历史建筑众多，明清风格历史街区

回坊内历史资源丰富，现有文保单位10处，其中国家级文保单位5处，省级文保单位2处，市级文保单位3处，优秀传统民居3处（不包括高家大院）。

现状特点：
1）文保点呈点状分布，部分文保点周边环境与其不协调。
2）作为旅游景点而言，部分入口处缺乏指示，展示性较弱，且文保点之间缺乏游线组织。
3）高度控制有待加强，传统民居保护力度较弱。

	典型建筑	建筑特色	建筑元素
居住建筑	高家大院（北院门144号）安家民居（化觉巷125号）等	房子保留着原有传统关中庭院格局，建筑、雕刻、装饰体现了原汁原味的关中民居特色。四合院融合了中华传统建筑文化理念和伊斯兰建筑的元素，具有极高的艺术价值和文物价值。	门　屋顶装饰　铺首衔环　抱鼓石
宗教建筑	化觉巷清真寺、小皮院清真寺、大皮院清真寺、北广济街清真寺	回坊内的清真寺在保持原有的宗教元素，同时融合了入关中建筑的坡屋顶、照壁、四合院元素。化觉清真寺的大殿屋顶采用了"勾连搭"的特色做法，是坡屋顶适用于大跨度建筑。	省心楼　屋顶装饰　勾连搭　照壁
商业建筑	北院门商业街、西羊市商业街	北院门、西羊市两条商业街沿街商铺基本以仿明清建筑风格为主，融入回族文字符号，建筑形式简练，符号性增强。	垂花　店招　石雕　彩画

4、人文原真性——多元文化聚集地

饮食文化	包括饮食、服饰、信仰、节日、社区形式等。	回民　回族食物　回族服饰　回族婚礼
宗教文化	回民多数信仰伊斯兰教，清真寺是回族居民日常生活必不可少的空间，"依寺而居"也是回族社区特色的一大体现。	伊斯兰教　礼拜　古尔邦节　礼拜
商业文化	以清真食品的经营为依托，同时开发了旅游业、民族手工业等商业领域，已成为西安特色商业中的重要构成要素。	羊肉泡馍　西羊市商业街　北院门商业街
西安民俗文化	包括饮食、服饰、信仰、节日、社区形式等。	皮影戏　回族书法　剪纸　秦腔

3.人口需求

人口及经济
- 回坊人口构成情况
- 回坊人口受教育情况
- 回坊人口从业分布情况
- 回坊家庭月收入情况

生活环境

居住空间
自建分析

总结：
1. 居住空间与公共空间的需求并存（社区公共活动空间配置）
2. 小家庭模式比重上升（非传统院落式组合）
3. 邻里交往缺失（需要邻里交往空间）

文化
- 宗教信仰的重要性
- 参加宗教活动频率
- 现有的生活环境对宗教信仰是否造成影响

part 4 SWOT小结

Strengths	Weaknesses	Opportunities	Threats
基地位于西安两大城市中轴线交点，有着良好的经济、交通区位条件优势。作为西安十大旅游景点之一，拥有丰富的旅游资源。民族聚集地的特色民族文化优势。	基地自我更新缺乏引导，导致传统风貌流失严重。传统文化在现代化的冲击下，承受较大的交通压力，内要文化体现不足特色文化的标准，周边带来较大的环境影响，特色不够体现。	一带一路空间战略，对西安带来了新的发展机遇。作为西安大都市的西安，迫切需要文化载体与特色文化的支撑，基地带来了更多的发展契机。	更新发展中，传统风貌的延续与当地回族对新时代文化的强烈渴望如何兼顾。如何既能兼顾基地发展与当地居民的生产生活问题。

承脉·融新 西安北院门回坊文化区规划设计
XI' AN NORTH GATE BACK ALLEYS AND CULTURE AREA PLANNING AND DESIGN

▌▌▌概念生成 Concept Generating

功能定位为：
以文化为魂，商业为脉，居住为基础，旅游为纽带的城市文化休闲街区，西安城市RBD（Recreational Business Districts）休闲娱乐重要的组成部分。

规划目标：
在改善回民居住条件的大前提下，加大旅游发展力度，打造西安城市名片，带动西安回坊历史文化街区的复兴与经济腾飞。

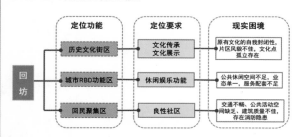

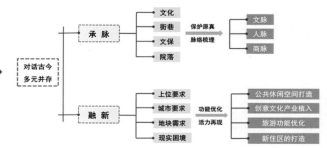

▌▌▌设计策略 Design Strategy

1、保护原真，文化延续 —— 保护历史原真信息，多元化措施推进保护实施

规划主要从人文、格局、建、巷四个方面，以策略来保护街区历史的原真性。

1）人文原真性
回坊作为自古以来西安回民的聚居区，有着其特有的人文特殊性。回族居民约是一条街区核心的经营者。改造时应考虑最大限度保留住回民的回民流动近年置业。规划时考虑尊重其特有生活方式和信仰习俗，以保持回坊的特色文化，同时设置回坊博物馆、民族工艺美术馆、文化墙等作为多元文化载体，使文化更好的展示。

2）格局原真性
寺坊格局：主要体现在居住建筑围绕清真寺四周布置，具有一定向心性，商业则在坊（居住单元）的外部沿街设置。规划时保留原有寺坊格局，延续"清真市居，依坊而商"的街区特色。梳通到清真寺的街道，提高其可达性。降低清真寺周边的建筑高度，以突显清真寺在单元建筑群中的地位。

寺坊结构　　提高可达性　　高度控制

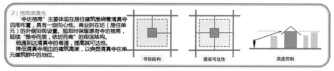

3）建筑原真性
保留地块内文化保护单位和特色建筑，并修复其周边的建筑风貌，使特色建筑不孤立存在。特色建筑采用"博物馆式保护"，保留建筑整体的同时加入展览、体验等功能。适当增加对清真寺等公共建筑周边的开敞空间，凸显其公共性。

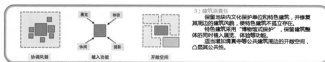

协调风貌　　植入功能　　开敞空间

2、土地置换，分类管理 —— 土地结构优化调整，疏解街区压力，划分不同功能分区，设置功能植入门槛

调整现有的用地结构，将地块内大型的行政办公用地外迁，破旧、空置的家属院（居住用地）置换成创意产业、展览空间等功能，提升土地价值。

从不同的空间特点入手，结合城市周边，将历史与现状要素整合，划分出城市功能植入区与原生态功能保护区。对此区域制定组成的功能更新模式与空间组合模式（可通过分区规划管理调整实现）。由此确定回坊区未来发展的可持续性原则。

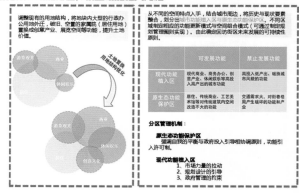

	可发展功能	禁止发展功能
现代功能植入区	现代商业、商务办公、创意产业、休闲娱乐等高档入驻产出的城市功能	高技术低产出、破坏城市风貌的城市功能
原生态功能保护区	居住、传统商业、工艺美术馆等对快速建筑内空间改造不大的功能	交通需求大、对街巷肌理局产生破坏的功能和产业

分区管理机制：
原生态功能保护区
强调自我的平衡与政府投入引导相协调原则，功能引入许可制。

现代功能植入区
1. 市场力量的拉动
2. 规划设计的引导
3. 政府管理的约束

3、功能优化，活力重现 —— 优化街区功能，丰富街区生活，提升街区活力

1）城市公共休闲空间营造

地块位于老城区中心，属于城市RBD区域内，同时周边有较多行政商务办公，游客市民在此聚集度高，因此地块需提升开公共休闲功能。主要有以下几个方面：
商业在一层延伸室内部，利用庭院、转角空间等设置休闲座椅，打造多层次的慢生活休闲空间体验。大皮院商业功能的置换，增加具有地方特色的现代商业。
展览功能植入，设置回坊博物馆、民族手工艺美术馆、文化墙等丰富市民的文化休闲生活。
结合清真寺、展览馆等公共建筑布置小广场，供游人驻足、休息、娱乐。

休闲商业

休闲文化

休闲空间

2）创意产业的植入

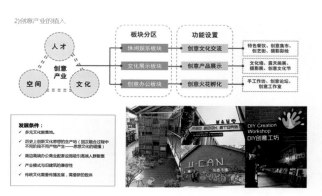

发展条件：
- 多元文化聚集地。
- 历史与创意思想的生产地（回汉融合过程中不同物种不同物种产生——思想文化的碰撞）
- 周边高端的公商业配套设施与高端人群聚集
- 产业模式与旧建筑的兼容性
- 传统文化需要传播发展，需要新的载体

3）城市旅游品牌的打造

地块产业结构升级优化，植入新功能，完善配套设施，打造有西安特色、回坊特色的旅游景点。

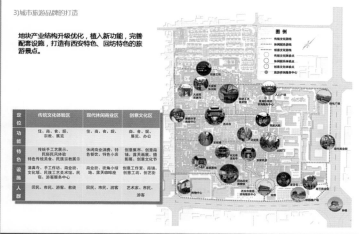

定位功能	传统文化体验区	现代休闲商业区	创意文化区
定位功能	住、商、食、娱、宗教、展示	住、商、食、娱	商、食、娱、展示、办公
特色	传统手工艺消费，回族居民体验特色传统美食、特色宗教展示	休闲商业消费、特色商业街、特色小店	创意集市、创意商铺、露天展演、创意文化节
设施	清真寺、手工作坊、博物馆、文化墙、民俗工艺美术馆、民宿、旅游服务中心	商业街、街角小庭院、民宿、商务楼宇	创意工作室、商铺、创艺工坊
人群	回民、市民、游客、教徒	回民、市民、游客	艺术家、市民、游客

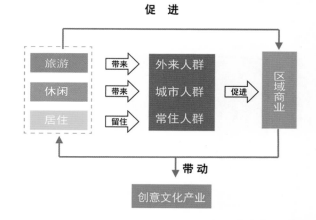

促进

福建工程学院　　建筑与城乡规划学院　　学生：沈静文 赖家明　　指导老师：卓德雄 杨昌新 杨芙蓉 龚海钢

承脉·融新 西安北院门回坊文化区规划设计
XI' AN NORTH GATE BACK ALLEYS AND CULTURE AREA PLANNING AND DESIGN

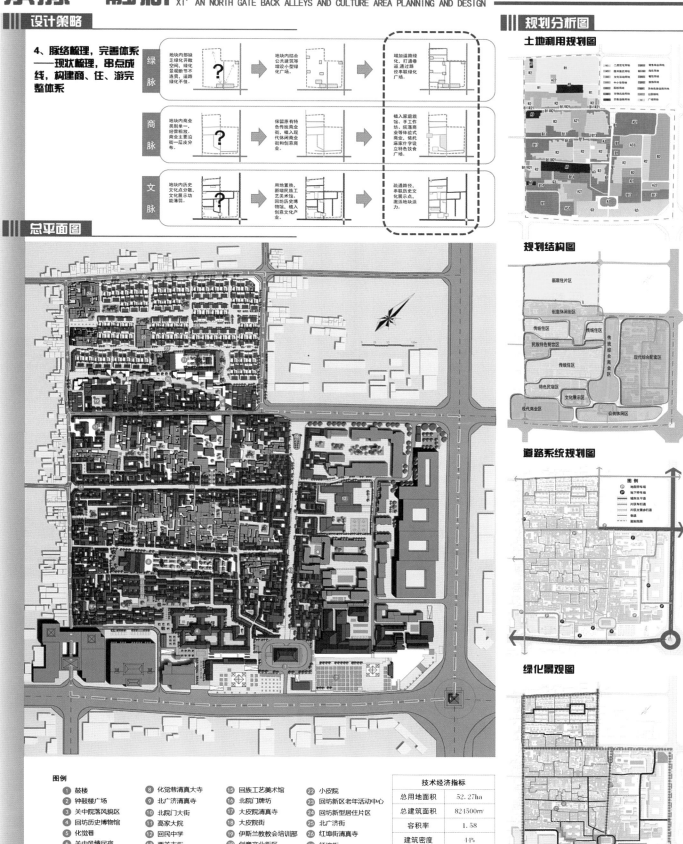

设计策略

4、脉络梳理，完善体系
——现状梳理，串点成线，构建商、住、游完整体系

绿脉

商脉

文脉

总平面图

规划分析图

土地利用规划图

规划结构图

道路系统规划图

绿化景观图

图例
1. 鼓楼
2. 钟鼓楼广场
3. 关中院落风貌区
4. 回坊历史博物馆
5. 化觉巷
6. 关中风情民宿
7. 化觉巷232号古民居宿
8. 化觉巷清真大寺
9. 北广济清真寺
10. 北院门大街
11. 高家大院
12. 回民中学
13. 西羊市街
14. 麻家什字特色商业点
15. 回族工艺美术馆
16. 北院门牌坊
17. 大皮院清真寺
18. 大皮院街
19. 伊斯兰教会培训部
20. 创意产业街区
21. 小皮院清真寺
22. 小皮院
23. 回坊新区老年活动中心
24. 回坊新型居住片区
25. 北广济街
26. 红埠街清真寺
27. 红埠街

技术经济指标	
总用地面积	52.27ha
总建筑面积	821500m²
容积率	1.58
建筑密度	44%
绿地率	18%

福建工程学院　建筑与城乡规划学院　学生：沈静文 赖家明　指导老师：卓德雄 杨昌新 杨芙蓉 龚海钢

建筑使用性质

建筑高度控制

消防系统规划

建筑更新保护模式

图例：
- 保护修缮建筑
- 保留改建建筑
- 保留改善建筑
- 新建建筑
- 暂留建筑
- 设计范围

1、保留修缮建筑

高家大院　化觉巷232号　清真寺

2、保留改造建筑

街巷界面

1) 界面连续性

针对沿街界面风貌敏感度进行分析，找出破坏界面连续性的因子用修补的手法进行分改造，保护沿街界面的连续性跟完整性

2) 沿街风貌

a.沿街立面改造

b.院落单元改造（以化觉巷、西羊市两个大院改造为依据）

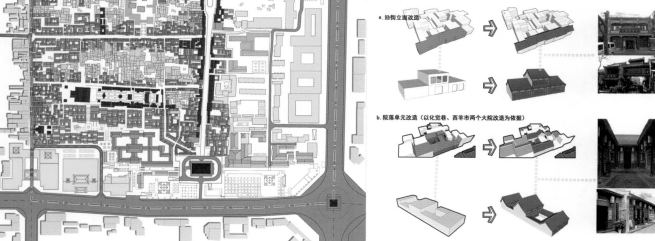

3、保留整治建筑

居住空间

针对保留的自建房，规划中予以整改以满足原住民的居住需求。具体包含以下两方面的措施：

1) 片区层面

现状自建房过度拥挤，公共空间被最大限度的压缩。规划中以单位院落为单元，拆除部分比较破旧或者与风貌不协调的建筑，打通巷道，营造小型公共、绿化空间。

2) 单元院落层面

现状　规划

现状自建房在原有院落宅基地中自建更新，原有狭长的院落空间被近乎填满，厨房、天井空间被完全压缩，留下仅供通行的过道。规划中对院落空间做简单的梳理，拆除破旧建筑或者连章搭盖等的过道，改善原有居住通风采光问题的同时也腾出了家庭院落空间，增加庭院绿化，提升居住环境质量。

4、居住建筑更新

传统民居元素提取

1. 窄面宽，长进深的建筑空间

关中民居主要有窄面宽，长进深的格局特点。这样的空间格局是由于当地的气候原因自然演变而来。冬季防风夏季遮阳，窄长的院落空间也形成了良好的自然通风，起到调节屋内小气候的作用。

2. 长条形的建筑空间肌理

福建工程学院　建筑与城乡规划学院　学生：沈静文　赖家明　指导老师：卓德雄　杨昌新　杨芙蓉　龚海钢

承脉 · 融新 西安北院门回坊文化区规划设计
XI' AN NORTH GATE BACK ALLEYS AND CULTURE AREA PLANNING AND DESIGN

建筑更新保护模式

4、居住建筑更新

新居住模式的生成

在传统建筑元素提取的基础上融入现代的建筑模数与功能需求，衍生出新的居住模式。

居住单体

公共交通空间

公共交往空间

建筑一层平面

12.0

9.0

视线控制图

院落权属图

土地权属边界

肌理对比图

规划前

规划后

鸟瞰图

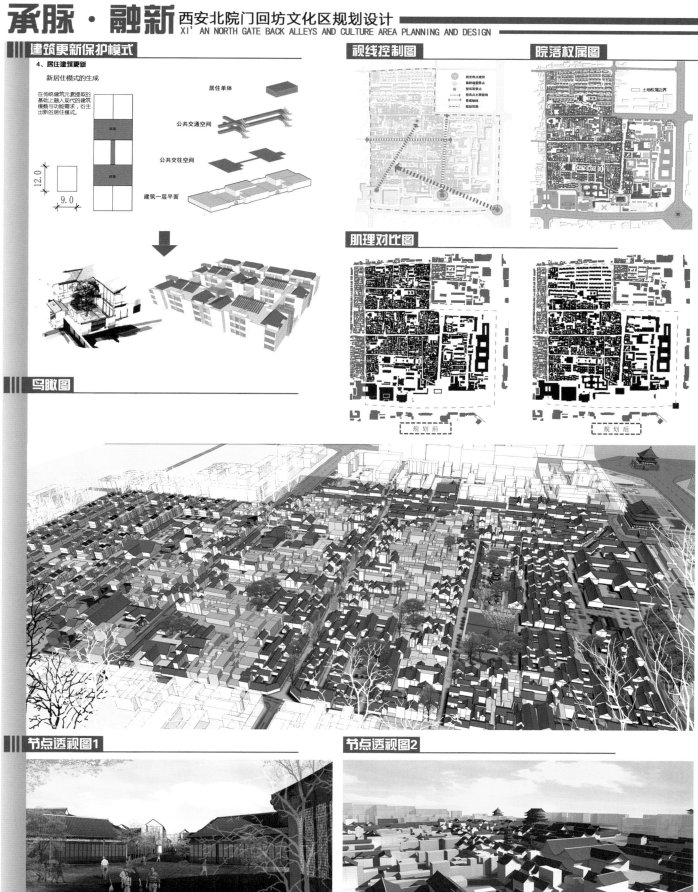

节点透视图1

节点透视图2

福建工程学院　建筑与城乡规划学院　学生：沈静文 赖家明　指导老师：卓德雄 杨昌新 杨芙蓉 龚海钢

6

承脉·融新

——西安北院门回坊文化区规划设计

一段难忘的旅程

——沈静文

很高兴在大学的第五年参加了"7+1"联合毕业设计，让我有机会与其他学校的同学进行交流，在思想碰撞中得到能力的提升，也给了我们一个展示自我的舞台。在进行毕设调研的同时，我们也不忘游览了西安的名胜古迹，感受古都深厚的历史文化底蕴。这段旅途，我们开拓了眼界，汲取了知识，收获颇多。

这是一段难忘的旅程，可以说是大学时期花费心血最多的设计，但是付出越多，收获越多。从一开始对地块复杂的现状不熟悉不了解，到最后形成完整的方案成果，一步一步，我们磕磕碰碰不断探索，从迷茫困惑慢慢柳暗花明。我们体会了探索的艰辛，也品尝到成功的喜悦。联合毕设还提升了我的自主学习能力和团队协作能力，相信在未来的路上将对我有很大的意义。

"7+1"联合毕业设计的结束，意味着我们五年的大学生活也将画上句点。在此想感谢我们的指导老师，您们辛苦了。还要感谢我毕业设计的搭档以及一起为设计奋战的小伙伴们，和大家在一起的日子，是我大学美好的回忆。

只为给自己一个句号

——赖家明

五年大学生涯，毕业设计是句号。这，是一个选择！

参加七校联合毕业设计，是我大学生涯的一个机会，也是我的选择。这个选择充满了探索与挑战。在这里，我拿出了五年的专业积累与自我认识，在方案上尽情表达，为的是寻求一次思维上的碰撞，渴望得到新的升华；也为获得一面镜子，照出自身的长处与局限。

在七校师生的一次次交流中，一方面不同的学生团队，不同是设计理念带给我全新的认识。思维逻辑的严谨、设计理念的大胆创新、成果不同层面的表达无一不带给我强烈的冲击；另一方面不同的专家老师有着自己独到的见解，在他们的不吝赐教中，我再一次深深认识到城市规划这一学科的无限可能性。

一次次迎难而上，一次次问题迎刃而解，多少精力投注其中，自我认识不断提升。为的只是给自己一份满意的答卷。联合毕业设计终于结束了，在这一段历程中，收获了成长，收获了友谊，也收获了与老师、同学一起奋斗的快乐时光，感谢你们。同时我也相信这一定会是我人生中一笔无法估价的财富。大学，五年最好的青春献给了你，我给自己画上了一个圆满的句号。

"创忆" 回坊 西安北院门回坊文化区规划设计
XI'AN BEIYUANMEN HUI CULTURAL DISTRICT PLANNING

区位分析

1) 宏观区位
西安市："一路一带"中心节点城市
1) 新丝绸之路的起点，西安将成为内陆开放的新高地。
2) 定位：面向中亚、南亚、西亚国家的通道、商贸物流枢纽、重要产业和人文交流基地。
3) 一路一带将带动沿线国家的互联互通，对于西安将带来大量的人流、物流和信息流。
4) 西安城市的发展定位应该放眼世界，到达一个新的起点。

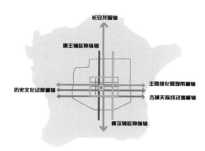

2) 中观区位
老城区：文化底蕴积淀区
1) 西安市的老城区，是城市文化内核。为明清西安城，也是唐皇城的一部分。
2) 几千年的历史文化积淀形成了城市空间上的几条重要历史轴线，是城市文脉的重要组成部分。
3) 城市空间上应考虑对历史轴线的继承和保护。

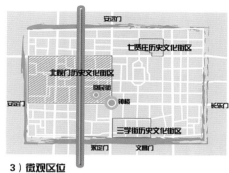

3) 微观区位
明城墙内：三大历史街区
1) 此次设计的研究范围东邻北大街，为现城市主轴；南邻西大街，为城市历史文化过渡轴；唐主轴沿北广济街纵向延伸紧邻核心区域。需要在研究范围内考虑历史轴线的设计。
2) 研究范围覆盖了北院门历史街区，毗邻三学街和七贤庄历史文化街区和三街，周边历史文化氛围浓厚，三大历史街区各有特色，差异化发展成为必然选择。

相关规划分析

1.总体规划目标定位：世界古都、文化名都
2.原则：发展外围新城，保护古城风貌，实行新旧分治

老城内的功能分区：
错位发展，对于研究范围的功能定位为："文化、旅游、商贸"

老城用地发展思路：
1.疏解人口；
2.弱化和分离行政、交通、居住等功能，强化其旅游观光、文化交流功能。

明确：北院门为明清历史文化街区：
1.保护与延续隋唐长安城市路网格局；
2.保持原有街巷格局、走向、尺度，保护肌理；
3.延续历史文脉。

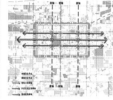

1.唐轴：朱雀大街、南北广济街，连接莲湖公园构成空间上的唐轴线。
2.规划对唐轴上在城市设计中着重反映历史文脉、历史故事以及唐代群众生活、民俗文化。

历史沿革

 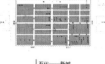   

唐——长安城　　五代——新城　　宋——京兆府　　明——西安府　　清——西安府　　民国——西安　　现代——西安

研究范围分析

1) 综合用地现状

坊内现存12座清真寺及钟鼓楼等其他重点文保单位、大型商业建筑沿街分布，内部主要为传统建筑和大院建筑，且东部传统建筑肌理较为集中成片，大院建筑主要位于坊内的北侧和西侧。此外，分布三所中学、六所小学和五所医疗设施。

2) 现状建筑肌理

1) 坊内以传统建筑肌理为主，但边界参差，可见四周的现代建筑肌理对传统建筑肌理呈现一种明显的侵蚀状态；而传统建筑肌理内部，现代建筑零星插入其中，传统建筑肌理遭到一定破坏；
2) 传统建筑肌理以院落空间为主，尺度小但建筑密度大，与现代建筑的肌理空间形成鲜明的对比。

3) 道路等级现状

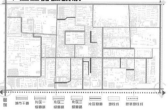

1) 基地四周由城市干道围合，且规划地铁线穿过地块边界，基地的交通优势明显；
2) 基地路网不完善，各层级路网密度较小；
3) 基地内部道路基本遵循东西、南北的垂直走向，局部道路略有曲折，由于历史原因，道路多T字形路口，衔接不畅。

4) 公共服务设施现状

（1）现状中学，服务半径1km，空间分布合理，基本满足需求；但规模有所区别，回民中学的规模最小，缺乏体育场地，且教学规模将令缩至至6班。
（2）现状医疗卫生用地，分布均衡、合理，规划可保留。

规划设计范围确定

1) 现状区域人群活动分析

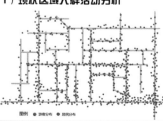

2) 历史资源点分布

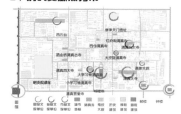

3) 设计范围的划定

研究范围

规划面积：55公顷

范围确定依据：
1.根据人群区域活动分析得到，以北广济街为界限，右侧游客活动相对集中，而左侧为传统居住功能主导的相对完善的社区空间。
2.历史资源点分布相对集中。
3.唐皇城复兴计划唐皇轴空间节点意象。

"创忆" 回坊 西安北院门回坊文化区规划设计
XI'AN BEIYUANMEN HUI CULTURAL DISTRICT PLANNING

用地现状分析

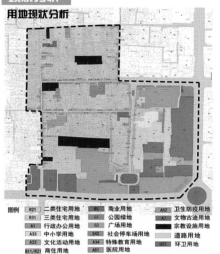

图例
R21 二类住宅用地	B1 商业用地	A52 卫生防疫用地		
R31 三类住宅用地	G1 公园绿地	A7 文物古迹用地		
A1 行政办公用地	G3 广场用地	A9 宗教设施用地		
A33 中小学用地	S42 社会停车场用地	道路用地		
A22 文化活动用地	A34 特殊教育用地	A51 医院用地		
B11/R21 商住用地		U22 环卫用地		

城市建设用地平衡表

用地代码	用地名称	用地面积 (hm²) 现状	用地面积 (hm²) 规划	占城市建设用地比例(%) 现状	占城市建设用地比例(%) 规划
R	居住用地	17.84		32.09	
A	公共管理与公共服务设施用地	10.40		18.70	
其中	行政办公用地	0.32		0.58	
	文化设施用地	3.17		5.70	
	教育科研用地	1.35		2.43	
	体育用地	0.00		0.00	
	医疗卫生用地	2.49		4.48	
	社会福利用地	0.00		0.00	
	文物古迹用地	0.55		0.10	
	外事用地	0.00		0.00	
	宗教用地	2.18		3.92	
B	商业服务业设施用地	16.09		28.94	
S	道路与交通设施用地	8.15		14.66	
其中	城市道路用地	8.15		14.66	
U	公用设施用地	0.00		0.00	
G	绿地与广场用地	3.47		6.24	
	其中:公园绿地	0.00		0.00	
H11	城市建设用地	55.60		100.00	

现状分析:
1.用地结构不合理,公共服务设施比重大,绿地比重很小;
2.需要调整用地结构,增加基地内部绿地;可考虑搬迁西安市公安局,降低比重;
3.传统商业规模小,应该考虑游客量的趋势,可考虑增加其比重。

设计思考:可利用公建用地的调整增加块状绿地。

道路等级体系现状分析

图例:城市干道 片区主要道路 片区次要道路

现状分析:
1.道路系统不完善,南北向交通联系不够,路网密度小。
2.路幅小,人车混行,交通量大,易拥堵。
3.巷道多尽端路,难以发挥街区内"微循环"的作用,疏导交通。

设计思考:完善道路等级体系,加强南北向交通联系,增加路网密度,利用巷道发挥内部疏导功能。

街巷空间尺度分析

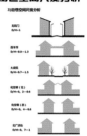
3)街巷空间尺度分析

北院门 D/H≈1
西华门 D/H≈0.8~1.5
大皮院 D/H≈0.7~1.5
化觉巷 D/H≈2~6
化觉巷(西) D/H≈2~6
广济街 D/H≈7~1

现状分析:
1.基地内主要道路空间D/H在1.5以内,表现为传统街巷空间尺度保存较好,但化觉巷空间尺度过小,形成压抑感。
2.同时,较小的传统街巷空间尺度也为人流汇聚创造出浓厚的传统商业氛围。

设计思考:保护传统街巷空间尺度,营造舒适的街区氛围,设计中对街巷空间尺度应有所控制。
1.一方面表现为道路拓宽的控制,另一方面也需对沿街建筑高度进行整治,改善街巷空间尺度感。

建筑风貌现状分析

图例:历史风貌建筑 较好风貌建筑 较差风貌建筑

现状分析:
现状建筑多遭到人为改建,风貌破坏比较大。地块内部分保存完整的有作为文保单位的清真寺、高家大院,此外,北院门经过立面整治,风貌较好;局部院落保存基本完整,大部分建筑的风貌缺失;而沿西大街多为唐风街区风貌。

设计思考:上位确定该地块为明清风貌,在设计中应对建筑风貌进行整治、恢复、协调。

建筑高度现状分析

图例:1层以下 1层~3层 3层以上

设计思考:
1.基地内部,需要重点考虑文保单位控制范围内建筑高度的控制,确定文保单位的实际控制范围。
2.结合街道高宽比,控制沿街建筑立面。
3.可以考虑文物空间上的视域联系,控制视线走廊内的建筑。

建筑产权现状分析

图例:公有产权 私有产权

设计思考:1.现实的复杂性在设计的更新整治中需考虑私有产权的问题,我们需要寻求一种更新模式,既考虑可操作性,又与风貌保护相结合。
2.对于公产用地调整和功能置换,将是产权问题下,街区环境改善的一个突破口。

业态现状分析

设计思考
1.产业低端,业态重复单一,长久来看,导致吸引力和竞争力不足。
2.应该充分利用地块内的文化资源,提升产业,延长产业链,促进业态的多元化,满足不同人群的消费需求,创造长久活力。

1)物质文化遗存

现状分析
1.地块内分布密集的清真寺无疑是地块最明显的特征,清真寺是其民族文化的一部分,二者统一于一整体。
2.文保单位的分布散落于地块内,缺乏联系。
3.地块内部缺少鲜明显的旅游标识,向游人开放的文保有限,周边环境缺乏设计,游客不易接近。

设计思考
1.需要处理清真寺对外开放和对内服务的关系。
2.可开放和利用的文保单位之间的联系可组织成游览路线。
3.文保单位可作为节点空间,增强其识别性。

2)非物质文化遗存

现状分析
基地内为传统的回民聚居区,回族特色传统小吃,特色服饰和节日习俗使这一地区文化特征鲜明。回族文化、包括其衍生出的名小吃老字号,成为宝贵而丰厚的非物质文化资源。

设计思考
这一地区因回民而特色鲜明,在保护物质遗产的同时,也应注重保护非物质遗产,保护回民生活形态,创造承载非物质文化遗产的物质空间。

1)人口结构

·回坊人口构成情况
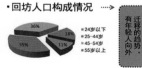
36% 18% 35% 11%
24岁以下 25-44岁 45-54岁 55岁以上

有年轻人向外迁移的趋势。

·回坊人口受教育情况

20% 29% 21% 29%
初中及以下 高中 大专 本科及以上

水平不高、人群的受教育

1.从人口构成情况可看到,年轻人外迁,回坊将逐渐步入老龄化趋势,不利于街区的可持续发展
2.从回坊人口文化水平结构可看,受教育程度不高,将无法支撑未来回坊产业提升的发展

设计思考:
回坊的进一步发展,旅游吸引力增加,要求回坊进行产业升级,而从现状人口要素来看,将难以支撑这一转变,在植入新功能的同时,应该考虑对"人才"的吸引。

2)居民意愿

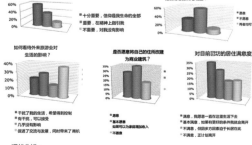

宗教信仰的重要性
十分重要,信仰是我生命的全部
重要,在指导人上起作用
不重要,对我没有影响

在保障居住条件的情况下,是否愿意搬离老城区?
愿意 不愿意 两者可否

如何看待外来旅游业对生活的影响?
干扰了我的生活,希望得到控制
有干扰,可以接受
几乎没有影响
促进了交流与发展,同时带来了商机

是否愿意将自己的住所改建为商业建筑?
愿意 基本愿意 不愿意

对目前回坊的居住满意度!
满意,我愿意一直在这里生活下去
基本满意 基本满意,但因多方会条件下我会搬离 不满意

现状分析:
1.清真寺承载了回民的公共生活,需要考虑游客的影响,分程度开发和开放
2.回民居住的地缘性,有相当数量的回民留在回坊的意愿较强;同时,回民有开发的意愿。

设计思考:
回坊的发展需要回民的参与,他们是回坊活力的根源,旧城的更新,同时也需要创造机制实现这些人的"更新"

1)优势 Strength:

1.优越的区位条件,紧邻西安的城市名片(钟鼓楼)、可达性好、紧邻商圈的人流量大
2.传统商业街尺度舒适,商业氛围浓厚
3.特色明显,种类繁多的回民小吃,风格别致的清真寺吸引众多游人,旅游业已出具规模,具有一定的知名度
4.历史文化资源丰富(物质性和非物质性遗产)

2)劣势 Weakness:

1.基地内环境条件较差:缺乏绿地
2.交通组织混乱
3.建筑密度大,采光通风受影响
4.缺乏休憩空间供游客停留,旅游项目单一

3)机遇 Opportunity:

一带一路带来前所未有的发展机遇,放眼国际,地块发展有更多的可能性

4)挑战 Challenge:

1.周边历史资源丰富带来的竞争
2.游客活动对居民生活的干扰
3.交通需求的满足与传统街巷空间保护的矛盾

设计策略 1.良好的街区环境：是创忆回坊的支撑体系

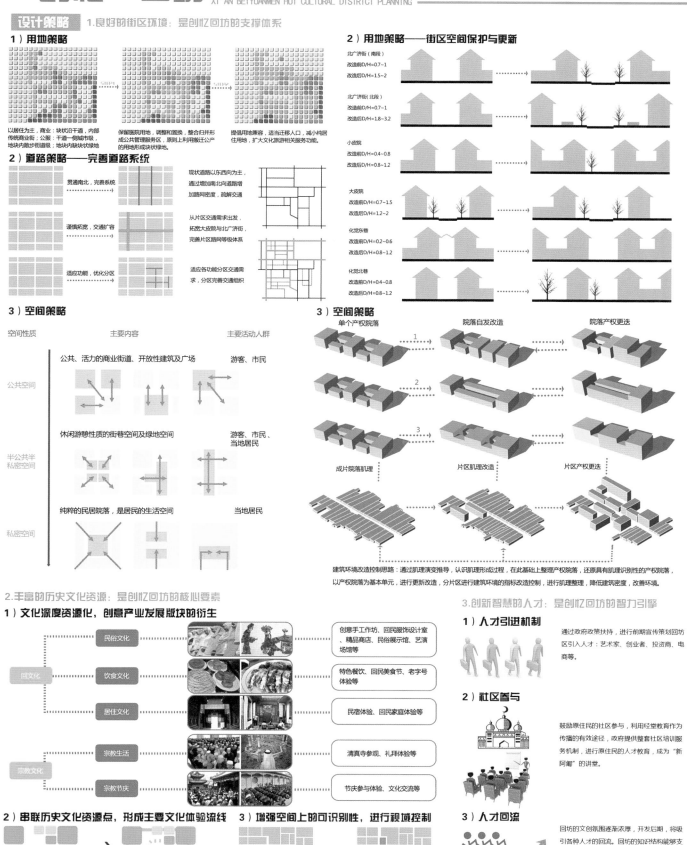

1）用地策略

以居住为主，商业：块状沿干道，内部传统商业街；公服：干道一侧城市级，地块内散布街道级，地块内的散块状绿地。

保留医院用地，调整和置换，整合归并形成公共管理服务用地，原则上利用搬迁公产的用地形成块状绿地。

提倡用地兼容，适当迁移人口，减小纯居住用地，扩大文化旅游相关服务功能。

2）道路策略——完善道路系统

贯通南北，完善系统
谨慎拓宽，交通扩容
适应功能，优化分区

现状道路以东西向为主，通过增加南北向道路增加路网密度，疏解交通

从片区交通需求出发，拓宽大皮院与北广济街，完善片区路网等级体系

适应各功能分区交通需求，分区完善交通组织

3）空间策略

空间性质	主要内容	主要活动人群
公共空间	公共、活力的商业街道、开放性建筑及广场	游客、市民
半公共半私密空间	休闲游憩性质的街巷空间及绿地空间	游客、市民、当地居民
私密空间	纯粹的民居院落，是居民的生活空间	当地居民

2）用地策略——街区空间保护与更新

北广济街（南段）
改造前D/H=0.7~1
改造后D/H=1.5~2

北广济街（北段）
改造前D/H=0.7~1
改造后D/H=1.8~3.2

小皮院
改造前D/H=0.4~0.8
改造后D/H=0.8~1.2

大皮院
改造前D/H=0.7~1.5
改造后D/H=1.2~2

化觉东巷
改造前D/H=0.2~0.6
改造后D/H=0.8~1.2

化觉北巷
改造前D/H=0.4~0.8
改造后D/H=0.8~1.2

3）空间策略

单个产权院落 → 院落自发改造 → 院落产权更迭

成片院落肌理 → 片区肌理改造 → 片区产权更迭

建筑环境改造控制思路：通过肌理演变推导，认识肌理形成过程，在此基础上整理产权院落，还原具有肌理识别性的产权院落，以产权院落为基本单元，进行更新改造，分片区进行建筑环境的指标改造控制，进行肌理整理，降低建筑密度，改善环境。

2.丰富的历史文化资源：是创忆回坊的核心要素

1）文化深度资源化，创意产业发展版块的衍生

回文化	民俗文化	创意手工作坊、回民服饰设计室、精品商店、民俗展示馆、艺演场馆等
	饮食文化	特色餐饮、回民美食节、老字号体验等
	居住文化	民宿体验、回民家庭体验等
宗教文化	宗教生活	清真寺参观、礼拜体验等
	宗教节庆	节庆参与体验、文化交流等

2）串联历史文化资源点，形成主要文化体验流线

3）增强空间上的可识别性，进行视域控制

3.创新智慧的人才：是创忆回坊的智力引擎

1）人才引进机制

通过政府政策扶持，进行前期宣传策划回坊区引入人才：艺术家、创业者、投资商、电商等。

2）社区参与

鼓励原住民的社区参与，利用经堂教育作为传播的有效途径，政府提供整套社区培训服务机制，进行原住民的人才教育，成为"新阿訇"的讲堂。

3）人才回流

回坊的文创氛围逐渐浓厚，开发后期，将吸引各种人才的回流。回坊的知识结构能够支撑"创忆"活动的可持续发展和街区的良性发展。

"创忆" 回坊　西安北院门回坊文化区规划设计
XI'AN BEIYUANMEN HUI CULTURAL DISTRICT PLANNING

概念生成

特色　个性与创新

文化　经济
文化资源化　产业升级

＋

创意产业
的智慧

在创意中击活城市
在传承中记忆历史

"创忆" 回坊

目标定位

1.设计目标

（1）植入创意产业，强化城市文化和特色，打造城市品牌，增强城市吸引力，以应对西安建设成为国际化大都市和一流旅游目的地的目标的要求

（2）整合旅游资源，发挥特色，发展成为更具魅力的旅游目的地

（3）提升街区整体环境品质，解决城市居民和游客不同人群的发展诉求

2.定位

集商贸、文化旅游、回民聚居为一体的相对开放的特色街区

概念解析

"创忆" 回坊

忆	创
传承	创新

宗教文化	文化交流
传统民居	休闲院落
居住文化	民俗体验
传统民俗	创意展示
传统手工	创意市集
商业文化	老字号体验

"创忆" 回坊的运作机制

智力引擎　居民

人才　游客

环境　文化

支撑体系　核心要素

设计原则

（1）适量迁移安置人口，保护原住民的生存空间

（2）传承历史文脉，保护整体风貌特色、肌理格局

（3）保护与合理使用相结合，优化功能、完善设施，增强　街区吸引力

（4）以院落产权为更新单元，鼓励居民参与

（5）循序渐进原则

总平面

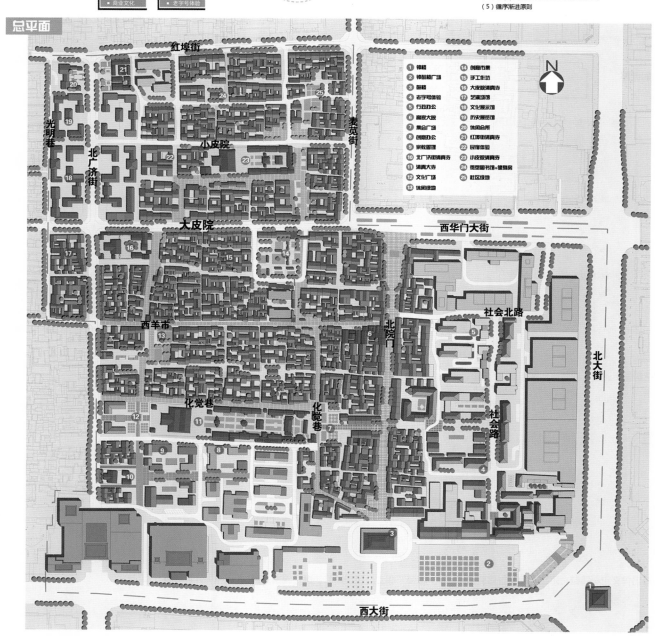

"创忆" 回坊 西安北院门回坊文化区规划设计
XI'AN BEIYUANMEN HUI CULTURAL DISTRICT PLANNING

鸟瞰效果

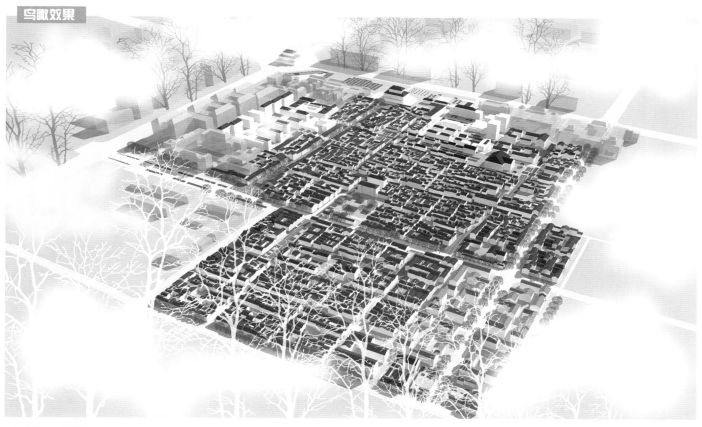

规划分析

土地利用规划

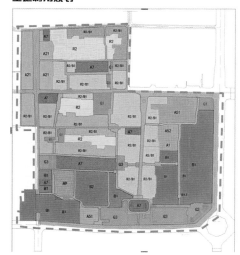

用地性质	用地面积	百分比
A1	5430.17	0.98%
A21	34870.2	6.27%
A51	21340.62	3.84%
A52	3289.77	0.59%
A7	30113.45	5.42%
A9	8794.35	1.58%
B1	186385.6	33.52%
B2	18403.35	3.31%
R2	135479.5	24.37%
G1	12929.83	2.33%
G3	35895.27	6.46%
S1	63060.51	11.34%
总面积	555992.6	100.00%

道路等级规划

道路性质规划

静态交通规划

人群流线规划

空间结构规划

功能分区规划

绿地系统规划

开放空间规划

建筑层数规划

"创忆" 回坊　西安北院门回坊文化区规划设计
XI'AN BEIYUANMEN HUI CULTURAL DISTRICT PLANNING

建筑更新方式和指标控制

以产权院落为单位进行小规模更新的模块示范：

模块A

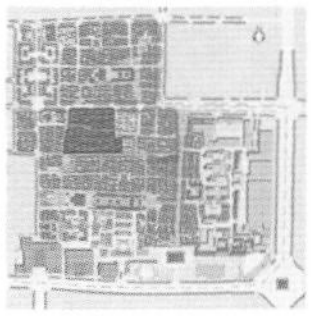

现状产权边界

图例　保留与整治院落　风貌恢复院落　拆除院落

1.根据产权更迭规律，对产权院落边界进行还原
2.根据现状建筑风貌、高度和建筑肌理完整程度，进行院落的评定，确定出三种院落更新方式，分别为：保留与整治院落，风貌恢复院落和拆除院落。
保留整治院落：主要为现状院落肌理、风貌保留较好，保留院落，进行局部拆除与改建的整治。
风貌恢复院落：主要为现状院落肌理破碎，现有产权院落肌理不明显的，需进行院落肌理的恢复和风貌的恢复。
拆除院落：即需要拆除的院落，有因为路网系统的影响，和现状院落建筑零乱、通风采光极差的院落。

模块A放大图

模块A的建筑指标控制：
建筑密度约为60%（允许上下浮动）

1.大皮院道路等级提升后，将聚集更多人流，将大皮院沿街建筑置换为：为餐饮茶楼等商业，"后"为2.居民居住空间。
2.结合西羊市的现状商业氛围，和现状肌理，可知西羊市的多进小开间院落具有发展成西羊市创意手工坊区的条件。
将西羊市沿街建筑功能置换为："前"的两—三进院落为为创意手工坊空间，"后"为居民居住生活空间。

	改造前	改造后
地块总面积	21298	21298
基底总面积	14973	12702
建筑密度	70%	60%
容积率	1.76	1.15
总建筑面积	37424	24524

创意手工坊的几种建筑单体模式

以产权院落为单位进行小规模更新的模块示范：

模块B

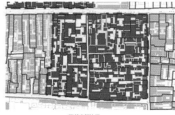

现状产权边界

图例　保留与整治院落　风貌恢复院落　拆除院落

1.根据产权更迭规律，对产权院落边界进行还原
2.根据现状建筑风貌、高度和建筑肌理完整程度，进行院落的评定，确定出三种院落更新方式，分别为：保留与整治院落，风貌恢复院落和拆除院落。
保留整治院落：主要为现状院落肌理、风貌保留较好，保留院落，进行局部拆除与改建的整治。
风貌恢复院落：主要为现状院落肌理破碎，现有产权院落肌理不明显的，需进行院落肌理的恢复和风貌的恢复。
拆除院落：即需要拆除的院落，有因为路网系统的影响，和现状院落建筑零乱、通风采光极差的院落。

模块B放大图

模块B的建筑指标控制：
建筑密度为50%（允许上下浮动）

1.西羊市沿街，形成创意产业的链条，模块B中，打造创意手工坊的销售链条，主要为微型体验店或电商实体店，形成展销一体的创意手工品的"微店"。"后"为居民居住空间。
2.化觉巷依托清真大寺的伊斯兰教风情，将原居住院落空间置换成院落式消费，体验伊斯兰风情，又保护了清真大寺周边相对宁静的氛围。功能置换的庭院用作为"商用"，形成"下店上居"的空间格局。"后"面的院落保留居住功能，将改善院落空间，解决采光通风问题。

	改造前	改造后
地块总面积	15885	15885
基底总面积	11278	8260
建筑密度	71%	52%
容积率	2.12	1.14
总建筑面积	33834	18172

院落式消费的几种建筑单体模式

巷道系统的生成过程　　经营开发的几种方式

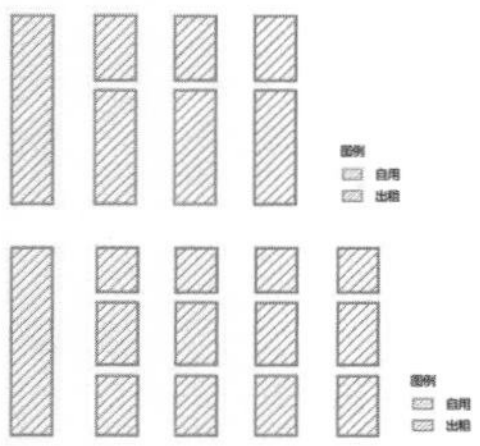

图例　自用　出租

旅游线路策划

道路交通引导

为了减少机动车对片区的干扰，又满足停车的需要，建议
1.依托环形步道设置，将机动车与自行车分流，步行区适时分流通车。
2.北广场与大皮院区行通做下沉广场安宁化处理，实行人车共存，以降低车速，减少干扰。

建筑色彩引导

建筑的色彩可以分为基调色、强调色和点缀色三大类。普通建筑采用基调色；重要的公共建筑采用强调色；建筑物上的构建采用点缀色。建筑色彩的选择主要与风貌区协调，营造历史氛围。

照明设计引导

实现"光的闲暗有效"，使城市内迹能被明确认知。为了使街区在夜间被明确认知，应保证使主要街道和重要节点等空间内在夜景中能被清晰明析出来。

营造"与古城特色相结合"的灯光环境，烘托古城的历史文化，体现其独特内蕴的夜�。

院落采用静柔适和的照明灯光，实现"对光的控制"，减轻自然环境的负担，实现院落的配光效率，充分考虑与场所特性的协调。

考虑利用太阳能发电的可能性，适当控制夜间指向天际的照明灯光，避免能源的浪费。

"创忆"回坊

——西安北院门回坊文化区规划设计

一个新的起点

——陈晖

毕业设计是大学学习的最后一个环节，是对所学知识的综合应用。抱着挑战自己与检验自己的心态，有幸参加了这次联合毕业设计。这几个月的历练，苦痛过后是成长也是感悟；毕业设计，是一个句点，更是一起新的起点。

与拿到课题的兴奋不同，在调研过后，开启的是一次次绞尽脑汁的头脑风暴。民族与宗教因素叠加，社会分异与经济利益、文化传承等多维度的复合，使得这个地块的问题变得更加复杂。基础资料的不完善与调研时间的不充裕，使这个地块的不确定因素也更多。我还记得中期汇报上，老师们围绕"拆还是不拆"给出的不同意见，以及在西安建筑大学听到的刘克成院长给我们讲的3个颇有意味的故事，这些都让我对这个地块，甚至于对历史地段的更新该采取怎样的态度和做法有了更多的疑惑，让我意识到自己的知识积累还很不足，同时，在存量规划的背景下，也让我对规划和旧城更新有了更多的理解。

在整个过程中，我非常感谢龚海钢老师辛勤的指导，从方向的确定到探讨对于该地块的更新方式，提出了基于"院落产权"为单位的更新方式，都给予我们十分用心的辅导。由于没有深入我们自己的重点，最终还是有点遗憾。联合毕业设计虽然结束，但在与其他高校的交流中，让我更加全面地认识到自己的不足。对于即将踏入工作岗位的我，从这里出发，将更加努力完善自己。

一场思维与视觉盛宴

——柳扬

联合毕业设计，既是一次学习交流的大平台，也是一次历练与成长的机会。非常有幸能够参加这趟旅程，从西安到杭州，收获的不仅仅是美景美食、不同的城市魅力，更是来自不同高校思维碰撞的火花、一场思维与视觉的盛宴！

这次联合毕业设计，让我看到了不同学校的思维方式和风格，或分析严密完整，或空间设计优势突出，或大胆时尚前卫，都让我认识到自身的不足。让我不再局限于本校，更多的还需要开拓自身的视野，与不同学校的同学多交流。

本次毕业设计是旧城更新的课题，以之前做过的课程设计不同，在存量规划的背景下，面对这个地块的复杂性时，老师们都比较认同该地块想要大改的可能性不大，"真题假做"还是"假题真做"是一开始我们就需要面对的选择。中期答辩后，对于"拆除和更新"，我们更加谨慎，而这也成了束缚我们的枷锁，让我们无比纠结。在纠结中我们感悟到，规划的转型，也需要我们的转变。规划将不再出现大拆大建，而精英思维主导模式下的规划，更加应当面对私有产权保护有所转变。

回顾整个过程，有收获也有遗憾。在此，特别感谢我的指导老师龚海钢老师对我们的悉心指导，也要感谢西安建筑科技大学与浙江工业大学给我们提供的帮助。

西安市北院门回坊文化区规划设计
XI'AN Northgate HuiStreet and Culture area PLANNING and design

区域背景分析　Begional backgrounds analysis

由习近平总书记提出的"一带一路"的战略构想，为古丝绸之路赋予全新的时代内涵。西安作为古丝绸之路的起点，也是中国伊斯兰文化的发源地之一，西安以深化与中亚地区交流合作作为重点调整发展思路，着力打造"一高地六中心"，搭建多方位合作平台，加快建设丝路自贸区，构建西安大旅游格局。作为古丝绸之路的起点，西安再一次站在"丝绸之路经济带"的新起点上。

北院门位于鼓楼北侧，唐代属皇城范围，宋元明清时的京兆府、奉元路总管府、西安府等均设在此街及其周边。清代今西大街以南总督部院署名称"北院""南院"，遂名此街名北院门。

"大西安规划"区位　"西三角"经济圈区位

区域特色　Geographical features

建筑特色

西安的建筑融合了几千年的文化，许多建筑展示了"唐风"和"新唐风"的特色。而北院门回坊的建筑也充满历史气息。回坊的建筑单体在尺度和体量上太次明显。院落与主要建筑空间构成较不明显的中轴对称的格局。沿街商户界面保留较为完好的风貌特征，形成强烈的视觉冲击。

生产生活特色

回族男子戴的无檐小白帽，寓意为回族的头号标志。回族的礼仪习俗包括人生礼仪和生活礼仪两大部分。回族地区的有单日集和双日集，也有单双日交叉的，婚姻方面，实行一夫一妻制。回族婚礼很隆重，且有许多宗教和民族的特点。

街巷特色

北院门回坊的街巷相对封闭，沿主要街道功能较多为商业。主要的回民街汇聚了各种各样的回民美食与传统手工艺品，但是许多街巷空间内部风貌破坏严重，已寻不到传统的街巷特色。且街巷尺度较小，不符合规范。

装饰特色

回坊的各种细部题材丰富，体现回民文化。木结构的殿堂寺字型制，在大殿建筑中大量采用后窑殿并以无梁殿为其特色，唤礼塔亦趋于楼阁化或者消失，其他如色彩、雕饰、建筑小品等也都表现出浓重的中国传统建筑的特色。

宗教特色

回族人信仰伊斯兰的生活方式。在居住较集中的地方建有清真寺，生活习俗固守传统，遵循教规，讲究卫生，不吃猪肉。清真寺是回族穆斯林举行礼拜和宗教活动的场所。

区域形成过程

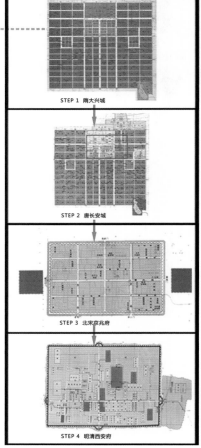

STEP 1 隋大兴城

STEP 2 唐长安城

STEP 3 北宋京兆府

STEP 4 明清西安府

基地现状分析

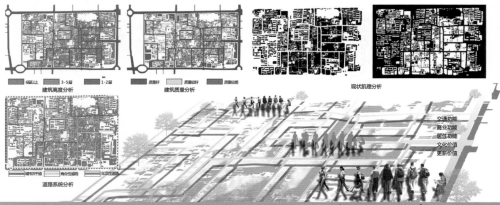

6层以上　3-5层　1-2层
建筑高度分析

质量好　质量较好　质量较差
建筑质量分析

现状肌理分析

交通功能
商业功能
居住功能
文化价值
更新价值

城市干道　商业性道路　生活性道路
道路系统分析

基地现状模型

指导老师：杨芙蓉　卓德雄　杨昌新　龙海钢　　　姓名：刘舒斑　曾毅琳

发展策略

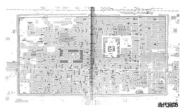

唐宋回坊　元代回坊　明清回坊　当代回坊　以后回坊

?

"休克式"更新

不是简单把历史信息理解为我们所熟悉的旅游聚集点，而是将其融入到回坊的日常生活中，游客与回坊生活之间的互动，要把历史信息平常化、生活化。

鼓励居民利用"有助益"来获取最大的利益，从而引起无数个体自发相仿，形成稳定秩序。同时，发挥社会各界力量维持传统街区的生活秩序，并且保障街区基础设施和社会活动设施的供给，构建一种新的公共责任机制。

规划方式　城市需求　回坊民众

历史价值的认识｜保护观念的更新　城市中心的核心职能｜城市竞争的产业聚集｜城市旅游的形象品牌　想做什么｜想要什么

五大原真性的辨识｜历史与城市的和谐

案例研究

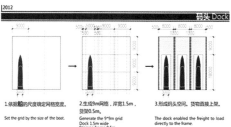

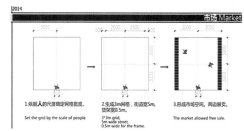

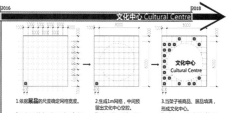

中国 China 1　中国 China Exchange 商品交换 2　越南 Vietnam
市场 Market 3　文化中心 Cultural Center 4　越南 Vietnam

2012 码头 Dock
1.依据船的尺度确定网格宽度。Set the grid by the size of the boat.
2.生成9m网格，岸宽1.5m，货架0.5m。Generate the 9*9m grid Dock 1.5m wide Storage frame 0.5m
3.形成码头空间。货物直接上架。The dock enabled the freight to load directly to the frame.

2014 市场 Market
1.依据人的尺度确定网格宽度。Set the grid by the scale of people.
2.生成3m网格，街道宽5m，货架宽0.5m。3*3m grid, 5m wide street, 0.5m wide for the frame.
3.形成市场空间。两边展卖。The market allowed free sale.

2016 文化中心 Cultural Centre **2018**
1.依据展品的尺度确定网格宽度。Set the grid by the scale of the exhibition.
2.生成1m网格，中间预留出文化中心空间。The 1m wide grid free the cultural atrium in the center.
3.当架子被填满、展品被填满，形成文化中心。The frame was loaded by freight, exhibition thus forming the cultrue center.

小规模 提供一种或者多种居住和商业模式供居民选择更新改造并且实行小规模试点，试点可由居民自行报名参加，政府提供相应补助。

渐进性 试点的居民进行一段时间尝试，获得基本利益或者更大利益时，再次推动进一步试点的确定，从此由点试验发展成片区。

协作性 相互参加试点的居民群众相互协作，不定时进行交流，分享经验。试点居民也可互相帮助未参加试点居民，提供相应职位等经济帮助。

稳定性 回坊街区呈现相互稳定的生活秩序，居民用自己熟悉并喜欢的传统方式生活、工作等。

发展策略

设计框架体系

延续性继承

保护原真
延续文脉

全面保护理念
新秩序新机制

形成历史 维持历史

STEP 1 分析整合继承

休克式更新

小规模
渐进性
协作性
稳定性

STEP 2 提供模式

民众小规模试点
试点发展成片区
互相协作交流
呈现稳定的生活秩序

STEP 4 民众参与自主更新

民众+规划

民众+政府

STEP 3 规划控制

STEP 1 分析整合继承

1.多个庭院组合 + 2.内部天井 + 3.带状分布 + 4.十字交错 + 5.纵列式 × 原真 + 文脉 = 继承的形式

STEP 2 提出模式

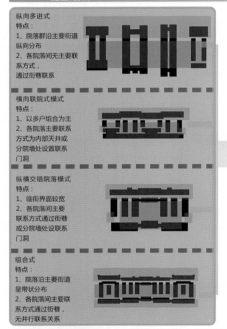

纵向多进式
特点:
1、院落群沿主要街道纵向分布
2、各院落间无主要联系方式,通过街巷联系

横向联院式模式
特点:
1、以多户组合为主
2、各院落主要联系方式为内部天井或分院墙处设置联系门洞

纵横交错院落模式
特点:
1、临街界面较宽
2、各院落间主要联系方式通过街巷或分院墙处设联系门洞

组合式
特点:
1、院落沿主要街道呈带状分布
2、各院落间主要联系方式通过街巷,无并行联系关系

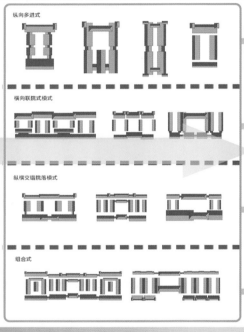

纵向多进式

横向联院式模式

纵横交错院落模式

组合式

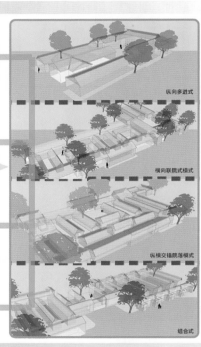

纵向多进式

横向联院式模式

纵横交错院落模式

组合式

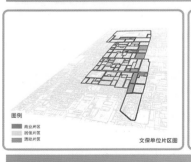

图例
商业片区
居住片区
活动片区

文保单位片区图

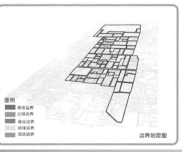

图例
商业边界
公园边界
居住边界
活动边界

边界划定图

确定文保范围用地
划定文保边界界限

根据现状道路边界
确定规划道路边界

根据现状用地性质
确定边界性质

回坊边界发展模式逻辑

将北院门往北延伸
与公园绿地相互结合

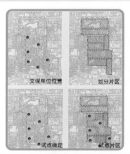

文保单位位置 划分片区
试点确定 试点片区

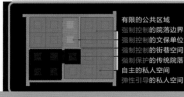

有限的公共区域
强制控制的院落边界
强制控制的文保单位
强制控制的街巷空间
强制保护的传统院落
自主的私人空间
弹性引导的私人空间

民众参与在弹性引导的私人空间

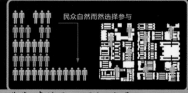

民众自然而然选择参与

闲聊 幕地 活
回回的声音

指导老师:杨美英 卓德雄 杨昌新 尖海钢   姓名:刘舒红 曾颖琳

西安市北院门回坊文化区规划设计
XI'AN Northgate HuiStreet and Culture area PLANNING and design

总平面图

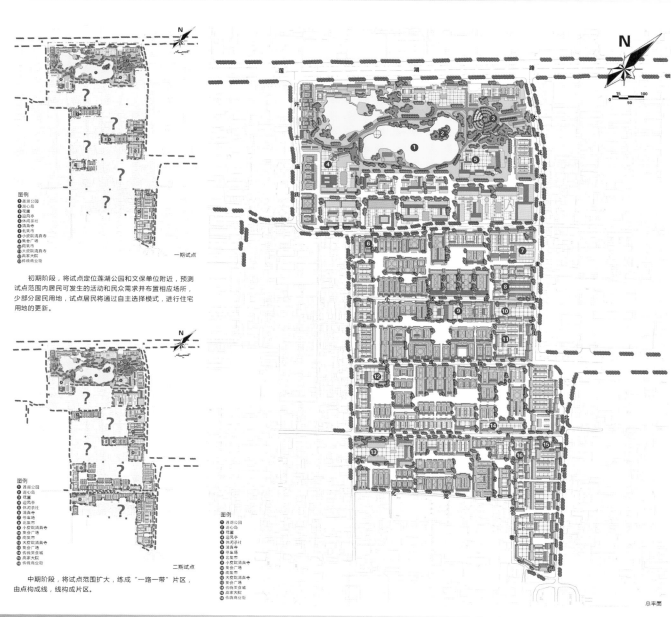

初期阶段，将试点定位莲湖公园和文保单位附近，预测试点范围内居民可发生的活动和民众需求并布置相应场所，少部分居民用地，试点居民将通过自主选择模式，进行住宅用地的更新。

中期阶段，将试点范围扩大，练成"一路一带"片区，由点构成线，线构成片区。

一期试点

二期试点

图例
① 莲湖公园
② 湖心岛
③ 花圃
④ 迎风亭
⑤ 休闲茶社
⑥ 清真寺
⑦ 停车场
⑧ 北集市
⑨ 小皮院清真寺
⑩ 集会广场
⑪ 南集市
⑫ 大皮院清真寺
⑬ 高家大院
⑭ 传统商业街

图例
① 莲湖公园
② 湖心岛
③ 花圃
④ 迎风亭
⑤ 休闲茶社
⑥ 清真寺
⑦ 停车场
⑧ 北集市
⑨ 小皮院清真寺
⑩ 集会广场
⑪ 南集市
⑫ 大皮院清真寺
⑬ 集会广场
⑭ 传统美食城
⑮ 高家大院
⑯ 传统商业街

图例
① 莲湖公园
② 湖心岛
③ 花圃
④ 迎风亭
⑤ 休闲茶社
⑥ 清真寺
⑦ 停车场
⑧ 北集市
⑨ 小皮院清真寺
⑩ 集会广场
⑪ 南集市
⑫ 大皮院清真寺
⑬ 集会广场
⑭ 传统美食城
⑮ 高家大院
⑯ 传统商业街

总平面

分析图

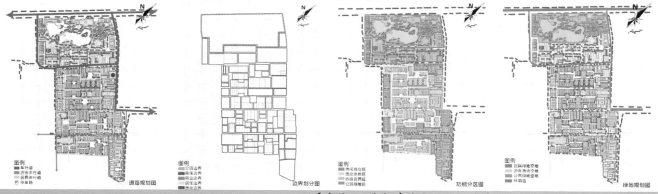

图例
■ 车行道
■ 游览步行道
■ 居民步行道
■ 停车场

图例
■ 公园边界
■ 商住边界
■ 居住边界
■ 商业边界

图例
■ 休闲商业区
■ 礼拜宗教区
■ 传统居民区

图例
■ 居民绿地空地
■ 沿街商业绿地
■ 公共绿地空地
■ 林荫道

道路规划图

边界划分图

功能分区图

绿地规划图

指导老师：杨芙蓉 卓德雄 杨昌新 龚海钢   姓名：刘舒红 曾籁琳

西安市北院门回坊文化区规划设计
XI'AN Northgate HuiStreet and Culture area PLANNING and design

效果图

"一带一路"产业链　　　**智慧旅游**

休闲公园

商务办公

手工集市

小皮院清真寺　　活动广场

美食集市

传统商业街

商住　传统居住　　临街商住　　商业街　　临街商住

集会活动　　传统商业临街商住　　高家大院

节点放大图

商住综合效果图：
以前舖后寝模式为主
充分利用灰空间

居住模块效果图：
居住模块以保留+改造
为主要模式

公共空间效果图：
在清真寺和人群聚集
处创造公共空间

指导老师：杨美孝 卓德雄 杨昌新 鱼海涛　　　姓名：刘舒红 曾鼓琳

"一带一路" 平面图

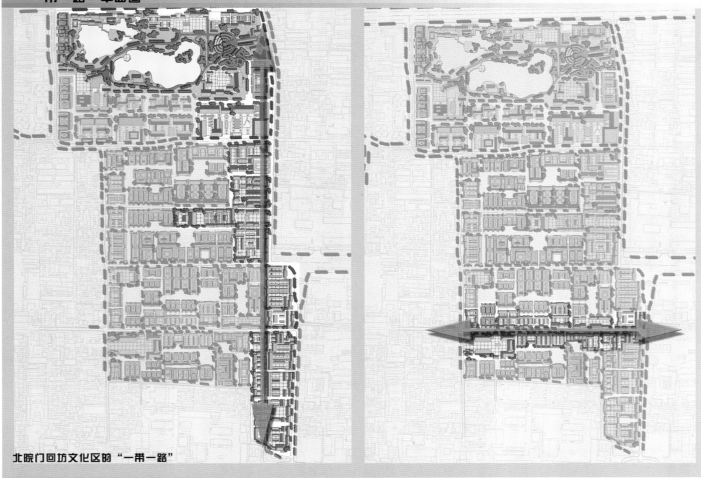

北院门回坊文化区的"一带一路"

智慧旅游

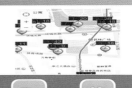

特色民宿等都可以在手机上预定，便捷，舒适。

游客可以通过手机APP软件、热线电话满足旅游线路规划导航。

水上娱乐，划船、烧烤以及各种游乐场所应有尽有。

吃 — 住 — 行 — 游 — 购 — 娱

通过手机点击"生活预定"查看回民街美食的价格、距离、特色。

查路况、买车票、查服务区、查空载出租车……凡跟出行有关的信息都可以通过系统查询。

各个大景点都有设置不同类型的购物街，供游人购买当地各色特产。

城市设计导则

X=9597.794
Y=11437.965
X=9592.901
Y=11437.690
X=9474.572
Y=11441.537
X=9468.906
Y=11441.096
X=9589.913
X=9481.046
Y=11799.260
X=9475.966
Y=11791.723

地块控制要素
A-01 地块编号
地块界限
地块出入口
间距标注
地块引导要素
弹性引导的私人空间

N

X=9587.555
Y=11802.595
X=9584.434
Y=11800.489
X=9475.131
Y=11807.369

X=9589.913
Y=11797.176

1、街道界面控制：街道要求建筑退路绿化带至少2米，同时要求沿道路的建筑界面出现率大于70%，以形成连续的街道风貌界面。
2、建筑高度控制：根据西安历史文化街区保护规范要求，所有建筑物对高程不超过20米，并注意相邻建筑的高差，高差应不大。
3、步行系统：该地块保证步行系统的完整性与连续性，并与东侧沿街商业进行串接，与公园绿地相呼应。
4、建筑风格控制：居住建筑整体风格上强调回坊特色，装饰等风格符合回民传统。
5、景观风貌控制：保证公共开放空间，并结合弹性引导控制的空间布置景观小品，作为点缀。

指导老师：杨芙蓉 卓德雄 杨昌新 翁海钢   姓名：刘舒廷 曾毅琳

回·继承与更新

——西安北院门回坊文化区规划设计

不设限的人生

——曾馥琳

在做毕业设计的过程中，自己很是痛苦，什么都不懂，每天盲目地度过，很是不开心，唯一的收获就是让我清楚地明白，世上最美好的莫过于做自己喜欢的事，那样才有激情，才不会感到累，才会意识到自己的价值所在。大家还记得那个没有四肢却不断挑战自我胜过大多数健全人的尼克胡哲吗？他写过一本书叫《不设限的人生》，书中讲述自己如何不受限于自身缺陷的人生经历。他认为我们往往有意识或无意识地给自己设下限制，亦或走进别人给我们设下的限制，我们要做的就是摆脱这些限制。如何摆脱，我想应该是倾听自己的心声，做自己喜欢的事。可事实上，当我们意识到小时候那些奇思妙想的梦想是多么幼稚时，我们已渐渐走进自己和别人设下的限制中，至少一张遮羞布似的文凭就拴住了多少莘莘学子狂放似火的心啊。最近发现很多同学选择的工作和自己的专业一点关系都没有，更多的是自己喜欢的或适合自己的，我当初很不理解为何他们一开始不选择自己想要的专业，而是更多地选择了那些最有前途的但又不喜欢的，到头来白白浪费了五年光阴，什么也没有学到，但现在想来，应该为他们感到庆幸，及时做出了最好的选择。也许，我们一生要走很多弯路、错路，大部分时间都过得毫无意义，但只要能即时走到自己想走的路上，一切都还未晚。

我们始终行走在路上

——刘舒珏

联合毕业答辩已经结束，我们终于走完了大学五年的旅程。所以说不管什么样的结局，都逃不过这个伤感的夏天。在整个毕业设计的过程中，有欢笑，有汗水，有扯皮，有和谐……无论怎样，付出了汗水总是有收获的。在这个离别的夏天，通过毕业设计，我们收获了无可比拟的友谊和果实。西安这个城市沉淀了许许多多的历史积淀，我们知道的与不知道的都充满了令人向往的神秘。身为南方人的我们，从小就对历史悠久的长安充满好奇。这次有机会能一游二游这个古老的城市，令人欣慰。

毕业设计虽然结束了，但我们的旅程没有结束，我们始终在行走的路上。

1.规划背景

1.1城市概况

1）城市性质：西安定位世界著名古都，历史文化名城，国家高教、科研、国防科技工业基地，中国西部重要的中心城市，陕西省省会，并将逐步建设成为具有历史文化特色的国际性现代化大都市。

2）城市职能：国际旅游城市；新欧亚大陆桥中国段中心城市之一；国家重要的科学教育、制造业、高新技术产业和国防科技基地及交通枢纽城市；中国西部经济中心，陕西省政治经济文化中心，"一线两带"的核心城市。

3）城市特色：古代文明与现代文明交相辉映，老城区与新城区各展风采，人文资源与生态资源相互依托。规划注重保护利用生态资源，结合山、塬、河、林自然地貌，建设依山抱水、环境优美的生态宜居城市。

1.3规划动因

图3 "丝绸之路"简图

图4 新规划陆上"丝绸之路"

1）宏观层面

近期我国提出建设"一带一路"的战略构想，为古丝绸之路赋予全新的时代内涵。作为古丝绸之路的起点，陕西西安再一次站在"丝绸之路经济带"的新起点上。以"丝绸之路：长安—天山廊道路网"联合申遗成功为契机，围绕新增的5处世界文化遗产，西安正着力打造"汉风古韵"丝绸之路历史文化旅游区。将给西安旅游业带来质的飞跃。

2）中观层面

回坊文化区是体现西安古城景观风貌的重要片区，根据西安城市总体规划、片区控制性详细规划、西安历史文化名城保护规划等提出的发展战略对该片区的要求，借以改善现阶段片区城市空间发展秩序混乱等现状问题。

3）微观层面

在现状的回坊地区，其用地布局、土地效益、环境面貌均存在一定的问题，亟待进行城市设计和研究，明确功能定位，策划重点项目，整合用地布局，梳理道路交通，提升环境品质，强化空间形象，以保护文化、文物资源，充分发掘地区发展潜力，形成可持续发展的功能组织与良好的人居环境。

图5 北院门历史文化街区

1.5SWOT分析

优势分析（Strength）
1)地处城市中心，有优越的地理区位优势和便捷的交通条件；
2)传统街区基本保持完整，文化氛围浓厚；
3)文保单位众多，旅游资源优势明显，体现出深厚的宗教、民俗、建筑特色；
4)生活氛围浓厚，美食、工艺商业业态特点突出，能够快速的聚集人气。

机遇分析（Opportunity）
1）国际化大都市和文化中心建设的契机；
2）"一带一路"等国家宏观发展政策的出台；
3）新一轮全体规划发展战略的政策优势；
4)旅游服务业等第三产业的持续快速发展所带来的对高品质物质、精神文化的需求；
5)周边城市空间快速更新发展聚集大量的人流。

劣势分析（Weakness）
1)物质空间环境品质低下，空间结构不完整；
2)道路交通状况混乱，人车混行严重；
3)城市基础设施建设落后；
4)商业经营活动秩序混乱，影响居住生活和旅游品质；
5)传统建筑逐步遭到破坏，街区特色被严重侵蚀。

挑战分析（Threat）
1)现代城市空间发展对片区的功能要求；
2)市场化进程中各项活动对街区空间和内在文化的新挑战；
3)社会不同群体之间的利益平衡；
4)古城对片区风貌的控制要求。

2.区位分析

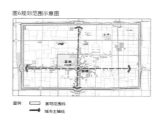

图7、8、9、10 区位分析图

图例
● 中心城区
○ 二级城市开发区
● 重复城市开发区
● 外围城市组团
—— 城市基础环境
—— 城市发展方向
--- 城市轴线

1.2相关规划解读

图1西安九宫格示意图

图2西安用地规划图

1）西安市城市总体规划

空间结构：优化主城区布局，凸显"九宫格局，棋盘路网，轴线突出，一城多心"。

片区功能定位：片区位于古城墙内部，规划发展成商贸旅游服务，加快老（明）城功能的调整：老（明）城内将以商贸业和旅游业为主导产业，行政办公单位逐步外迁。

2)产业专项规划

突出特色，加强整合，构筑优势产业集群，重点发展高新技术、现代装备制造、旅游、现代服务、文化等五大优势产业。老（明）城以人文旅游、文化服务、商业零售业为主。

3）历史文化名城专项规划

在老（明）城内，保护与恢复历史街区、人文遗存，形成"一环（城墙）、三片（北院门、三学街和七宝庄历史文化街区）、三街（湘子庙街、德福巷、竹笆市）和文保单位、传统民居、近现代优秀建筑、古树名木"等组成的保护体系，合理调整用地结构，改善老城的城市功能，增强老城活力。

1.4规划范围

1）研究范围：

北至莲湖路、南至西大街、东至北大街、西至明清西安城墙（西门至玉祥门段）。此范围面积约为，面积约227公顷。

根据我们对于城市的研究及地段问题的思考与总结，参考已提供的研究范围及核心研究范围，在研究范围内划定完整的城市功能单元，作为本次规划设计的规划范围。

2）规划范围是北至大皮院街及西华门大街、南至西大街、东至北大街、西至广济街。此范围即"北院门"地区。核心区域紧邻钟楼，包含北院门文化街等极为重要的旅游文化资源，是西安打造国际旅游城市的重中之重。面积约42公顷，居住人口1.08万人，其中回族人口占80%。

图6 规划范围示意图

图例
━━ 基地范围线
─── 城市主轴线

1.6规划要求

1）通过分析论证，确定该地段在城市中的功能定位和总建筑容量。

2）结合基地所处的城市环境和区位，合理组织空间结构和整体布局，体现历史与现代相结合的建筑空间形态和独特的文化景观风貌。

3）综合安排更新规划用地上的建筑、广场、绿化等，梳理片区交通系统，构建富有古城特色风貌的城市空间环境。

4）合理规划开敞空间与绿地系统，保证完善的休闲空间和消防疏散系统。通过分析论证，确定该地区的建筑轮廓、标志建筑位置及建筑高度控制等。

5）在深入分析研究基地传统居住形式，院落的基础上，因地制宜，制定出传统居住区的更新模式，从而在改善居住环境的同时，将传统的生活延续下去，构筑宜居的魅力街区。

1）宏观区位

陕西省地处中国内陆腹地，是中国西部大开发的强力支撑点与弹力平台，是中原经济区的重要辐射发展区，是现今"一带一路"国家发展战略的重要节点，是中国东西部发展联系的重要省份。

西安地处陕西省的中南部，是陕西省的政治、经济、文化中心，是陕西省总体发展规划的核心区，是省域城市发展的活力点与辐射点。

2）中观区位

老城位于西安市的中心位置，在西安城市的南北发展轴上，西安市总体规划功能分区中定位老城为商贸旅游服务区，发展传统特色商业，带动旅游业的发展。基地在西安市总体规划内属于城墙内部的莲湖区历史保护区，属于城墙内三大历史街区之一。

3）微观区位

基地位于老城的核心区域，在南北大街与东西大街相交处——钟楼的西北侧，位置优越，交通便利。街区内南有鼓楼，北有牌坊，清真大寺、古宅大院及店铺食肆镶嵌之间，是西安独具古城风貌的历史文化旅游街区。

1.历史人文

1.1回民生活习惯分析

原住民 ──┬── 宗教活动 ── 寺坊模式 ── 宗
　　　　├── 商业活动 ── 依坊而商 ── 商
　　　　└── 居住活动 ── 家族聚居 ── 居

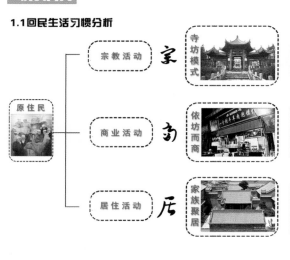

物质文化:回坊居民环绕清真寺活动,空间上形成了以清真寺占据主体位置的空间形态,清真寺相比民居来说体量较大。

非物质文化:回坊回民占了80%,仍然保持着传统的生活习惯,虔诚的穆斯林每天有礼拜。

物质文化:回坊居民的居住院落沿街伸展,形成"依坊而商"的经商模式,形成"鱼骨型"的街道形式。

非物质文化:回民沿街一般是底层经商,商业业态主要是以传统美食为主,形成特色美食街。

物质文化:回民居住呈细长院落形式,属于关中建筑风格,传统的建筑是1-2层,院落空间宜人,几代居住在一起,有一定的私密性。

非物质文化:传统的回民居住形式是几代人居住在一起,院落有几进,一进一代人。

1.2历史保护建筑现状分析

现状照片

图例
■ 国家级文物保护单位
■ 省级文物保护单位
■ 市级文物保护单位
□ 文物保护单位边界

文物保护单位位置示意图

回坊地区的居民80%以上是回民,他们保持着宗教文化与生活习俗,每天五次礼拜,清真寺是他们进行宗教活动的重要场所。

现状照片

图例
■ 建筑质量较好
■ 建筑质量一般
■ 建筑质量较差
■ 建筑或已倒塌

建筑质量分布图

图1、图2建筑质量良好,且属传统风格建筑,予以保留。

图3、现代风格建筑质量良好,立面不与传统风貌冲突。

2.人工建设

2.1现状建筑分析

建筑年代分布图
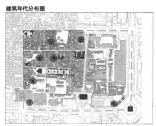

图例
■ 历史建筑
■ 50-80年代
■ 80年代-2000年代
■ 2000年以后

现状照片

建于80年代-2000的民居,材料以砖为主,质量较差,日照通风难以满足,居住环境难以保证,建议拆除|历史建筑保存良好,需重点保护。

建筑高度分布

图例
■ 建筑高度1-2层
■ 建筑高度3-6层
■ 建筑高度7-9层
■ 建筑高度10层以上

北院门两侧建筑高度95%是3-4层,加建的部分建筑,高度部分突破5层,极少数有六层。加建的建筑质量差。

西羊市两侧建筑高度75%是3-4层,街道很大一部分都有加建,加建的建筑高度很大一部分突破5层。

北大街两侧建筑高度变化幅度比较大,4-18层不等,商业与旅馆居多。建筑偏现代风格,但大部分立面采用传统建筑风貌可选择性的保留。

2.2现状用地分析

根据片区控制性详细规划等上位规划对基地的用地要求,结合基地现状用地存在的问题,通过用地调整,对基地内的行政办公和单位宿舍等用地进行功能置换,激活土地价值。

基地规划总用地面积为42公顷,其中居住用地占24%,公共管理与公共服务设施用地占18%,商业服务业设施用地占30%,道路与交通设施用地占19%,公用设施用地占1%,绿地与广场用地占10%。

图例
R 居住用地
A 公共管理与公共服务用地
A1 行政办公用地
A2 文化设施用地
A3 教育科研用地
A5 医疗卫生用地
A6 社会福利设施用地
A7 文物古迹用地
A9 宗教设施用地
B 商业服务业设施用地
B1 商业用地
B2 商务设施用地
B3 娱乐康体设施用地
G 绿地与广场用地
G1 公园绿地
G3 广场用地
U 公用设施用地
S1 城市道路用地
S 交通设施用地
—— 规划范围线

用地布局规划图

2.3现状交通分析

用地布局规划图

图例
■ 车行路线
■ 车行路线
—— 车行路线

回民街区现状道路大方向来看,与周边的道路网不协调,与周边道路环境有较大的交通矛盾;从小的方面来看,道路没有形成系统,道路狭窄,街区内商铺林立,但是店面局促,占道经营现象十分的严重,交通组织混乱。回民历史街区历史悠久,现状道路难以满足现代的居住社区的生活要求。

路面状况差,道路不成系统。道路等级不明确,没有形成一个完整的道路等级系统,交通线路混乱拥挤,交通很不顺畅。而且,由于道路的等级不明确,布局大的公交线路有一定的难度。

现状照片

地面停车数量远远难以满足基本的需求,回坊住区内几乎没有停车空间,地块废弃的地块被临时作为停车场,需要增设停车位。同时,应加强交通管制,通过限制外来车辆进入低地段等手段,减少停车需求。

图例
■ 地上停车场
■ 地下停车场
○ 地铁站出入口
● 公交站点

现状交通设施分析图

2.4公共空间分析

现状照片

1.案例分析

1.1 "德胜尚城"

1）德胜尚城位于北京德胜门箭楼的西北方向，相距仅200m，历史与今天近在咫尺，"亲密接触"。整个规划用地南北长200m，东西80m，限高18m。

2）设计理念包括：再现原址的旧城结构和肌理，营造开放的城市空间，唤起城市的记忆。

3）回坊文化区与德胜尚城区位相似，都位于城市的重要地理位置，并且回坊文化区内部及周边标志性建筑众多，同样在规模、功能、空间联系上做以突破。

街道　胡同　院落

1.2 "宁波郁家巷"

1）宁波郁家巷街区左邻月湖历史文化保护区，宁波城隍庙和天峰塔都在步行五分钟的范围内，外围为天一广场和南塘湖历史文化保护区。

2）保留所有可保留的院落，保护街区肌理与尺度，创造新空间体系，把街区生活融入到现代生活方式。

3）进行院落继承与创新，保留原有的院落结构形式，注入现代建筑元素，更新内部生活设施等。

3）恢复"街区+院落→街区"原有相对宽敞的内外部空间，对影响街区风貌的违章建筑进行拆除处理。

并不是对立面！

提出Fusion的理念，熔化+连接，将自然和城市、现代和历史、游客和社区熔入基地，连接肌理（Fabric）、功能（Funcion）、人（People）、时间（Time）、文化（Culture）平衡街区的历史、文化和城市更新。把片区打造成商贸、旅游服务、文化景观、适合居住的多功能综合型慢生活区。

传统生活街道尺度

现代生活街道尺度

2.2 SLOW LIFE 规划理念初探

F (Fusion 熔接)

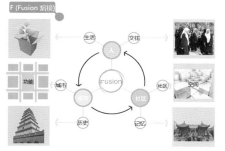

设计理念是熔接（Fusion），熔入新的现代元素，连接肌理、功能、空间、文化，以"人"为出发点，考虑到不同使用者的需求，从城市、社区的角度出发，提升街区使用者生活质量，充分发挥街区历史优势，唤醒街区记忆，使街区可持续的延续下去，提升街区品质。

城市文化复兴	人	社区更新
自然和城市	回民与汉民	社区和旅游
历史和现代	回民与游客	私密与开放
保护与发展	高密度	传统与现代

Fusion

3.规划策略

3.1 特色支撑

1）肌理修复
重视片区内传统居住空间肌理的保护与延续，通过修缮和调整院落建筑形成较完善肌理的居住片区。

2）廊道构建
在规划中注意空间廊道的保护与塑造，包括景观廊道、步行走廊以及商业廊带，形成片区景观空间特色。

3）节点营造
选取重要场所作为开敞空间构建节点，通过周边建筑环境建设提高场所价值，吸引更多的旅游消费等人群。

4）品质提升
在规划中着力其商业网络的完善与调整，整改消费环境，规整商业秩序，突出商业特色，提高商业品质。

3.2 文化传承

1）尺度重构
重视传统城镇空间尺度的传承。现代化不意味着盲目参考大城市的巨尺度空间，而是挖掘传统街巷尺度的构建精髓，以现代建筑的形式重新演绎，形成富有地域文化特征的场所空间。

2）今昔互融
对特色街区、建筑进行评估，保护具有历史文化

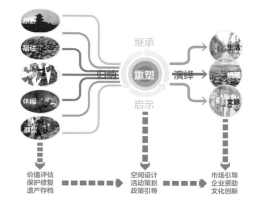

继承　归纳　重塑　演绎　启示

价值评估	空间设计	市场引导
保护修复	活动策划	企业资助
遗产存档	政策引导	文化创新

价值的街区、建筑、构筑物，通过古今混合反映历史特色。

3）空间搭台
重构空间序列的构建，形成收放有致、重点突出的公共开敞空间系统，分层级营造空间节点，为居民和游客游憩及各类文化活动提供舞台。

4）文化延续
不仅重视城镇空间等硬件建设，同时加强对传统文化形式的保护与传承，选取合适地点、时间开展传统文化活动，通过政府扶持、企业组织的形式提供资金，传承文化的同时对企业进行宣传。

2.规划理念

2.1 SLOW LIFE 规划理念初探 （Fusion 熔接）

通过对基地的调研、评估，融入新元素，创造新的物质环境，来映射街区记忆，重组新的生活。从城市、社区、人三尺度入手分析基地现状，针对不同使用者需求进行设计，提出设计概念——Fusion。将自然和城市、现代和历史、游客和社区三个层次融入基地，创造均衡与功能丰富的和谐社区。

一杯清水，一个柠檬，两者相遇，进行融合，会得到一杯可以养颜美容的柠檬水。

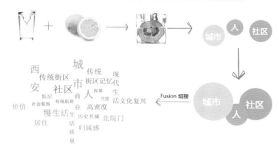

西安　城市　传统街区　现代　人
传统社区　传统街区记忆　新生　社区
低层　社会结构　传统肌理　尺度　活力复兴
价值　人　高密度　历史名城
慢生活　历史　北院门
居住　生活质量　归属感

城市　人　社区

Fusion 熔接

城市　人　社区

2.3 SLOW LIFE规划理念渗透

S（Sustainable）可持续	这里的可持续，是研究基地的传统历史文化，保护地区内的文物建筑和优秀历史建筑，延续地区内历史风貌及其符号意义，同时对地块进行适度的开发。使历史街区能够可持续地发展。
L（Local）本土风貌	本土风貌是地域性的意思。规划中应充分考虑到基地地块的特征，回民的生活习俗、习惯，保护分物质文化。
O（Organic）系统的	道路交通系统、公共开放空间应有一定的系统性，形成有机的系统。
W（Worth）价值	体现回访文化区的价值，通过功能置换，增加基地缺失的功能，提升文化区的文化价值，同时提升城市活力。
I（Inspiring）启发	规划应注重街区风貌的保护，通过加强对历史保护建筑、传统民居的保护，同时融入与文化相关的功能，启发文化创意，激活文化活力，延续传统文化。
E（Experiences）体验	随着传统文化的渐渐衰落，回坊区可以通过设置文化体验功能区（文化创意，手工艺DIY、文化展览等）给传统文化注入活力，吸引人群，唤起记忆，延续历史。

4.功能定位

发展途径

├ 构建功能空间
├ 组织生产生活
└ 提升文化景观

Fusion

绿化景观　开放空间　步行廊道　文化体验

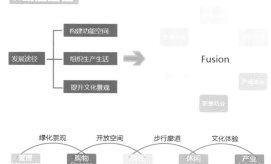

管理 Administrate　购物 Shopping　休闲 Leisure　产业 Industrial

功能定位：

本规划力将北院门回坊文化区打造成为以西安老城商贸核心区、旅游服务核心区、文化景观体验区和回民集中生活区四大功能为主导，其它多种相关功能为配套的多功能、多中心、复合型的西安古城核心区。

规划手法：

运用现代城市等的设计手法，通过功能空间组织，通过熔接理念，注入新的功能元素，激发片区活力，提升片区文化、商业等景观品质。

1.规划分析

1.1功能结构分析

规划设计结构为"一环，两轴，三片"。

一环：是以北院门、西羊市特色商业街，传统文化风俗体验带，文化创意休闲带环境的发展环。

两轴：一轴以北院门特色商业街为主轴线，轴线贯穿基地南北，是基地主要的发展轴线。另一条是以西羊市商业街的次要发展轴。

三片：以文化创意体验区为活力点，唤起街区记忆，延续传统文化，以基地东南侧现代商业为动力带，带动整个文化片区的发展，以传统的生活居住区为魅力网，三大功能片区相互熔接，紧密结合，形成传统文化创意旅游生活片区。

1.3规划用地分析

根据片区控制性详细规划等上位规划对基地的用地要求，结合基地现状用地存在的问题，通过用地调整，对基地内的行政办公和单位宿舍等用地进行功能置换，激活土地价值。增加商业设施用地面积，完善基地内的商业网络；增加道路用地面积，疏通路路系统；增加内部绿地广场的用地面积，扩大公共开敞空间，改善片区生态环境。

基地规划总用地面积为42公顷，其中居住用地占24%，公共管理与公共服务设施用地占18%，商业服务业设施用地占30%，道路与交通设施用地占19%，公用设施用地占1%，绿地与广场用地占10%。

1.4规划用地分析

以基地西南侧为主要的景观轴，钟鼓楼广场为主要的景观节点。北院门和西羊市为主要景观带，增设部分小尺度的开敞空间，增加街道的趣味性，布置相应的设施。

以基地历史文保建筑为主要历史景观节点。记忆点呈点状分布，规划视线通廊将记忆点串联起来，唤起街区记忆规划设计了清真寺与鼓楼之间的视线通廊，和高档餐饮区与清真寺的视线通廊，改善景观风貌。将记忆点"熔化"、"相连"。在传统住区内部，结合街区肌理，规划了多处开敞空间，满足居民活动的基本需求。

功能结构规划图

用地规划图

景观结构规划图

1.2规划交通分析

车行路线：是以车型为主，规划在传统居民区内部规划了部分车行路线，满足车行、消防。

步行路线：以北院门大街、西羊市、化觉巷、清真寺北路为纯步行路线。其中北院门大街与西羊市、化觉巷为步行商业街。清真寺北路规划为步行绿道。

生活性路线：规划在传统居民内部，结合街道肌理，规划生活性路线，满足居民需求和消防要求。

规划建筑面积共77.7万m²，停车位共4000个。地下停车集中连片开发，提高了地下空间的利用率。规划注重历史建筑的保护。

增设清真寺南侧地下空间的开发，满足100m²/个，停车位。以居住为主要功能的传统住区，以交通控制为主，控制外来车辆进入住区，设部分停车位，以满足回民的停车需求。

道路交通规划图

交通设施规划图

1.5消防系统规划

城市级消防主干道，应控制道路两侧建筑的高度，保证灾时，道路的通畅。

城市级消防次干道，与城市级消防主干道组成基地主要的消防疏散通道。

片区消防次干道，解决片区的消防，道路宽度设计为7-8米，满足双车道通行，保证通畅，满足不小于4米的消防通道。

应急性疏散，消防道路，紧急情况下可以通车。宽度不小于4米的基本消防通道。

消防系统规划图

2.总平面图

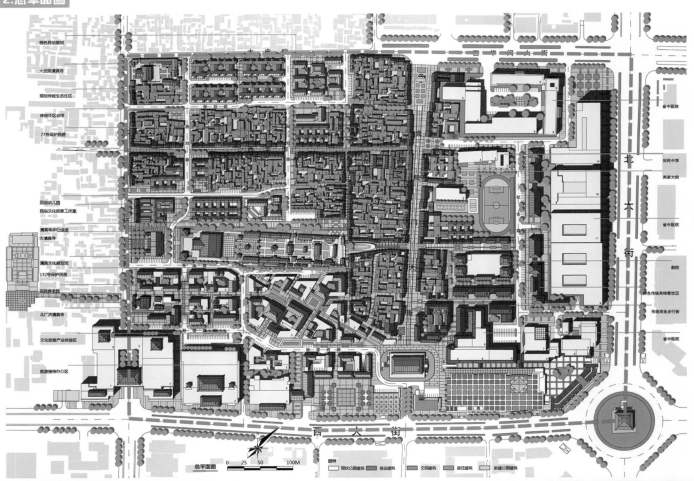

总平面图 0 25 50 100M

1.节点设计

记忆元素的提取:西安的标志性建筑鼓楼和大清真寺,钟鼓楼广场,清真女寺,拥有民族特色的化觉巷特色风情街,并延续其肌理。

熔入新的连接点:开敞空间、文化类建筑群、民俗商业建筑群,增加文化展览体验性室内外场所空间,增加活力。

方案推敲:

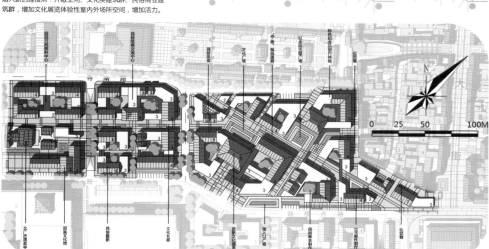

2.局部透视

鼓楼西广场

北院门大街

鼓楼西街

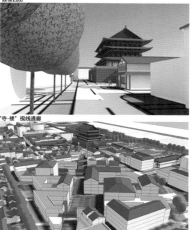
"寺-楼"视线通廊

3.规划立面

天际线有所起伏,基地内靠近西大街、北大街的建筑在高度上与基地外围的公建建筑高度相统一,基地内部的建筑高度相对一致,突出鼓楼在高度上的控制力。

对基地内部的文保建筑予以完整保护,并在其周围设定建设控制距离。

4.鸟瞰效果

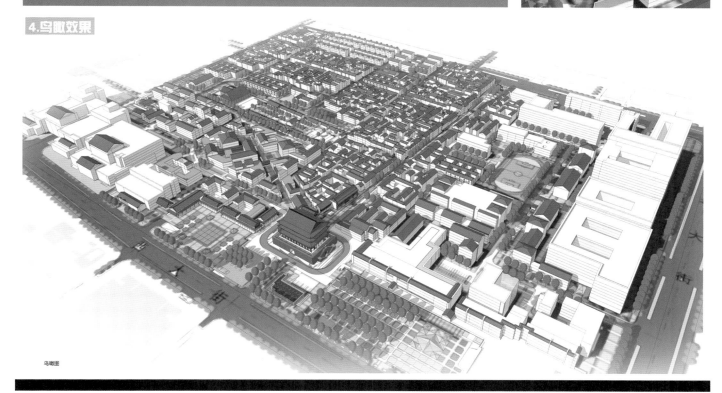

鸟瞰图

1.民居专项设计

·肌理修复型更新方式

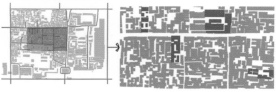

① 西羊市77号院落

院落基本保存完好，院落仍旧延续了传统院落的居住功能，没有加建现象，应予以保护，适当修缮，维修，保证院落的完好性。

② 西羊市沿街	由于居民的数量增加，原有观众建筑被拆除，现状是现代的联排式建筑，与周围空间肌理格格不入。	对严重破坏空间环境肌理的建筑进行拆除，通过功能置换，修补的方式，使新建建筑很好地熔进其中。	
③ 西羊市沿街	由于居民的数量增加，在原有观众建筑上加建新的建筑来满足居住需求。但是居住采光通风无法得到保证，影响了居住环境质量。另外居住院落也被"见缝插针"加建了建筑，传统的居住院落遭到破坏。	对影响采光通风的加建建筑，予以拆除，保证通风采光。梳理院落空间，适当拆除部分建筑，植入新的建筑，修复肌理。	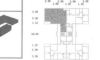
④ 化觉巷	传统建筑边界被破坏，院落感不但消失不见，同时无法保证居民的私密性。个别建筑形状怪异，风格与周围不协调，破坏片区景观风貌。	改建建议：提取传统院落的布置方式，补齐缺失的院落，植入新的元素，新旧融合在一起，形成私密的空间。	

1/5 西羊市北院门沿街

肌理局部被破坏
为增加使用面积，有加建现象。加建建筑井没有考虑采光通风，破坏了原有的院落感，也降低了生活质量。

改进建议：给传统建筑熔接新的元素，修补院落的同时，也给传统建筑注入了新的活力。

2.6 北院门沿街

基本保留了原有院落的肌理，由于建筑年代久远，建筑质量变差，难以满足居住要求，同时空间格局也不完整。院落私密性也遭到破坏。

改进建议：融入新元素，增建新的建筑，建筑风格应与原有建筑协调。同时对保留下来的建筑进行修复，修缮。

3.4 化觉巷沿街

肌理基本被破坏，失去了原有的院落尺度感，同时建筑之间留出的人行通道只有2米，空间局促，更难以满足基本的消防距离。

改进建议：结合周围环境，保留院落尺度感院落，拆除一则建筑，扩大街道空间，形成一处开放空间节点，元有局促的空间被放大，满足居民活动，同时增加了沿街商业。

⑦ 北院门沿街

肌理局部被破坏，两院落之间距离太近，加建建筑使采光通风难以保证。

改进建议：两院落同时考虑，梳理出可以同时满足建筑采光的院落。满足采光通风的前提下，也可以适当的加建建筑，增建居住的面积。

·以新换旧的更新方式

1、新中式居住

原有民居原有院落几乎被破坏，随着人口的增加，现有居住满足居住需求。新的建筑满足了当代环境的舒适性要求，采光，通风日照，居住空间等应该满足规范要求。

该户型采用合院式，吸取北京菊儿胡同的规划设计，单元拼接，满足通风采光的前提下，增加了建筑层数，增加了户数。增设了部分停车，满足居民的基本需求。

2、融入住宅新功能

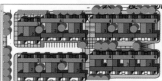

吸取关中建筑的特色，规划临北广济街传统民居，衔接南侧文化展览馆，定义文化创意的新功能，与北广济街清真寺，大清真寺，文化馆，大皮院清真寺形成传统清真文化带。

传统院落既包含丰富的历史记忆，又包含着复杂的现实生活，历史建筑只有在不断地使用中才能保持活力，而使用方式又在不断改变着历史建筑。当代旧城改造中需要在历史价值与使用价值之间保持适当的平衡，灵活处理两者之间的关系。

因此，新的功能的注入，熔入，就是一种新的催化剂，激发起使用的乐趣。

2.城市设计导引

本次城市设计成果提供的建筑群体形态及平面布置，以导引为主，用于直接知道未来的建设与环境设计。主要由以下几个方面组成。

1）街道空间设计准则

通过对街道断面、沿街建筑、地面铺设、街道设施、街道绿化等诸多街道构成要素等方面的指引，创造一个充满活力，尺度怡人，使人流连忘返的购物，生活片区。

3）建筑设计准则

从建筑的体量、形态、立面形式、材料、色彩等设计要素出发，控制该地内的建筑进行控制，尤其注重文物保护建筑周围建筑的形式，保证不破坏整体形态的完整性，保护城市风貌。

2）开放空间设计准则

通过对广场、道路、等公共空间的导引，综合考虑到城市形象，市民的真正需求，规划设计公共开放空间，控制开放空间的尺度。

4）视线通廊的控制

通过控制视线通廊两侧建筑的形体、高度等要素，控制出景观视线通廊，延续街区肌理，唤起街区记忆，体现片区价值。

北院门大街两侧建筑控制在15米之内。
西羊市控制在18米之内。
化觉巷控制在15米之内。
视线通廊两侧建筑高度控制在21米之内。
其中在文物保护单位周围50之内，建筑物控制高度在15米之内。

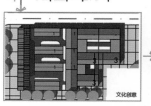

SLOW LIFE

——西安北院门回坊文化区规划设计

继承和更新

——黄晨曦

很庆幸自己能有机会参与这次的六校联合毕业设计，这也是在大学的最后一次设计课。在这次设计中，通过各个阶段的学习，包括前期的开题调研、设计过程、中期汇报、完善方案、终期的答辩，本人跟队友，都收获颇丰。

设计之前，如何深入的对基地进行调研，了解本土文化、居民的生活、需求，并发现问题，总结问题；接下来又怎样去整理资料，找到规划的抓手；紧接着能提出自己的规划理念，又如何将自己的想法落实下去……最终成果的绘制。同时，对于如何看待古城中文化街区的保护和更新，又有哪些新的更新模式等，也有所了解，这整个过程都是非常有意义的，因为，在这一过程之中，不知不觉就会把这几年学的知识多多少少巩固了一遍。当然，这一过程也不乏有汗水，也有过碰到难题难以进行下去的时候，但都通过老师的悉心指导、教导，一一解决了，也有过敷衍了事的想法，但也因为队友的鼓励坚持了下来。

魅力的古都西安也深深地打动了我，它的魅力不仅在于她的历史，更在于她对传统的继承与城市的更新，就如这次的毕业设计的初衷—继承与更新。最后，要感谢老师的教诲，还有队友的鼓励与支持，也祝贺七校联合毕业设计的圆满结束！

虽风尘仆仆，但硕果累累

——杨希东

日月如梭，白驹过隙，为期三个月的联合毕业设计随答辩结束而落幕。至此，五年的大学生活也近尾声，虽风尘仆仆，但硕果累累。

很荣幸参加了这次城市规划联合毕设交流盛会，收获很多，体会很多。从前期的现场调研、问题分析、思考总结，到中期的案例解读、理念演绎、方案推敲，再到终期的成果绘制、答辩汇报，整个过程都是对自己前面学习状况的检验与考验，夯实了自己的知识储备，提高了自己的认识能力，并对古城规划、城市更新、街区改造有了全新的认识。在此期间，曾有过方案进展受阻，思维定式，步履维艰的时候，但是有老师和队友的鼎力相助，最后并力向前，圆满地走到了最后。

在此要特别感谢赵健老师，您在整个过程中思考很多、付出很多。您治学严谨，学识渊博，思想深邃，视野雄阔，为我营造了一种良好的学术氛围。授人以鱼不如授人以渔，置身其间，耳濡目染，潜移默化，使我形成了全新的思想观念，树立了崭新的规划思维，领会了基本的思考方式，经由您精辟的点拨，再经思考后的领悟，常常让我有"山重水复疑无路，柳暗花明又一村"。也非常感谢随我一路走来的给力队友，督促、鼓励，鼎力相助，才使得此设计过程得以圆满。

最后，祝贺本届七校联合毕业设计圆满结束，祝愿联合毕设能走得更远。

>>区位概况

宏观区位

2013年9月和10月，习近平主席在出访中亚和东南亚国家期间，提出"一带一路"。
"一带一路"的中线：北京—郑州—西安—乌鲁木齐
"一带一路"的中心线：连云港—郑州—西安—兰州—新疆
两条线路经过西安，西安作为对西方交流的重要窗口，并且国务院批准到2020年西安成为北京上海之后中国第三个国际化大都市，发展潜力很大。

中观区位

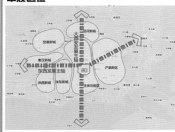

北院门回坊文化区位于老城区，而大西安发展主轴和东西发展主轴交汇于老城区，发展潜力巨大。2012中国历史文化名楼论坛暨第九届名楼年会确定包括钟鼓楼在内的十大"名楼"联合申遗，北院门回坊文化区的地位变得更加重要。

微观区位

北院门回坊文化区位于老城区西部，老城区内有广仁寺、革命公园、碑林、关中书院等旅游景点。北院门回坊文化区作为一个重要的人流聚引点，可以考虑加强与其他景点的联系，形成完整的游览路线。

>>历史沿革

唐代

至公元786年，有大量的西域穆斯林聚集在长安城内，这些人最终留居在长安的西域人，就成为回坊形成和发展的最早先民。唐末长安城遭受严重的破坏，长安缩小原来城市的范围，回坊即位于新皇城北城垣南部区域。

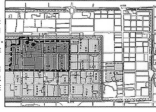

宋代

战争不断阻隔了一些西域穆斯林返乡的道路；而同时阿拉伯国家由于战乱，许多穆斯林来到中国，长安穆斯林发展的基础吸引了更多的穆斯林来此并最终定居下来，这对回坊进一步发展提供了有力的外部条件。

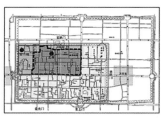

元代

政权建立之后由于中国经济繁荣，很多穆斯林商人来到中原地区经商甚至在长安定居。伊斯兰教的信仰致使穆斯林生活和交往上出现了诸多不便，因此穆斯林内部的联系更加紧密，元代穆斯林继承了唐末以及宋代穆斯林的传统，继续在回坊这片区域繁衍生息。

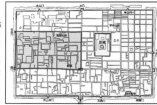

明代

明代的穆斯林继承了传统，依然把经商作为其生存的主要手段，他们主要从事清真食品的制作和经营、贩马以及相关的制革手工业等行业。西安的穆斯林在元朝的基础上进一步发展，经过跟本地法令和汉人的文化，以及其他民族的通婚，人口数量大大提高。

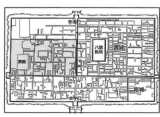

清代

"七寺十三坊"空间格局基本形成，伊斯兰教的经堂教育产生并发展。现在西安城内的化觉巷清真寺、大皮院清真寺、小皮院清真寺、大学习巷清真寺、北广济街清真寺、清真营里寺、洒金桥清真古寺七座清真寺及其周围的寺坊空间就是那时回坊的基本形态。

近代

近代西安回族依然在原有回坊范围内发展，但是人数已经明显增多。这些社区与明清时期形成的"七寺十三坊"的格局基本一致，寺坊制的社会组织形式依然是回坊社会各种关系的基础，而且影响了回坊坊民生活的方方面面。

>>规划背景和动因

规划背景

北院门位于鼓楼北侧，唐代属皇城范围，尚书省即位于此地。宋元明清时的京兆府、奉元路总管府、西安府等均设在此街及其周边。清代因街北巡抚部院署与今西大街以南总督部院署分称"北院"、"南院"，遂名此街北院门。

1900年慈禧太后携光绪帝逃至西安，曾居北院，称"行宫"，当时省府所贡银两物品均在此聚集，银号店铺应运而生，盛极一时。

西侧的大学习巷源于唐代长安城的一个小坊，当时西域的回纥族帮助郭子仪平定"安史之乱"，郭子仪从甘肃回纥安时，带回200个回纥将领和随从，他们住在这个小坊附近学习唐朝的法令和汉人的文化，所以这个地方取名为"大学习巷"，并逐渐形成为西安安的回坊。

如今的北院门回坊文化区为北院门、西羊市、化觉巷形成的环形旅游线路，全长1100米，即为俗称的"回民街"、街区内南有鼓楼，北有牌坊，清真大寺、古宅大院及店铺食肆镶嵌之间，是西安独具古城风貌的历史文化旅游街区。

规划动因

1. 在新型城镇化战略指引下，回坊成为西安主城区"产城一体"的板块建设的重要一环。
2. 2010年6月，《大西安总体规划空间发展战略研究》的提出，对西安的发展提出了新的要求。
3. 在现状地区，其用地布局、土地效益、环境面貌均存在一定的问题，亟待进行城市设计和研究，明晰功能定位，策划重点项目，整合用地布局，梳理道路交通，提升环境品质，强化空间形象。

>>设计总则

研究范围

研究范围：227公顷
核心研究范围：42公顷
明清西安城范围

研究范围：
北至莲湖路、南至西大街、东至北大街、西至明清西安城城墙（西门至玉祥门段），此范围即为俗称的"回坊"地区，面积约227公顷。

核心研究范围：
北至大皮院街及西华门大街、南至西大街、东至北大街、西至北广济街，此范围即"北院门"地区，面积约42公顷。

规划范围：
规划范围与核心研究范围一致，规划范围内居住人口约10700人，3600余户。

规划依据

1. 《中华人民共和国城乡规划法（主席令第七十四号）》2008年1月
2. 《城市用地分类与规划建设用地标准（GB50137-2011）》
3. 《城市居住区规划设计规范（GB50180-93）》2002年版
4. 《西安市城市综合交通体系规划（2011—2020年）》
5. 《大西安总体规划空间发展战略研究》（2010.06）
6. 《西安历史文化名城保护条例》（2002.07）
7. 《城市规划编制办法（建设部第146号）》
8. 《城市道路交通设施设计规范（GB50688-2011）》
9. 《西安市城市总体规划（2008—2020年）》
10. 《城市紫线管理办法（建设部令第119号）》
11. 《历史文化名城保护规划规范（GB50357-2005）》
12. 《西安市北院门片区控制性详细规划》

>>相关规划解读

《西安市城市总体规划（2008——2020年）》

根据土地使用规划图，基地主要的用地性质为居住用地和商业用地，除此之外还有医疗卫生用地、文物古迹用地和广场用地等。

（六）主城区规划

加快老（明）城功能的调整：老（明）城将以商贸业和旅游业为主导产业，行政办公单位逐步外迁。

根据总体规划，基地位于中心商业区内。

（九）历史文化名城保护

加强老（明）城的整体保护。在老（明）城内，保护与恢复历史街区、人文遗存，形成"一环（城墙）、三片（北院门、三学街和七贤庄历史文化街区）、三街（湘子庙街、德福巷、竹笆市）和文保单位、传统民居、近现代优秀建筑、古树名木"等组成的保护体系，合理调整用地结构，改善老城的城市功能，增强老城活力，通过一系列保护措施，逐步改变西安老（明）城"有古城墙而无古城"的局面，构建具有古城特色的和谐西安。

基地位于北院门历史文化街区内，规划时要符合历史文化名城的相关规定。

《大西安总体规划空间发展战略研究》

未来大西安将打造国际一流旅游目的地、国家重要的科技研发中心、全国重要的高新技术产业和先进制造业基地，以及区域性物资贸易物流会展中心、区域性金融中心，将逐步建设成国家中心城市之一、富有东方历史人文特色的国际化大都市、世界文化名城。

>>现状分析

现状用地以居住用地和商业用地为主，还有少量的行政办公用地、文物古迹用地、宗教设施用地和广场用地等，缺少绿地。

基地内共有居民中学一所，医疗设施三处，能满足基地人们的需求。基地的南侧和东侧分布大型商业，在基地内部主要以商业街的形式分布。

基地南侧和东侧建筑高度多在6层以上，基地内部建筑多在3-6层。基地内乱搭乱建现象严重，本为一二层的房屋增加到三四层到五层，严重破坏了基地的风貌。

以北院门为界，东侧建筑质量比较好，西侧质量较差，西大街沿线建筑质量较好。规划时保留北院门和西羊市的沿街建筑，内部的拆除重建。

基地内部西羊市街和北院门主要道路，承担大量人流。巷道多为尽端式，且几乎全为2m以下，经营者占道经营现象严重，道路系统不能有效疏散人流。

现状公共空间有线状和面状两种形式，现状公共空间主要有北院门、西羊市和化觉巷，面状公共空间有钟楼广场、鼓楼西广场和医院东侧的空间。

西大街和北大街沿街主要是大型的商业，西羊市和北院门以餐饮为主，化觉巷以零售为主，北广济街以零售和餐饮为主，基地内部以居住为主。

北院门和西羊市沿街风貌较好，保留了传统的建筑风貌。但是由于居民乱搭乱建的影响，建筑风貌有较大的破坏。

该街区内共有地下停车场8处，地面停车场有10处，不能满足停车需求。基地东侧有地铁1号线经过，共有3处地铁站点入口，4处公交站点，且都位于基地东侧和南侧。

基地内部的地下空间开发主要集中在东侧和南侧，开发范围为一到二层，主要作为地下停车场。钟鼓楼广场为半地下的广场，地下空间的开发主要是商业功能。

基地建筑的建设年代集中在80年代以后，其中清真大寺、钟楼、鼓楼、大皮院清真寺和高家大院等文保单位。西大街和北大街沿线主要是2000年以后的新建筑。

基地内共有文保单位8处，其中国家级文保单位共有三处，分别为钟楼、鼓楼和清真大寺；省级文保单位一处，为大皮院清真寺；市级文保单位有4处，分别为西羊市77号、北院门144号、化觉巷125号和西羊市6号。

>>现状问题分析

1. 居住环境较差，缺乏公共空间和绿地

现代居住建筑居民自行加建，破坏了传统的肌理。现状建筑间距都不符合现代住宅的规定，通风和采光都不能满足。基地内部公共空间，只有北院门沿街有少量的座椅，除此之外没有游憩空间，绿地也较少。

2. 业态构成不合理

各个街区经营的商品，拥有的店铺大同小异。吃、住、行、游、购、娱是旅游的六要素，娱乐在本区域较为缺失。

3. 交通组织混乱

现状道路宽度普遍偏窄，经营者占道经营现象严重，基地内部公共交通混乱，人车混行现象严重。基地只有在南侧和东侧的大型商业地下有停车位，且缺乏地面停车位，停车不足现象严重。

4. 存在消防隐患，缺乏垃圾桶、公共厕所和路灯等设施

基地内部的车行道较少，道路较窄，人车混行现象严重，房屋之间不能满足消防间距，没有消防栓，存在严重的消防隐患。除北院门上有垃圾桶外，其余的道路没有垃圾收集设施。公共厕所数量不足，不能满足游客的需求。道路

两侧没有路灯，通过店家的灯光照明，还有少量挂在树上的灯，不能满足夜间的照明需求。

5. 缺乏文化标识，旅游资源利用不充分

基地内部只有少量的地方比如西安清真大寺有标识，其他的北边高家大院等都缺乏文化标识的引导，导致游客没有明确完整的游览路线，存在重复浏览路线的可能。基地内有文保单位8处，但是并没有得到充分的开发利用。基地主要是通过餐饮业吸引人流，旅游资源没有得到充分利用。

6. 街区风貌丧失，新旧肌理不协调

新建的建筑肌理与原有的肌理不协调，原有回族窄院的特点有所破坏。

>>基地发展要素

1. 交通要素

基地东侧的北大街和南侧的西大街均为城市主要道路，基地周边有地铁一号线经过，并且基地距离西安火车站仅有2.3公里，有6个公交站点，基地交通条件十分便利。

2. 经济要素

基地内回民占大多数，产业结构以商业经营为主体。其中，基地南侧和东侧主要是以百盛等为代表的大型商业综合体，基地内部以零售等个人经营为主。

3. 文化要素

（1）汉族文化

1）钟楼、鼓楼：西安钟鼓楼是中国古代遗留下来多钟楼中形制最大、保存最完整的一座。无论从建筑规模、历史价值或艺术价值方面来说，它都居全国同类建筑之首。

2）非物质文化遗产

西安有众多的非物质文化遗产，比如秦腔、皮影、陕西风味小吃制作技艺等，同时北院门作为文化区有着深厚的文化底蕴，在基地定位时要充分考虑文化要素。

（2）回族文化

1）清真寺

清真寺在回族居民生活中非常重要。坊内的重大事件和重要通知从清真寺传递，坊民之间的交流也在清真寺完成。

2）环寺而居

回坊经过了"七寺十三坊""回坊九寺""回坊十二寺"形成"依寺而居，环寺而生"的空间组织模式。

3）依寺而商

千百年来回坊在"依坊而商"的基础上，组织出"前商后居""下商上居"的经营模式。

在"前商后居"的影响下，回坊街巷的居住模式形成了，与关中传统院落的结合形成了更具民族特色的民居建筑。

4）饮食文化

回族的饮食十分有特色，只吃驼、牛、羊、鹿、鸡、鸭、鹅、兔、鱼、虾等肉或蛋，将这些原材料制作出两千种菜，其中以爆、烤、涮、烧、酱、扒、炸、蒸为主的牛羊肉佳肴有上千种。

4. 基地SWOT分析

（1）优势（STRENTHS）	**（2）劣势（WEAKNESS）**
a. 位于市中心，区位较好，交通便利	a. 空间环境品质和居住环境差
b. 属于历史文化街区，历史价值大	b. 人车混行现象严重，占道经营
c. 传统文化活动和社会网络的良好延续	c. 基础设施不完善
（3）机遇（OPPORTUNITIES）	**（4）挑战（THREATS）**
a. 钟鼓楼申遗	a. 回族区和城市开发的协调
b. 地铁的建设将带来更多的人流	b. 市场对居民生活和历史街区的影响
c. 大西安总体规划空间发展战略的实施	

>>策略和目标定位

规划理念

新业态——商业服务+民俗文化
新规划——资源整合+空间组合+功能复合+生态融合
新社区——空间肌理+配套功能

规划定位

形象定位：以传统文化为特色的多功能融合的体验区
功能定位：生机之城、生态之城、生活之城

生机之城	生态之城	生活之城
新业态	新规划	新社区
新兴商业+传统商业+民俗文化	街头绿地+开敞空间	传统肌理+现代生活

规划目标

创造环境优美的商业、文化及休闲空间，为市民创造良好的居住生活环境，推动城市更新，提高片区的城市形象，建设具有特色的老城文化体验区。

规划内容

景观绿化增加　居住品质提升　传统商业复兴　空间重组重构　文化产业兴起　交通组织改善

1. 居住品质提升
对保留居住建筑进行整治，并拆除新建部分居住建筑，使居住建筑满足通风日照等需求，并增加绿化，提升居住品质。
2. 传统商业复兴
北院门和西羊市的传统商业由于商品重复率高、并且业态分布不合理，导致商业不发达。通过规划调整，合理分布业态，并且设置高端商业，增加体验性的商业，复兴传统商业。
3. 空间重组重构
增加公共空间，提供人与人交流的场所；调整街道的高宽比，使街道空间更适合人的心理感受；改善居住空间，符合现代的居住需要。

4. 文化产业兴起
基地内有回族和汉族两种不同的文化，可以结合清真大寺做碑林文化展览馆，弘扬回族文化。利用皮影、秦腔等汉族文化设计体验式的商业，增加文化的吸引力。
5. 交通组织改善
处理好车流和人流的关系，游客流线与居民流线的关系，增加停车场，使得道路分级明确、流线顺畅。
6. 景观绿化增加
通过增加行道树、街头绿地、公共空间等方式增加基地的景观和绿化，改善基地的整体环境。

规划原则

1. 整体性、协同性原则
强调基地内部空间结构和外部空间结构的系统性和整体性、功能组合的协同性和互动性。
2. 多样性、复合性原则
功能多样和土地复合利用，为基地提供活力和多样的公共活动场所，创造富有吸引力的城市空间。
3. 生态性、持续性原则
坚持可持续发展原则，在塑造优美的城市生态环境的同时，加强环境保护、生态节能，鼓励创新应用。
4. 地方性、人性化原则
强调地方文化挖掘，丰富城市的文化内涵。以人为本，充分考虑人的多样需求，完善配套设施，营造人性化的空间尺度。
5. 弹性、可操作性原则
充分考虑现状条件与开发建设的实际情况，注重长远性，宏观控制和微观引导相结合，以利于分期开发。

规划策略

1. 功能复合策略
迁出原有的行政办公，增加文化展示和文化体验的功能，增加服务于文化和商业的旅馆、餐饮等功能，使得基地成为集商业、文化、旅馆、餐饮、旅游、居住等于一体的休闲旅游文化区。
2. 交通组织策略
梳理原有的道路系统，适当拓宽原有的道路，明确划分道路的级别，对人流和车流、游客流线和居民流线进行区分，避免互相干扰。
在新开发地块开发地下空间作为地下停车，并增加地面停车场，满足停车需求。
3. 空间组合策略
对保留的住宅，拆除部分建筑，以满足通风和采光需求。改善街道的空间，使之符合人的心理感受。
设计开敞空间、半开敞和私密空间等多种类型的空间，适合不同人群的需求。
4. 建筑保护策略
保留并修缮西羊市和北院门沿街的建筑，其余现状的居住建筑予以拆除，新建符合现代人需求并且符合回族人的生活习惯。

>>更新片区划分

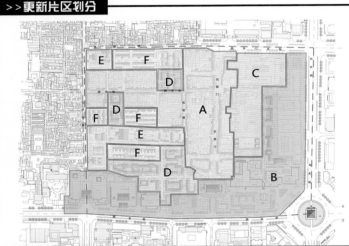

区域	功能定位	更新策略
A片区	传统居住区和商业区	1. 居住区：调整部分建筑的高度，整理院落，增加公共空间 2. 商业区：修缮立面，统一建筑风貌
B片区	门户形象区	维持现状，适当改造钟鼓楼广场
C片区	公共服务区	1. 修缮医院南侧的道路线型，并适当拓宽道路 2. 增加学校体育场，扩大用地面积
D片区	现代商业区	新建现代化的商业街区，并疏通道路
E片区	回族文化区	1. 清真寺周边增加公共空间和停车位 2. 新建伊斯兰文化馆，宣扬回族文化
F片区	新建回民居住区	新建符合回族居住习惯和现代生活需求的居住区

>>方案构成

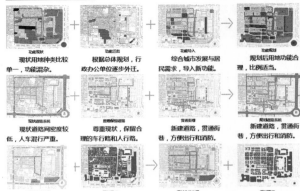

现状用地种类比较单一，功能混杂。　根据总体规划，行政办公单位逐步外迁。　综合城市发展与居民需求，导入新功能。　规划后用地功能组合理，比例适当。

现状道路网密度较低，人车混行严重。　尊重现状，保留合理的车行路和人行路。　新建道路，贯通街巷，方便出行和消防。　新建道路，贯通街巷，方便出行和消防。

公共空间过乱，缺乏游憩空间，环境质量差。　肌理凌乱，私自加建破坏传统肌理。　形成"点""线""面"的公共空间结构。　梳理建筑和空间，尊重保留原有肌理。

>>更新策略

街区更新策略

完全保留
基地位于北院门历史文化街区，有八处文保单位，在更新过程中，要注意对文保单位的保护。比如清真大寺，在更新时完全保留。按照文保单位保护的规定，拆除离清真大寺距离过近的建筑，在清真大寺周边留出公共空间，增加清真大寺的可达性，并且增加回民活动的空间。

修缮改建
基地内部的北院门和西羊市为具有传统历史特色的商业街，现状商业业态分布杂乱。在更新过程中，保留沿街的商业建筑和一进院落，满足回民"前店后商"的生活习惯。保留的部分拆除违章建筑，修缮商业建筑，维持较好的风貌。

拆除重建
基地大院落的南侧和内部的居住建筑由于乱搭乱建的影响，建筑高度过高、不能满足日照和通风。在更新过程中，拆除这部分建筑，新建符合回民居住习惯和现代人居住需求的居住建筑。

街巷更新策略

贯通街区道路

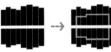

原有的居住院落比较细长，长度能达到60m，会导致生活的不方便，也会存在严重的消防隐患。在更新过程中，把原来细长的院落拆分成比较合适的院落，并在拆除的地方修建道路，方便居民的使用，把居民流线和游客流线分开，并且满足了消防需求。

保护街巷尺度

商业步行街　　商业步行街　　生活巷道　　生活巷道

现状的街巷尺度除北院门比例适当外，西羊市两侧建筑过高，化觉巷宽度仅有2m，高宽比大于2，给人感觉不够舒适。更新时，适当拓宽道路，并且调整街道两侧建筑的高度，使得街巷尺度更符合人的心理感受。

院落更新策略

恢复原有肌理　　完整院落流线　　整治院落空间

基地内的民居属于关中民居，有窄院的特点，现在由于乱搭乱建的影响，院落内部空间非常少，院落内部的通道有的仅有1.5m，形成了"一线天"的景象。更新过程中，拆除部分建筑，使之满足采光和通风的需求，并形成有秩序的院落空间。

>> 规划分析

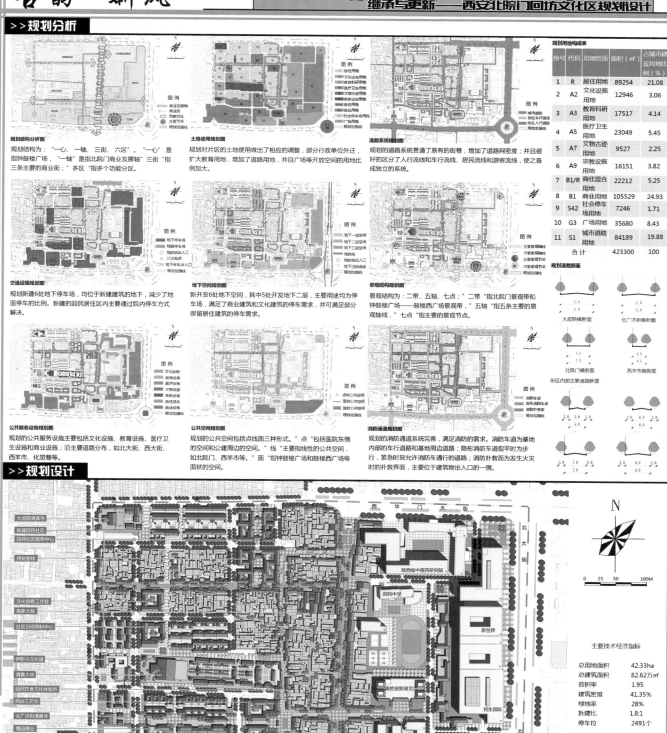

规划结构分析图

规划结构为:"一心、一轴、三街、六区"。"一心"是指钟鼓楼广场,"一轴"是指北院门商业发展轴"三街"指三街主要的商业街;"多区"指多个功能分区。

土地使用规划图

规划对片区的土地使用做出了相应的调整,部分行政单位外迁,扩大教育用地,增加了道路用地,并且广场等开放空间的用地比例加大。

道路系统规划图

规划的道路系统贯通了原有的街巷,增加了道路网密度;并且很好的区分了人行流线和车行流线、居民流线和游客流线,使之各成独立的系统。

序号	代码	用地性质	面积(㎡)	占城市建设用地比例(%)
1	R	居住用地	89254	21.08
2	A2	文化设施用地	12946	3.06
3	A3	教育科研用地	17517	4.14
4	A5	医疗卫生用地	23049	5.45
5	A7	文物古迹用地	9527	2.25
6	A9	宗教设施用地	16151	3.82
7	B1/R	商住混合用地	22212	5.25
8	B1	商业用地	105529	24.93
9	S42	社会停车场用地	7246	1.71
10	G3	广场用地	35680	8.43
11	S1	城市道路用地	84189	19.88
		合计	423300	100

交通设施规划图

规划新建6处地下停车场,均位于新建建筑的地下,减少了地面停车的比例。新建的回民居住区内主要通过院内停车方式解决。

地下空间规划图

新开发6处地下空间,其中5处开发地下二层,主要用途均为停车场,满足了商业建筑和文化建筑的停车需求,并可满足部分保留居住建筑的停车需求。

景观结构规划图

景观结构为:二带、五轴、七点。"二带"指北院门景观带和钟鼓楼广场——鼓楼西广场景观带;"五轴"指五条主要的景观轴线,"七点"指主要的景观节点。

公共服务设施规划图

规划的公共服务设施主要包括文化设施、教育设施、医疗卫生设施和商业设施;沿主要道路分布,如北大街、西大街、西羊市、化觉巷等。

公共空间规划图

规划的公共空间包括点线面三种形式。"点"包括医院东侧的空间和公建周边的空间。"线"主要指线性的公共空间,如北院门、西羊市等。"面"指钟鼓楼广场和鼓楼西广场等面状的空间。

消防通道规划图

规划的消防通道系统完善,满足消防的需求。消防车道是基地内部的车行道路和基地周边道路;隐形消防车道指平时为步行,紧急时刻允许消防车通行的道路;消防扑救面为发生火灾时的扑救界面,主要位于建筑物出入口的一侧。

规划道路断面

大皮院横断面 北广济街横断面

北院门横断面 西羊市横断面

新区内部主要道路断面

>> 规划设计

主要技术经济指标

- 总用地面积 42.33ha
- 总建筑面积 82.62万㎡
- 容积率 1.95
- 建筑密度 41.35%
- 绿地率 28%
- 拆建比 1.8:1
- 停车位 2491个

城市设计总平面图

>>节点设计

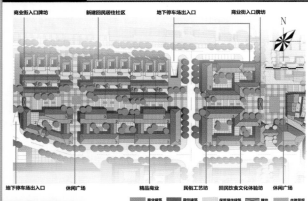

商业街入口牌坊　新建回民居住社区　地下停车场出入口　商业街入口牌坊

地下停车场出入口　休闲广场　精品商业　民俗工艺坊　回民饮食文化体验坊　休闲广场

节点设计平面图

商业建筑　居住建筑　保留居住建筑　牌坊　水体景观

广场空间效果图　　街巷空间效果图

街巷空间效果图　　节点空间效果图

设计说明：

商业街的环境设计主要是指铺装、绿化、街道空间和建筑所围合的院落空间的设计。

1. 铺装的设计考虑了铺装在建筑出入口处和局部休闲空间的变化，强调了步行方向，丰富了铺装的形式；

2. 绿化的设计包括景观树和花坛的设计，可以结合景观树设计座椅，作为休息空间；小型水体的设计改善了商业街的微环境，水体和花坛都丰富了街道的空间环境；

3. 街道的高宽比在1：1和1：2之间，尺度适宜，给人舒适的心理感受；

4. 商业建筑围合而成的院落空间，符合基地本身的特有肌理，且尺度宜人。

>>空间效果

钟鼓楼广场鸟瞰　　　保留民居鸟瞰　　　新建民居鸟瞰　　　新建商业鸟瞰

钟鼓楼广场作为西安市级广场，承载着市民和游客休闲，旅游观光和文化活动等重要功能。

对于保留民居的更新策略为拆除院落的违章建筑，恢复院落的采光与通风，提升居民生活质量。

新建民居继承了关中民居"窄院"的特点，与基地原有肌理相一致，并尊重了回民的生活习惯。

在基地内闲置用地规划商业建筑，提升了基地环境容量，并增加了回民就业岗位。

鸟瞰图

>> 立面设计

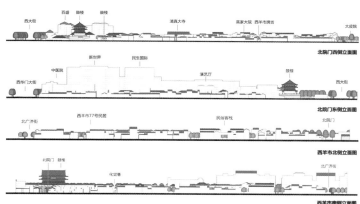

北院门西侧立面图

北院门东侧立面图

西羊市北侧立面图

西羊市南侧立面图

设计说明：
1. 严格控制片区内的建筑高度，以鼓楼为中心分级控制周边新建建筑高度：在距离鼓楼50米以内，屋檐檐口高度不能高于9米；在距离鼓楼30米以内，屋檐檐口高度不能高于6米；檐口高度6米是一般规定，在某些必要并可能的场合，可提高到12米。
2. 对现存建筑从建筑风格方面进行处理，强调使用灰色砖瓦等传统材料和坡屋顶建筑风格，保证与周围建筑环境的和谐，鼓励屋顶平台的使用，在低层高密度的区域内为居民开辟活动空间。
3. 新置入的内部建筑构件，如楼梯、墙体等不允许和立面的开启发生冲突，新的门窗等在位置和尺度上须与邻近建筑相协调。街道立面设计须参考邻近的历史建筑的虚实关系，鼓励与邻近保护建筑在尺度、材料质感等方面保持视觉协调性；独立式地块的建筑的街道主立面设计鼓励与附近的历史保护建筑在材料质感等方面保持视觉协调性。

>> 权属调整

现状院落权属线图

现状院落权属线特点：
1. 院落权属线比较细长，造成院落进深可达60m，不利于居民的使用，也不利于消防。
2. 院落权属线方向杂乱，导致部分房屋异形，不利于使用。
3. 部分院落权属线离文保单位距离过近，不利于文保单位的保护。
4. 院落权属线密集，道路密度低，交通不便。

规划院落权属线图

规划后院落权属线特点：
1. 调整院落权属线的长宽比，合理优化院落尺度，便于居民使用和消防。
2. 调整权属线的方向，规整房屋，完整院落空间。
3. 拆除违章建筑和不利于保护和发展历史文化街区的建筑。
4. 增加道路网密度，合理调整院落组合方式，利于消防。

>> 户型设计

户型A设计

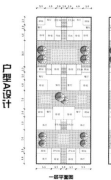

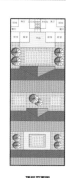

一层平面图　　标准层平面图　　顶层平面图

总平面图

鸟瞰图

设计说明： 该户型位于清真大寺北侧，功能定位属于老年回民住宅，设计基于传统关中窄院的形态肌理，充分考虑了老年人生活的需要并延续了回民传统的院落居住模式，留有供老年人活动的院落及屋顶平台，在一个占地面积为1120㎡的院落当中安排了22户居民，适应当地低层高密度的发展趋势，并最大程度的尊重了当地的建筑风貌。

户型B设计

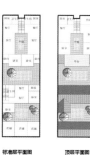

一层平面图　　标准层平面图　　顶层平面图

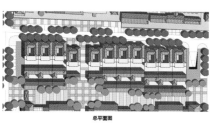

总平面图

鸟瞰图

设计说明： 该户型位于清真大寺南侧，功能定位属于回民安置住宅，设计基于传统关中窄院的形态肌理，充分考虑了回民生活的需要并延续了回民前店后院的院落居住模式，留有供居民活动的院落及屋顶平台，在一个占地面积为480㎡的院落当中安排了10户居民，适应当地低层高密度的发展趋势，并最大程度的尊重了当地的建筑风貌。

户型C设计

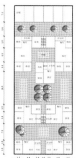

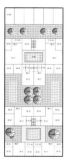

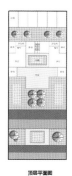

一层平面图　　标准层平面图　　顶层平面图

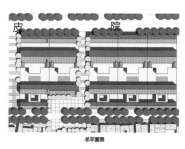

总平面图

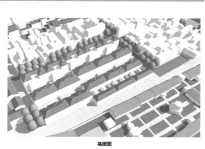

鸟瞰图

设计说明： 该户型位于大皮院清真寺东侧，功能定位属于回民安置住宅，设计基于传统关中窄院的形态肌理，充分考虑了回民生活的需要并延续了回民前店后院的院落居住模式，留有供居民活动的院落及屋顶平台，在一个占地面积为1512㎡的院落当中安排了25户居民，适应当地低层高密度的发展趋势，并最大程度的尊重了当地的建筑风貌。

古韵·新风

——西安北院门回坊文化区规划设计

充满了汗水也充满了欢乐

——郭萌萌

转眼毕业设计已经结束了，回想这过去的三个月，从迷茫到渐渐有了思路，再到最终能够有明确的思路并且能表现在方案中，整个过程充满了汗水也充满了欢乐。

首先，我要感谢西安建筑科技大学提供了联合设计的机会，在西安的调研过程中，我们感受到了西安的历史风貌，感受到了这次西建大对这次毕业设计选题的慎重。

其次，感谢赵健老师给我们悉心的指导，有最初的无从下手，经过老师的讲解找到思路，能够圆满完成这次设计。感谢陈朋、段文婷、李卓然、刘长涛老师在中期给我们的指导，提到了很多我们考虑不周的问题。

再次，感谢浙江工业大学，在这里我们看到了其他学校的方案，和其他同学有了交流，不同的想法丰富了我们的思路。

最后，感谢我的组员赵孟千同学，感谢他从方案开始到最终成果的制作付出的努力。

毕业设计是大学五年的结束，这个设计是对五年来学习的总结和检验，也让我们认识到了自己的不足，在以后的工作或者学习的过程中要弥补这些不足。这次毕业设计让我受益匪浅，感谢所有帮助过我的人，也期望我能在城市规划这条道路上越走越好！

开启新的旅程

——赵孟千

光阴似箭，时光如梭，三个多月紧张而充实的毕业设计生活就这样结束了。想想这段难忘的岁月，从最初的茫然，到慢慢地进入状态，再到对思路逐渐地清晰，整个设计过程难以用语言来表达。

首先，感谢西安建筑科技大学提供了七校联合毕设这样的一个优秀的平台，感谢我的导师赵健教授的认真指导，也感谢其他学校老师同学的鼓励和帮助。其次，感谢我的组员，感谢她在生活和学习上对我的帮助，感谢她在我们设计方案上付出的心血。

毕业设计是我们学业生涯的最后一个环节，不仅是对所学基础知识和专业知识的一种综合应用，更是对我们所学知识的一种检测与丰富，是一种综合的再学习、再提高的过程，这一过程对我们的学习能力、独立思考及工作能力也是一个培养。

从设计本身来说，学习到了城市中心区的历史街区更新改造的设计过程，对规划设计所涉及的问题也有了一个比较全面的认识。同时，也学到了很多设计以外的东西。首先是态度问题，不管做什么事都要先端正好态度，始终要保持有一个善始善终的态度；其次，还要在踏实认真的基础上，尽自己最大的努力，充分利用每次学习和交流的机会提高自己；此外，做事情应有计划性，这样才不至于手忙脚乱。

毕业并不意味着结束，而是一段新的开始，我将怀揣着对本科学习的美好回忆，开启新的征程！

继承更新

西安北院门回坊文化区规划设计
XI'AN NORTH GATE BACK ALLEYS & CULTURAL DISTRICT PLANNING AND DESIGNZONE URBAN

古城荣耀复兴

基地概况
BASE SITUATION

规划范围西靠北广济街，东临北大街，南接西大街，北至大皮院，基地面积42公顷，清真大寺面积1.17公顷。

基地北侧有莲湖公园，内部遍布几座清真大寺，基本均以西安建筑形态。

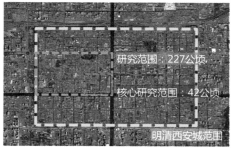

研究范围：227公顷
核心研究范围：42公顷
明清西安城范围

前店后商
依寺而商
研桑心计

回族善于经商，有寺必有居。

皮影秦腔
讲经朝拜

回族男子在节日，喜戴白色小帽，依寺而居。

时光印象
IMPRESSION OF HISTORY

距今110万年前，蓝田猿人就繁衍生息在这块肥沃的土地上。验证了这一地区在六千年以前的繁荣。

110万年前
文明胎记

西周时期，以西安为中心地，华夏民族在此创造了辉煌的古代文明，留下了丰厚的历史文化遗产。

商周春秋战国
辉煌民族

汉唐时期，自汉代开始，西安作为丝绸之路的起点，开创了中西文化交流的新局面，并在唐代达到高潮，影响拓展至全世界，成为书写世界历史不可缺少的篇章。

魏晋至汉唐时期
基渊奠定

明代，此时期回民聚居区发展较快，形成现今道路系统及分坊而居的格局雏形，并修建钟、鼓楼，西安城内的达官贵人在此聚居。经堂教育产生并发展，结合中国私塾教育，将传统伊斯兰教父传子授口碑相传的教育模式转变为在清真寺招收大量的宗教人才进行培养。

清代中后期，回民受到压迫，发展停滞，被迫不断吸收汉文化适应社会发展。

近代：开始接受西方文化，宗教作用弱化，现代生活与传统风俗发生矛盾，世俗文化入侵。

两宋至明清时期

十三朝古都

区位分析
LOCATION ANALYSIS

宏观

地理位置：西安是古丝绸之路的起点，新丝绸之路、"一带一路"战略体系的重要节点。位于关中平原中部偏南，北临渭河，南依终南山，周围曲流环绕，有"八水绕长安"之说。

西安回族分布集中在"七寺十三坊"，七寺指：化觉巷寺、大皮院寺、小皮院寺，当地清真小吃在全国出名。

中观

基地位于陕西省省会，西安，是陕西省的政治、经济、文化中心，辖10区3县，总面积10108平方公里，城市建成区面积369平方公里，常住人口43.46万人，户辖人口781.67万人。

莲湖区位于西安市城区西北部，辖9个街道，是西安市中心城区的一部分，属于城市一级公共中心，是西安回民的主要聚居区。

微观

优化主城区布局，凸显"九宫格局，棋盘路网，轴线突出，一城多心"的布局特色，以二环内区域为核心发展成商贸旅游服务区。

规划区处在主城区的三大历史街区之一——北院门（三学街、七贤庄）历史文化街区其临近城市中心的区位优势给规划地段带来便利的交通条件和巨大的商业价值。

临游
爬山
打靶

上缆
购物
休闲

散步
参观
观光

摄影
聚会
休息

居住
交流
活动

swot分析
SWOT ANALYSIS

Strengths分析
西安处于中国地理位置中心，是中国西部的通信、交通枢纽；地处我国两大经济区域的结合部，既是西部大开发的桥头堡。

Opportunities分析
一带一路空间规划，西安带来了新的发展契机。
作为国际化大都市的西安，迫切需要打造体现西安特色文化的标牌。

Weaknesses分析
回坊自建更新缺乏引导；传统的街巷在现代化的冲击下，承载着巨大的交通压力；历史建筑与文保单位周边环境质量差，特色得不到体现。

Threats分析
坊内教育水平低，商业种类单一，投资环境缺乏竞争力。
建筑加盖新建现象至使历史建筑逐渐消失

继承更新 西安北院门回坊文化区规划设计

古城荣耀复兴

XI'AN NORTH GATE BACK ALLEYS & CULTURAL DISTRICT PLANNING AND DESIGNZONE URBAN

现状分析
PLANNING AND STRATEGY:

土地使用现状图

道路交通现状图

公共空间现状图

规划范围内用地性质以居住用地为主,比例约占65%,部分商业用地,比例约占20%,文化用地,比例约5%有76%的居民拥有自己的私有住房,其余24%的住房包括有单元楼等,拥有沿街店面的住户经营商店、餐馆等,相对的建筑质量较高,居住环境反倒恶化了;另一方面,由于经济能力较差,无力进行自身房屋的更新,房屋年久失修,破败十分严重。

规划范围内有三处公共车站,北大街与西大街交汇口为地铁站点,紧邻地铁站设有公共自行车,供居民日常生活之用。
在居住街坊内部没有车行路解决交通和停车问题,西羊市街两侧街坊缺少南北向道路。

鼓楼广场是较为大型的区级市民活动场所。吸引人群多为游客和附近西安市民。
步行街上只在北院门大街北侧有一小块休息场地,外来游客缺乏休息场所。居住小区内部也缺乏配套的相应的绿化地为市民提供休闲场地。

道路交通:现状基地内部动态交通以非机动车交通及步行交通为主,沿基地南侧城市主要干道及往来人流量较大的大型商业,有较便捷的机动车道路。基地南侧西大街为城市主干道,红线宽度49米,基地内部主要机动车道包括环绕鼓楼的环形路,百盛时代广场东侧及民生百货四周的车形路。基地内部其他道路以非机动车为主,其中北院门、西羊市、北广济街、大学习巷等主要道路现状为机非混行。

建筑质量现状图

建筑高度现状图

建筑年代现状图

从建筑质量和建筑年代来看,回坊社区内有几处建筑质量较差的集中区,且有两处现代居住小区且周围有大量空地,可作为居住建筑改造的启动点。

建筑高度:建筑高度民居以2-3层为主,西大街两侧大型商业建筑局部高至十层。

由于传统的民族商业街具有较为深厚的民族历史积淀,在居民心中已有较强的认知度和认同感,对外界来说也已形成自己的发展品牌,因此在更新改造过程中,不宜改变其业已形成的整体发展框架。沿街商铺拆一还一,产权归原居民所有。

商业设施:现状商业设施分为现代大型商业街和回民商业街两大类。现代大型商业集中在西大街道路两侧,回民商业街主要指北院门、化觉巷、西羊市、庙后街、北广济街和大学习巷等。
虽然两种商业各具有强大的吸引力,但商业功能的单一,商业之间相互孤立、缺乏一定的联系,使得两条最具人气的街不能形成街区共同发力。对于建筑质量较差的集中区,保留建筑肌理,更新房屋,现代小区围圈,可以考虑结合建筑质量较差的住宅用地整合新建小区,用以安置拆迁居民。

现状问题总结
ANALYSIS

    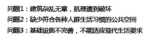

问题1:建筑杂乱无章,肌理遭到破坏
问题2:缺少符合各种人群生活习惯的公共空间
问题3:基础设施不完善,不能适应现代生活要求
问题4:景观环境较差,绿化面积少
问题5:道路狭窄不成体系,缺少停车场

北院门片区建筑风貌较好的有40%左右,建筑风貌差的有30%左右,而通过对一些国内外的成功的历史街区更新方案的计算。
得出部分参考性指标:历史街区内风貌较好的。
建筑比例应达到50%左右,最低不应低于30%;风貌差的障碍建筑比例应控制在20%左右,不应高于30%。
通过对比可以得出,北院门片区的整体建筑风貌有待完善。

D/H=1.6:1 北院门大街DH比　　D/H=1:1 西羊市DH比　　D/H=1:4 化觉巷纪念品店DH比　　D/H=1:3 主要生活性街道DH比

现状意向分析
ANALYSIS

街巷空间	现状照片	竖向空间改造	平面空间改造	功能定位
综合商业街				以主要销售食品、工艺品的商业街,并且以服务于待地游客为主导的复合型商业街。
美食街				以西安国民特色小吃为主导的美食天地。
生活街道				以西安国民特色小吃为主导的美食天地。
民俗风情街				以民族工艺品、西安历史纪念品为主导的纪念品街。

现状宗教分析
PLANNING AND STRATEGY:

回族以清真寺为空间的中心,民居环寺组织形成寺坊制的居住形式,婚丧嫁娶都离不开清真寺。
回族有很强的朝圣特点,需要进行日行五次的礼拜仪式,一些重要的节庆活动也离不开清真寺。

现状道路开放程度评价　现状公共空间开放程度评价　现状地块开放程度评价　规划道路开放程度评价　规划公共空间开放程度评价　规划地块开放程度评价

02

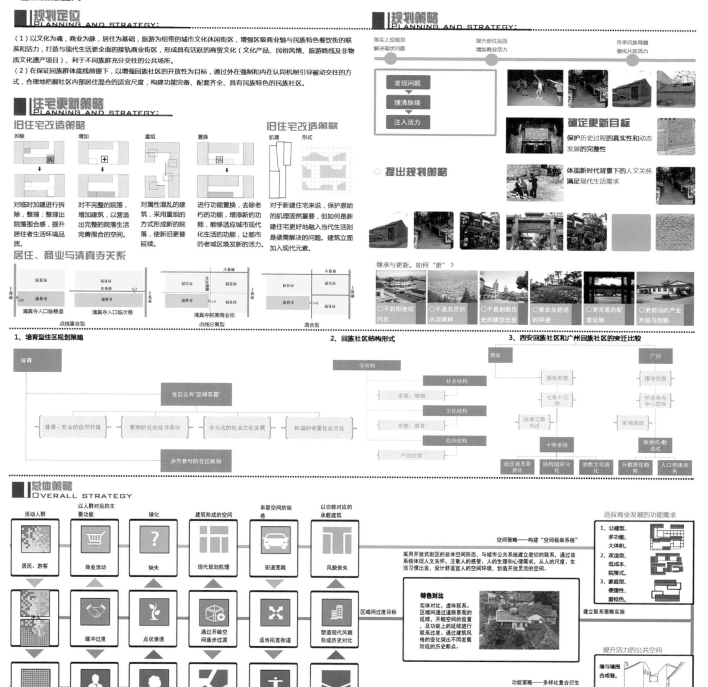

继承更新 西安北院门回坊文化区规划设计
XI'AN NORTH GATE BACK ALLEYS & CULTURAL DISTRICT PLANNING AND DESIGNZONE URBAN
古城荣耀复兴

规划定位 PLANNING AND STRATEGY：

（1）以文化为魂，商业为脉，居住为基础，旅游为纽带的城市文化休闲街区，增强区级商业轴与民族特色餐饮街的联系和活力，打造与现代生活更全面的接轨商业街区，形成具有活跃的商贸文化（文化产品、民俗风情、旅游路线及非物质文化遗产项目、利于不同族群充分交往的公共场所。

（2）在保证回族群体底线前提下，以增强回族社区的开放性为目标，通过对外在强制和内在认同机制引导被动交往的方式，合理地把握社区内部居住混合的适宜尺度，构建功能完备、配套齐全、具有民族特色的民族社区。

住宅更新策略 PLANNING AND STRATEGY：

旧住宅改造策略
拆除　增加　重组　置换

旧住宅改造策略
肌理　形式

居住、商业与清真寺关系

点线重合型　　点线分离型　　混合型

规划策略 PLANNING AND STRATEGY：

落实上位规划 解决现状问题　提升居住品质 增加商业活力　传承民族精髓 强化片区活力

发现问题　理清脉络　注入活力

确定更新目标
保护历史过程的真实性和动态发展的完整性

提出规划策略
体现新时代背景下的人文关怀 满足现代生活需求

继承与更新。如何"更"？

○不能拒绝现代化　○不是灰突突的水泥森林　○不是割裂历史的横空出世　○更优美舒适的环境　○更完善的配套设施　○更前沿的产业升级与创新

1、培育型住区规划策略
培育
住区公共"空间容器"
健康、安全的自然开境　繁荣的社会经济活动　多元化的社会文化发展　和谐的邻里社会交往
多方参与的住区规划

2、回族社区结构形式
寺坊制
社会结构　家族、婚姻
文化结构　宗教、教育
经济结构　产业经营

3、西安回族社区和广州回族社区的变迁比较
西安　　广州
围寺西居　　围寺而居
七寺十三坊　　怀圣寺为中心四寺
沿海工商内迁　　军阀混战
十寺多坊　　版块式-散点式
社区成员异质化　结构组织分化　宗教文化淡化　　分散居住趋势　人口快速流失

总体策略 OVERALL STRATEGY

活动人群　以人群对应的主要功能　绿化　建筑形成的空间　串联空间的街巷　以功能对应的承载建筑

适应商业发展的功能需求
1、公建型、多功能、大体块。
2、改造型、低成本、院落式。
3、家庭型、便捷性、重特色。

居民、游客　商业活动　缺失　现代规划肌理　街道宽敞　风貌丧失

空间策略——构建"空间框架系统"
采用开放式街区的总体空间形态，与城市公共系统建立密切的联系，通过该系统体现城市的人文关怀，注重人的生理和心理需求，从人的尺度、生活习惯出发，设计舒适宜人的空间环境，创造开放灵活的空间。

区域间过度目标　缓冲过度　点状渗透　通过开敞空间逐步过渡　适当拓宽街道　塑造现代风貌形成历史对比

特色对比
实体对比，虚体联系。区域间通过道路景观的延续，开敞空间的设置，及功能的延续进行联系，通过建筑风格的突变凸显不同发展阶段的历史断点。

建立联系策略实施

提升活力的公共空间
墙与墙围合成巷。
墙与门围合成巷。

缺失　缺失　古树　传统肌理　街道狭窄　传统风貌

区域间过度目标
功能策略——多样化复合衍生
交通策略——疏通经络，"街、道分离"

传承延续
实体联系，虚体分离。风貌特色保持一致性，点状注入新元素，暗示说明并非追求村民生活与建筑改造风格一致的仿古生活，强调生活的本真性、实用性、现实

建立联系策略实施

提供生活空间　线状扩散　延续肌理优化小空间　贯通街道形成环路　塑造传统风貌自然过渡

适应居民生活的居住形式

居民　生活居住　缺失　传统肌理　道路等级不清　风貌混乱

文化策略——个性城市，传承更新
注重对城市个性的认识与张扬，对城市意象空间的构建以及与地域背景、历史地理特点相应的文脉的表达。注重对历史文脉的追寻和对"地脉"的把握。

03

继承更新
古城荣耀复兴
西安北院门回坊文化区规划设计
XI'AN NORTH GATE BACK ALLEYS & CULTURAL DISTRICT PLANNING AND DESIGNZONE URBAN

■ 规划分析
PLANNING ANALYSIS

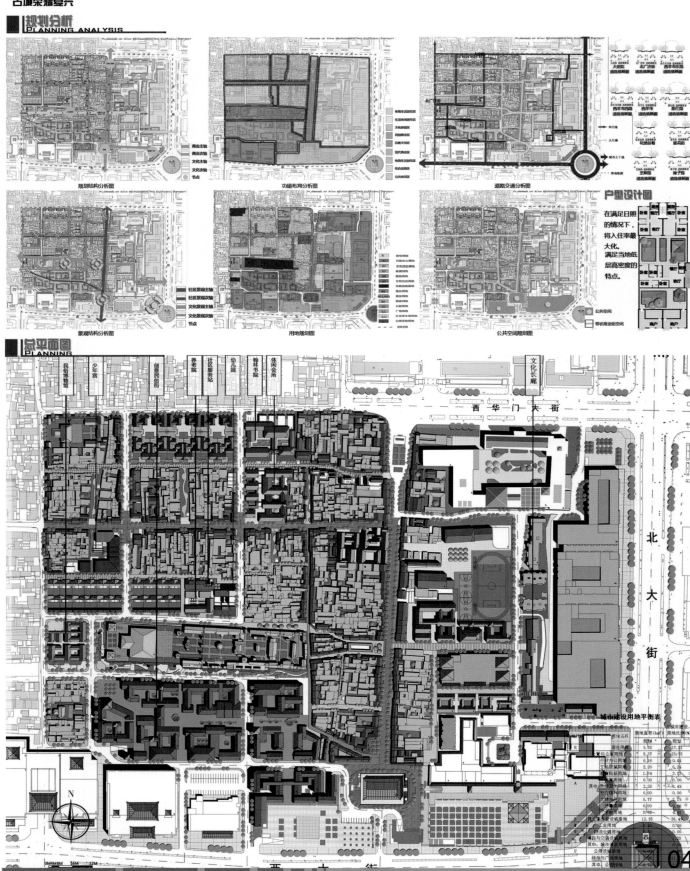

■ 总平面图
PLANNING

继承更新
古城荣耀复兴

西安北院门回坊文化区规划设计
XI'AN NORTH GATE BACK ALLEYS & CULTURAL DISTRICT PLANNING AND DESIGNZONE URBAN

节点分析
LOCAL ANALYSIS

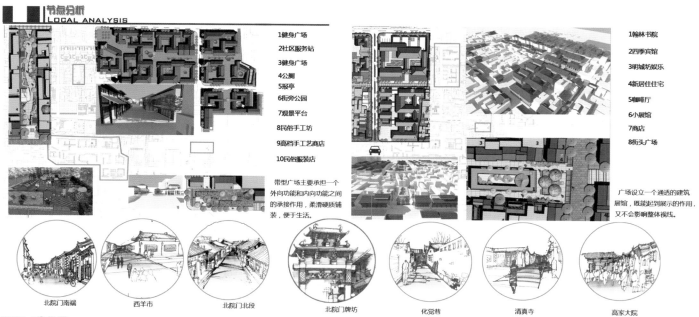

1 健身广场
2 社区服务站
3 健身广场
4 公厕
5 报亭
6 街旁公园
7 观景平台
8 民俗手工坊
9 高档手工艺商店
10 民俗服装店

带型广场主要承担一个外向功能和内向功能之间的承接作用，柔滑硬质铺装，便于生活。

1 翰林书院
2 四季宾馆
3 明城坊娱乐
4 新居住住宅
5 咖啡厅
6 小展馆
7 商店
8 街头广场

广场设立一个通透的建筑展馆，既能起到展示的作用，又不会影响整体视线。

北院门南端 　　西羊市 　　北院门北段 　　北院门牌坊 　　化觉巷 　　清真寺 　　高家大院

鸟瞰图
AERIAL VIEW

立面图
ELEVATION

继承更新 西安北院门回坊文化区规划设计
XI'AN NORTH GATE BACK ALLEYS & CULTURAL DISTRICT PLANNING AND DESIGNZONE URBAN

古城荣耀复兴

城市设计
NURBAN DESIGN

1.建筑景观控制

建筑景观控制采用分区控制的方法，分为建筑风貌分区控制和建筑高度分区控制，通过对基地整体的把控，保证其完整的风貌环境。

1.1建筑风貌分区控制

（1）核心区：即保护区，主要包括文物古迹所在地及建筑风貌很好的地区，按照划定的范围和相应的保护措施与控制要求加以保护，防止其遭到破坏，例如，化觉巷大清真寺及周边、鼓楼及周边，都属于核心保护区，在该区域20米内，不得建建筑物、构筑物，该区域100米内不能出现与其风貌不符的建筑，对核心区进行强制性保护；

（2）协调区：主要是指建筑风貌好的地区，对于极个别影响风貌的建筑进行协调改造，使其能够符合整体风貌风格，遵循原有街巷的空间格局，保持宜人的尺度，例如，西大街的商业聚集带，是基地对外的门面，因此对于该地区商业建筑的建筑形式、建筑高度、建筑色彩都应该适当的加以协调控制；

（3）引导区：主要指建筑风貌较差或新建地区，对建筑风貌较差的地区应该引导改造，使其能够融入到整体风貌中，并能够根据本上改善居民及游客的生活及旅游条件。对于新建设的建筑应该注重把握与原有建筑的和谐感，在形式、体量上不得与原有风貌相冲突。

1.2建筑高度分区控制

（1）西安市高度控制相关要求：

1）钟楼周围：东北、西南两个方向，沿盘道红线建筑高度不得超过二十四米；东南方向沿盘道红线建筑高度不得超过十八米；西北方向，钟楼与鼓楼之间规划为市中心绿地。鼓楼周围七十米范围内建筑高度由平房递升至九米。碑林、关中书院、化觉巷清真寺、德福巷的传统民居保护区，在规划范围内建筑高度不得超过九米。北院门、德福巷保留为一、二层建筑的传统风貌街巷。其它文物点周围三十米至七十米范围内建筑高度不得超过九米。其它需要保持传统风貌的民居地区，可以改造为不超过十二米带坡顶的住宅。

2）钟楼至东、西、南、北城楼，为重点文物古迹通视走廊。东大街、北大街通视走廊宽度为五十米，东大街通视走廊内建筑高度不得超过九米，通视走廊外侧各二十米，建筑高度不得超过十二米。南大街通视走廊宽度为六十米。西大街通视走廊宽度为一百米，一百米范围内建筑高度不得超过九米。

（2）基地建筑高度控制：

根据西安市相关规范，本次规划首先确定保护区域，然后在保护区域的周围确定控制区域，控制区域中再划分若干个小区域，在每个小区域里确定建筑物的控制高度。一般越接近保护区域的区域中，建筑物的高度就被严格地限制。

通风（院落内部）　通风（院子之间）　采光（院落内部）　采光（院子之间）

2.立面控制

立面的控制主要是针对建筑形式、色彩、体量等，控制建筑高度与道路宽度的比例关系，使新旧建筑和谐统一，街道尺度宜人。

主色调：　　　　　　　　　　　　　　　　辅色调：

规划后街道立面统一有序，给人整体感和舒适感。

3.天际线控制

天际线控制主要是针对街道景观，保证其高低起伏有序，同时也能侧面引导建筑高度的控制，两者相结合，既能构造良好的视线通廊，又能改变单一枯燥的形式，实现双赢。

北院门大街剖面天际线

西大街天际线

考虑到当地居民里残疾人占到12%，且有许多残障有课的到来，设置残障设施解问题。

在人流众多的地方和有大高差出现的地方设置，侧面的促进人流的畅通。

在坡道旁设置遮挡花草，使得残疾人在心理和活动空间上都可以保持一种畅快的心情。

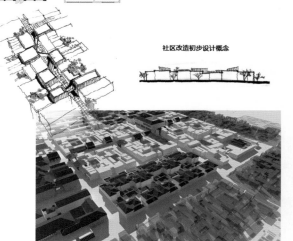

社区改造初步设计概念

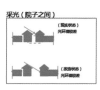

06

继承更新

——西安北院门回坊文化区规划设计

走的更好，走的更远

——金戈

毕业钟声即将敲响，我的内心突然有种无以名状的感觉。当老师在最终答辩的那天的最终"训话"时，感觉真的像是终了了。那是眼含热泪,不知为什么有一种想被老师再"训话"五年也高兴的感觉。

一路走过来，我收获了很多，得到了很多的财富，已经不再是五年前那个懵懵懂懂的大学生。但路还是要走下去，总会有尽头。现在，我们只是即将到达大学生活的尽头，是我们人生旅程中的一个阶段，在走到尽头的时候，也许我们应该停下脚步，回头看看，然后满载着我们所收获的财富，自信满满的跨过终点奔向下一条路的起点。我相信，在以后的路上，我们会走得更好，更远。

幸福时光，我们永远没有一个平台可供停留！总是刚登上一级台阶又有一个更高的台阶！毕业只是一个起点！是梦想张开翅膀的地方！是我人生最快乐！最充实的开始！我很珍惜在学校的生活！

五年里，最让我珍重的是我那些一起奋斗的小伙伴们，真的很庆幸缘分把我们相聚在一起。都说大学是半个社会，但是我感觉到同学之间只有单纯的同学情，朋友情，兄弟情。

毕业了，就要各奔东西了，也许执手相望，也许后会无期；无论怎样，我们曾经拥有，曾经拥有的不要忘记。不能得到的，更要珍惜，属于自己的，不要放弃。已经失去的，留作回忆。

坚持

——李嘉

城市是什么？城市空间又是什么？城市的理想空间又是什么？

临近毕业，经历着毕业设计，各种问题接踵而来，突然感觉到自己需要学的还有好多好多，这五年的学习生活是多么的可贵，在做毕业设计的过程中，我们遇到了很多问题，如果不是自己亲自做，可能就很难发现自己在某方面知识的欠缺，对于我们来说，发现问题，解决问题，这是最实际的。当我们遇到难题时，在经过赵健老师的帮助下，这些难题得以解决，设计也能顺利地完成。

毕业设计，是我们大学里的最后一道大题，虽然这次的题量很大，看起来困难重重，但是当我们实际操作起来，又会觉得事在人为。只要认真对待，所有的问题也就迎刃而解。在西安调研之前，我们只有一个很懵懂的印象，随着设计的逐步进行，耐心，细心，在这个过程中，逐渐锻炼了我们的各项能力，这也是为即将面临的学习工作打下一个良好的基础。

总之，对于这一次毕业设计，我感觉个人不但比以前更加熟悉了一些城市设计方面的知识，还锻炼了自己的动手能力，觉得收获颇丰。同时也会有一种小小的成就感，因为自己在这项任务进行的过程中努力过了。坚持是最起码也是最微不足道的事！

还有就是，想在此对于我的指导老师赵健老师和同学们表示衷心的感谢，感谢他们在这毕业设计过程中给我的帮助！

基于 [**产权置换**] 理念下的继承与更新

[背景研究] 区位分析

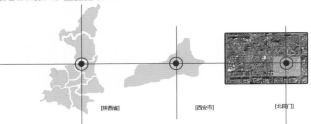

西安
西安地处中国陆地版图中心，是长三角、珠三角和京津冀通往西北和西南的门户城市与重要交通枢纽，北瞰渭河，南依秦岭，八水绕长安。

[陕西省]　[西安市]　[北院门]

北院门
西安回坊北院门地块位于北大街和西大街交叉口西北角处，位于西安龙脉之上。

背景分析

一带一路：西安为重要节点
作为陕西省省会和关中城市群与"一线两带"发展的核心城市，西安在全省经济发展中，一直占居十分重要的地位，承担着促进区域协调发展、构建和谐社会的职能。同时，西安也是古丝绸之路的起点。
文明古都：历史西安
西安古称"长安"：京兆"。是世界四大文明古都之一，居中国四大古都之首，是中国历史上建都时间最长、建都朝代最多、影响力最大的都城。著名的古都型旅游基地、西安历史文化底蕴深厚，是中华文化的代表区域之一。2011年国务院颁布《全国主体功能区规划》，西安被定位为全国唯一的"历史文化基地"城市。

相关规划

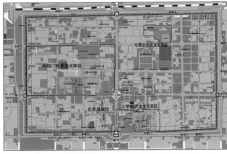

图例 [一环：城墙] [文物保护单位] [文物保护单位保护范围] [文物保护控制范围] [宗教场所] [三街：鼓楼、骡马市、竹笆市] [近现代代表性建筑] [古民居点]

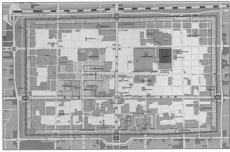

图例 [9米限高区] [12米限高区] [15米限高区] [18米限高区] [24米限高区] [文物保护单位] [文物保护控制范围] [近现代代表性建筑] [通视走廊] [绿化] [城墙] [古民居"点"保护] [公共绿地] [河流水系] [体育场]

《2008—2020年西安总体规划》
1.保护和延续老城传统空间格局
保护和延续城市的平面形状、方位轴线、均衡对称的路网格局、方正的城墙、城河系统以及由街、巷、院构成的空间层次体系，整体保护残存的隋唐皇城街道肌理格局。

2.建立老城保护体系和保护名录
提出一环、三片、三街和文物保护单位、传统民居、近现代优秀建筑、古树名木等组成的保护体系并建立保护名录。

3.延续历史文脉
通过保护有形及无形历史文化遗产来表现西安地区独特的文化特色。

4.控制建筑高度及建筑风貌
老城内严格实行建筑高度分区控制，逐步改造现有超高建筑。城墙内、外侧的建筑高度应符合下列规定：城墙内侧100米以内建筑高度不得超过9米；100米以外，以梯级形式过渡。

历史文化解读

陕西省非物质文化遗产

西安鼓乐
"西安鼓乐"是吹管乐器与锣鼓乐器有机结合的一种十分古老的民间音乐品种，以"乐社"为单位进行演练活动的组织称为"细乐社"或"鼓乐社"。

户县社火
户县社火种类繁多，形式多样。有芯子社火、平台社火、牛拉社火、马社火、背火、摘火、高跷、竹马、旱船、大头和尚、打钱杆、热鳌、火龙、地龙、舞狮子等近二十种形式。社火集中展现了汉族劳动人民的智慧与才能，它涉及音乐、舞蹈、曲艺、杂技、武术、戏曲、工艺美术等众多艺术门类。

陕西皮影
陕西皮影造型质朴单纯，富于装饰性，同时又具有精致工巧的艺术特色。图中的出行图，主体人物突出，无论在色彩上还是在造型上都较之仪代人物醒目，线条的细密繁复、疏密层次以及工艺的细致都可见一斑。

秦腔
中国汉族最古老的戏剧之一，起于西周，源于西府（核心地区是陕西省宝鸡市的岐山（西岐）与凤翔（雍城），成熟于秦。秦腔又称乱弹，流行于中国西北的陕西、甘肃、青海、宁夏、新疆等地，其中以宝鸡的西府秦腔口音最为古老，保留了较多古老发音。

回族非物质文化遗产

花儿
花儿又名少年，是流传于西北地区的多民族民歌，因歌词中将青年女子比喻为花儿而得名。花儿唱词浩繁，文学艺术价值很高，被人们称为西北之魂。

回族器乐
吹咪咪儿：音色悠扬、近似琐呐的吹奏乐演奏声，是青海回族青少年所喜爱并擅长的民间乐器"咪咪儿"。
牛头埙：回族群众俗称"哇呜"或"泥箫"，是用黏合力强、结实耐用的黄胶泥制作的民间小乐器，古代称它为"埙"。

回族服饰
回族服饰的主要标志在头部。男子们都喜爱戴用白色制作的圆帽。回族妇女常戴盖头。盖头也有讲究，老年妇女戴白色的，显得洁白大方；中年妇女戴黑色的，显得庄重高雅；未婚女子戴绿色的，显得清新秀丽。

回族医药
张东回医正骨疗法，距今已有130余年历史，传承历时4代。远在清朝同治年间，张氏祖辈就背着药箱走街串巷在民间行医看病，以其良好的疗效，在民间一直享有。

相关案例

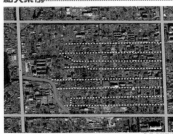
鱼骨式街巷格局

背景介绍
总体定位
北京南锣鼓巷是北京旧城内完好保存元大都时代胡同肌理的历史街区，位于中轴北端东侧，占地84公顷。是以居住功能为主的四合院特色旅游区。

形象定位
元大都之心、元生胡同、民居风情、创意空间

平面格局
元代"鱼骨式"胡同格局，形成"骨干（鼓巷）——支脉（分支胡同）——活力细胞（文化、院落载体）"空间结构

借鉴经验
1 对建筑最低限度改造
2 新要素与历史要素有机融合
3 功能发展与物质空间的改造相结合
4 以创意文化为龙头且多功能方向的商业经营

背景介绍
总体定位
中山路南宋时为御街，是控制全城的中央轴线，与其他街道、河流垂直相交，形成以御街为核心的"路河网格"城市肌理。中山中路历史文化街区位于杭州上城区，是《杭州历史文化名城保护规划（2001—2020）》中确定保护的传统商业街保护区。
规划范围以中山中路为中心，北起解放路宫巷口，南至清河坊鼓楼，全长约1500米东西进深约100米，规划用地面积约23.6公顷。

形象定位
打造"宜居、宜商、宜文、宜游"的"中国生活品质第一街"

图例 [文保单位] [历史建筑] [一般历史建筑] [三级保护节点] [二级保护节点] [一级保护节点] [规划范围]

借鉴经验
1 充分发挥历史文化资源优势
2 风格互补、相得益彰
3 延续历史文脉

INHERITANCE AND UPDATE BASED ON THE CONCEPT OF PROPERTY RIGHTS EXCHANGE
—— PLANNING AND DESIGN OF XI`AN BEIYUANMEN HUI CULTURAL DISTRICT

[现状研究]【周边关系】

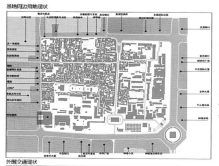

基地周边用地现状

外围交通现状

基地（核心区）周边主要是商业和居住用地，辅以行政办公等。

可以考虑结合周边业态，布置回民区内部功能分区，尽量考虑到基础配套设施的共享，与商业、行政资源的共享，达到地块的最大化利用率，并且最大化增加居民的交通便利与生活便捷性。

另外，通过调研业态与建筑质量、风貌、年代等等，综合考虑古建筑的保留与拆除的可能性，并通过评估后做出合理的建筑改造策略与方案策划。

基地外围道路交通体系较为完善，城市主次干道等级分明，但是基地内部缺乏完整的道路体系，东西两侧联系不够紧密，地块内部缺少便捷环形路网。

可适当考虑设置内环路网串联地块内部功能区块，同时为居民提供生活的便捷性，同时对于疏解城市交通具有一定的缓冲功能。

[基地建筑分析]

建筑年代分析

建筑质量分析

建筑层数分析

建筑肌理分析

基地内建筑年代以建国后为主，其中，地块东侧多为2000年以后建成的建筑，西侧建筑多为各时期改建或翻建的回民民居，独具特色；沿北大街、西大街商业等均为2000年后新式建筑。

基地位于西安古城区内，部分建筑因年代较久，破坏程度较高，且维护不善，因此基地内的建筑以二类、三类为主；沿北大街、西大街商业建筑较新，建筑质量较好。

基地位于西安古城区内，上位规划高度控制以低层和多层建筑为主，但近年来建设过程中，有些地区建筑高度已经突破上位规划的高度限制。

以清真寺为中心，环寺而居的寺坊组团结构清晰可见，仍然保持着较低密度的街巷进道骨架，两侧串联着层层叠进院落的典型传统街巷空间秩序，充分展现出区域特定风貌。

[基地现状分析]

道路系统分析

基地内部道路并不能构架起完整的道路体系。

公共服务设施分析

土地利用现状

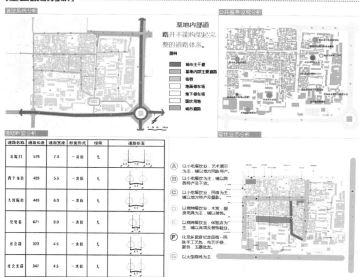

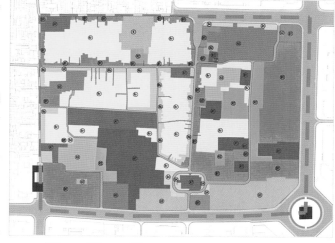

规划范围内，用地功能以商业和居住用地为主，商业主要包括零售商业用地和大型商业用地。零售商业用地主要分布在北院门大街、西羊市、大皮院街，为沿街商业。大型商业主要位于西大街和北大街一侧。

居住分散在各个地块中间，房屋多为陈旧的低层建筑，局部为多层建筑，其中居住建筑主要以回民传统民居为主，保留了回民生活特点，但建筑质量一般。

现状用地平衡表

		用地性质	用地面积（ha）	百分比
1	A1	行政办公用地	3.84	9.22%
2	A3	教育科研用地	1.36	3.27%
3	A5	医疗卫生用地	2.62	6.29%
4	A7	文物古迹用地	2.08	4.99%
5	B1	商业用地	8.32	19.96%
6	G1	公园用地	0.30	0.71%
7	G3	广场用地	2.50	6.01%
8	K	弃置地	0.99	2.37%
9	Rr	传统民居	10.29	24.68%
10	Rb	商住混合用地	1.82	4.36%
11	R2	二类居住用地	2.14	5.14%
12	S4	交通场站用地	0.63	1.51%
13	S1	城市道路用地	4.69	11.25%
14	U1	供应设施用地	0.03	0.07%
15	U2	环境设施用地	0.07	0.17%
		总计	41.68	100.00%

文保建筑主要有五处，分别为化觉巷清真寺、广济街清真寺、大皮院清真寺、高家大院和鼓楼。地块内有一所中学。此外市公安局、妇幼保健医院、市防疫所以及省中医院均位于地块内。

沿北大街和西大街已有轨道交通2号线和建设中的6号线。

回民民居院落空间结构分析

回民坊街形态模式分析

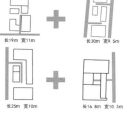

基地内民居院落空间主要可以分成两大类：独立封闭式院落空间和多家围合形成的开敞式院落空间。

回民坊街形态模式主要是"长街短巷小坊"。

INHERITANCE AND UPDATE BASED ON THE CONCEPT OF PROPERTY RIGHTS EXCHANGE
—— PLANNING AND DESIGN OF XI`AN BEIYUANMEN HUI CULTURAL DISTRICT

095

[概念策划]

规划定位
- 传统文化与当代文化融合的大社区
- 了解民族文化的重要窗口
- 西安重要的旅游景点

规划目标
- 从"回家"到"大家"
—— 从现阶段较为封闭的回坊人家居住空间向多文化参与的"大家"生活空间转变。

规划理念
"深度和谐" —— 多元文化和谐共生

深度文化， —— 由非物质文化遗产传承区、当代文化展示区、古玩交易展示区、回民源文化体验区等空间形式组成展示呈现。

深度体验。" —— 由当代回族模式区、手工艺作坊区、民宿体验区等形式进行深度体验。

规划程序（方法）

总体规划（土地利用规划）
↓
局部改造地区控制性详细规划
↓
微观地区城市与城市设计
↓
局部改造地区修建性详细规划

[规划程序（方法）]

技术路线

从产权属性角度切入，依据现状用地性质，将现状用地划分为四类用地：公有用地、民宅用地、经营性资产用地、宗教用地，其中：
① 民宅用地——基本保留
② 附置大型新建经营性资产的用地——保留
③ 街道两侧附置商业性功能的用地（沿街商业建筑）——保留
④ 附置公有资产的国有用地——选择性置换
⑤ 宗教用地——保留
本次规划主要选择国有用地进行置换，并对其进行规划及设计。

[方案推进]

现状用地产权属性分析

从产权属性角度切入，依据现状用地性质将现状用地分为四类用地：
①公有用地：国有资产用地，包括陕西省中医院、西安市回民中学、西安市公安局、西安市妇幼保健院、北广济街房管所、西安市市政工程管理所、中国美术家协会陕西分会、市政城区管理所、西安市卫生防疫站、闲置地、钟鼓楼广场及交通站场用地等。
②民宅用地：及民有产用地，包括回坊民居用地、商住混合用地、居住区及教委家属院等。

图例
■ 公有用地
■ 民宅用地
■ 经营性资产用地
■ 宗教用地
■ 道路

③经营性用地：附置大型新建经营性资产用地，包括新世界百货、民生国际购物中心、西安时代百盛等。
④宗教用地：西安清真大寺、大皮院清真寺、清真寺、高家大院、鼓楼。
■ 以选择性置换公有用地为原则，主要置换功能与本区域不匹配的公有用地。

公有用地的保留与置换

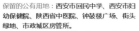

保留的公有用地：西安市回民中学、西安市妇幼保健院、陕西省中医院、钟鼓楼广场、街头绿地、市政城区房管所。

图例
■ 保留公有用地
■ 置换公有用地
■ 现状用地
■ 道路

置换的公有用地：西安市公安局、西安市房地产第二分局、北广济街房管所、西安市卫生防疫站、西安市市政工程管理处、中国美术家协会陕西分会、闲置地。

建议置换用地（规划范围）

依据本次规划确定的技术路线：
① 民宅用地——保留
② 附置大型新建经营性资产——保留
③ 街道两侧附置商业性功能用地（沿街主要建筑）——保留
④ 附置公有资产国有用地——选择性置换
建议置换用地（规划范围）：西安市公安局、西安市房地产第二分局、北广济街房管所、西安市卫生防疫站、西安市市政工程管理处、中国美术家协会陕西分会、闲置地用地。

图例
■ 建议置换用地
■ 现状用地
■ 道路

[规划策略]

轨道交通联动策略
在轨道交通2号线与待建轨道交通6号线紧邻地块，预设地铁换乘站，连接内外交通，拉动周边地区共同发展。换乘站联通地下商业广场，并逐渐衍生到地面，行成统一整体。

历史文化要素策略
组织梳理规划区历史文化资源，修复并重塑部分历史要素，创立新旅游观光点，拉动地块旅游业发展。

产业优化策略
研究整合地块特色产业，提升产业水平，优化产业链，大力发展创意型文化产业。

景观植入策略
沿道路布置景观系统，并设置节点广场，形成连续绿色通廊，提升城市形象、土地价值，优化生活品质。

服务完善策略
强调配套服务功能升级，文化创意与特色旅游相结合，完善产业配套以及生活与办公等软硬件环境。

慢行系统策略
增设慢行系统，并结合广场绿地，串联各功能区，加大内部联系紧密程度，同时提高地块生活品质。

[规划原则]

■ 综合性、整体性原则 —— 强调系统工程的综合性，包括土地功能置换、产业提升、空间优化、历史文化保护等。
■ 多样性、复合性原则 —— 功能空间的多样性和土地利用的复合性，为北院门回坊文化区提供活力，同时提供多样的公共活动空间，适应多种复合空间使用的需求，创造富有吸引力的城市空间。
■ 有序性原则 —— 北院门回坊文化区是一个系统结构，由不同子系统以及技术支持系统相互关联，该结构是有序的，表现了它的组织性，不同组织层次的关联和互为作用，构成了功能的有序性。
■ 动态性原则 —— 境资源转化和再生，新旧文化相互交融，功能和空间不断置换，促进城市不断发展。
■ 人文性原则 —— 以人为本，强调地方文化的挖掘和创新文化的培养，丰富城市的文化内涵，充分考虑人的多样性需求，完善设施配套，创造人性化的空间尺度。
■ 弹性、可操作性原则 —— 充分考虑现状条件与开发建设的实际情况，注重超前性和长效性。宏观控制和微观引导相结合，建构整体生长的空间结构和切实可行的开发策略。

[总体规划]

用地规划

图例
① 一类居住用地
② 二类住宅用地
③ 二类混合居住用地
④ 商住混合用地
■ 行政办公用地
■ 文化设施用地
■ 教育科研用地
■ 中小学用地
■ 宗教用地
■ 医疗卫生用地
■ 文物古迹用地
■ 零售商业用地
■ 社会停车场用地
■ 绿地用地
■ 公园绿地
■ 防护绿地
——— 规划红线

规划用地平衡表

用地代码			用地	用地面积（hm²）	占总建设用地比例（%）
大类	中类	小类			
R			居住用地	13.89	33.33%
	R2		二类居住用地	2.1	5.04%
	Rr	R21	住宅用地	2.1	5.04%
			传统居民用地	9.7	23.27%
	Rh		商住混合用地	2.1	5.04%
A			公共管理与公共服务设施用地	6.59	15.81%
	A1		行政办公用地	0.19	0.46%
			文化设施用地	1.52	3.65%
	A2	A22	文化活动用地	1.52	3.65%
	A3		教育科研用地	0.51	1.22%
		A33	中小学用地	0.51	1.22%
	A5		医疗卫生用地	2.09	5.01%
	A7		文物古迹用地	0.13	0.31%
	A9		文物古迹用地	0.4	0.96%
			宗教用地	1.75	4.20%
B			商业服务业设施用地	9.61	23.06%
	B1		商业用地	9.42	22.60%
		B11	零售商业用地	8.69	20.85%
		B13	餐饮用地	0.29	0.70%
		B14	旅馆用地	0.24	0.58%
	B3		娱乐康体用地	0.43	
		B31	娱乐用地	0.18	0.43%
S			道路与交通设施用地	7.54	18.09%
	S1		城市道路用地	6.84	16.41%
	S4		交通场站用地	0.7	1.68%
		S42	社会停车场用地	0.7	1.68%
U			公用设施用地	0.09	0.22%
	U2		环境设施用地	0.09	0.22%
G			绿地与广场用地	3.97	9.52%
	G1		公园绿地	1.09	2.99%
	G3		广场用地	2.88	6.91%
H11			规划总建设用地	41.68	100.00%

用地规划解读：

■ 本次规划主要对置换用地进行调整，其他用地基本保持现状。

■ 完善路网系统，落实上位规划既定的道路，重点完善置换用地内的微路网。

■ 置换用地主要新增商业文化与休闲等功能。

INHERITANCE AND UPDATE BASED ON THE CONCEPT OF PROPERTY RIGHTS EXCHANGE
—— PLANNING AND DESIGN OF XI`AN BEIYUANMEN HUI CULTURAL DISTRICT

096

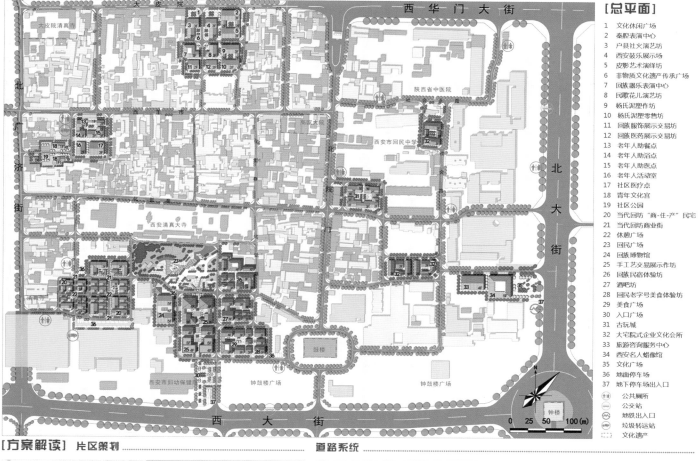

[总平面]

1. 文化休闲广场
2. 秦腔表演中心
3. 户县社火演艺坊
4. 西安鼓乐展示场
5. 皮影艺术演绎坊
6. 非物质文化遗产传承广场
7. 回族器乐表演中心
8. 民歌花儿演艺坊
9. 杨氏泥塑作坊
10. 杨氏泥塑零售坊
11. 回族服饰展示交易坊
12. 回族医药展示交易坊
13. 老年人助餐点
14. 老年人助浴点
15. 老年人助医点
16. 老年人活动室
17. 社区医疗点
18. 青年文化宫
19. 社区公园
20. 当代回坊"商-住-产"民宅
21. 当代回坊商业街
22. 休憩广场
23. 回民广场
24. 回族博物馆
25. 手工交易展示作坊
26. 回族民宿体验坊
27. 酒吧坊
28. 回民老字号美食体验坊
29. 美食广场
30. 入口广场
31. 古玩城
32. 大宅院中式企业文化会所
33. 旅游咨询服务中心
34. 西安名人蜡像馆
35. 文化广场
36. 地面停车场
37. 地下停车场出入口

🚻 公共厕所
🚌 公交站
Ⓜ 地铁出入口
♻ 垃圾转运站
▦ 文化遗产

[方案解读] 片区策划

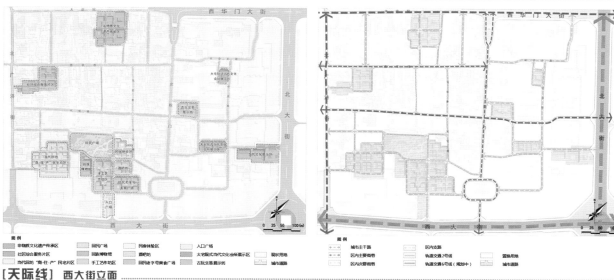

道路系统

主干路：北大街、西大街
主要街巷：大皮院、西华门大街、北广济街、西羊市、北院门
次要街巷：化觉巷、社会北路、社会路

■ 规划道路落实上位规划既定道路，并在北院门已形成南北通道基础上打通东西向通道，在入口处解决停车，考虑行车要求，因此在消防情况下可作为应急车道。

■ 主干路联系基地与周边功能区，是区域整体发展的前提和基础；主要街巷串联各功能片区，联系起主要公共空间，并充分考虑行车要求；次要街巷联系功能区中各组团；支路注重与相邻地块的衔接，通过道路联系与其他功能区渗透穿插，形成完整体系。

[天际线] 西大街立面

当代回坊　回民博物馆　手工艺作坊　回民老字号　古玩交易　文化会所　文化展示区

INHERITANCE AND UPDATE BASED ON THE CONCEPT OF PROPERTY RIGHTS EXCHANGE
—— PLANNING AND DESIGN OF XI`AN BEIYUANMEN HUI CULTURAL DISTRICT

097

[鸟瞰图]

[立面展示]

北大街立面图

西华门大街立面图

北广济街立面图

[效果展示]

古玩城

大宅院式企业文化会所

社区综合服务区

回民广场

手工艺交易展示作坊、回民老字号美食广场

①	②
④	
③	⑥
⑤	⑦

当代回坊"商—住—产"民宅

非物质文化遗产传承区

INHERITANCE AND UPDATE BASED ON THE CONCEPT OF PROPERTY RIGHTS EXCHANGE
—— PLANNING AND DESIGN OF XI`AN BEIYUANMEN HUI CULTURAL DISTRICT

[分区] 重点地点解析

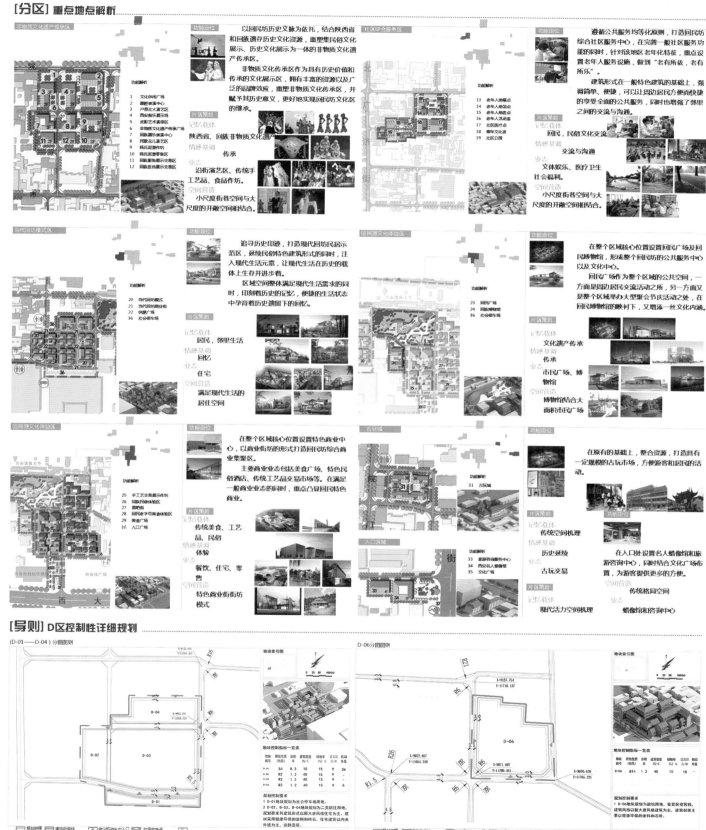

INHERITANCE AND UPDATE BASED ON THE CONCEPT OF PROPERTY RIGHTS EXCHANGE
—— PLANNING AND DESIGN OF XI`AN BEIYUANMEN HUI CULTURAL DISTRICT

099

基于［产权置换］理念下的继承与更新
——西安北院门回坊文化区规划设计

开拓思想、冲破限制
——费晨婕

首先很高兴能够参加这次"7+1"联合毕业设计，经过了4个月的努力，终于完成了大学本科期间最后一个设计作业。本次毕业设计很感谢我的指导老师杨忠伟教授和彭锐老师，他们的悉心指导让我们能够开拓思想，冲破思维上的限制。尤其是杨忠伟老师，他总是耐心地一遍一遍地帮我们修改，同时杨老师超前的大局观也给了我们很多启发，让我们突破了原有思想的禁锢。最后要感谢我的搭档孙婧然，她一直很认真的完成每一张图的绘制，总是在想怎样才能做得更好。在整个毕业设计过程中，我也发现自己还有很多不足之处，希望能在今后的学习工作中改进。

时间转逝，在忙碌完成作品之后，我们不禁感叹自己要离开大学了，大学五年，我们似乎感觉自己有无数的事情没有做好，但所幸我们还有时间，愿在今后的工作与生活中我们能够珍惜眼前，放眼未来，在日常的生活中时刻保持着如履薄冰，居安思危的做事态度，把握好自己的心态，调整好生活的节奏，在每一个环节上与细节上做到最好。

最后仅以此份毕业设计作为大学生涯的收尾，再次感谢给予我们悉心指导的老师们，感谢我的搭档孙婧然，感谢帮助过我和指导过我的每个人！

无为而有为
——孙婧然

首先，很高兴能够参加这次"7+1"联合毕业设计，这4个月中，有沮丧有开心有充实地完成了大学本科期间最后一个设计作业。本次毕业设计非常感谢我的指导老师杨忠伟教授和彭锐老师，在他们的指导下使我们的成果愈加完善。同时感谢我的搭档费晨婕，难忘的是你我一起夜爬6个小时至华山东峰之巅的勇敢。

"千里马常有，而伯乐不常有"，在大五遇到杨忠伟老师指导毕设感到特别幸运，非常景仰杨老师对职业认真的态度，每节课都会吸收很多知识与能量，领悟到做任何规划设计因地制宜、关注民生、心存大爱是基本的素养。

那么本次规划设计基于产权置换理念下的继承与更新是种"无为而有为"的规划方法，建议置换功能与本地块不匹配的公有用地无疑还百姓以实惠。大道至简，即道中之道。同时，感谢每位答辩评委的建议与意见，促使我思考更加全面，思维趋向成熟。

当然，联合毕设的意义也在于行走不同的风景结识新的朋友。在优秀的人身上更容易发现自己的短板——掌控力来自植根于内心的自信，而个性令你与众不同。

我相信天鹅可以飞跃喜马拉雅山，也愿自己成为一个更加有责任感与担当精神的姑娘，永远保持热情、保持好奇、保持兴高采烈。

并真诚地对五年大学中每一位老师致以敬意与感恩。

背景研究

宏观背景

一带一路：西安为重要节点

主城区规划"一心三带多中心"

作为陕西省省会和关中城市群与"一线两带"发展的核心城市，西安在全省经济发展中，一直占居十分重要的地位，承担着促进区域协调发展、构建和谐社会的职能。同时，西安也是古丝绸之路的起点。

"一心"是指城市中心及拓展区，以发展现代服务业为主，适度向外围拓展，以疏解古城区功能。
"三带"包括依托北外环交通走廊形成的渭北产业带，重点布局战略性新兴产业；依托绕城高速交通走廊形成的南部人文科技带，重点布局高新技术产业、文化产业等；依托秦岭北麓山脉形成的秦岭北麓生态带，重点发展生态旅游。
"多中心"是指构建大西安主城区"一都两廊五邑八水"的空间格局，实施"1258空间战略"。

宏观背景

"回坊"由来
"坊"源于唐代，是唐代的一种区域划分，唐长安作为丝绸之路的起点，容纳了大量从西亚、中亚迁入的穆斯林。随着大量穆斯林的涌入，伊斯兰教也开始在中国传播，为了宗教活动和生活的方便，穆斯林依清真寺而居，这种布局从伊斯兰教传入中国开始一直延续至今，每座清真寺都形成一个"坊"。"坊上人"是西安地区对信仰伊斯兰教的回族人的一种亲切的称谓，也称回坊。

"回坊"概况
在西起西安西大街桥梓口，东至广济街的西安古城西北一隅，聚居着约30万回族同胞，当地人习称那里为回坊。它以浓郁的穆斯林文化和氛围，为古城构筑了一道特异的风景线。
登上城北的安远门城墙，向西南方望去，可见建造于隋朝的化觉巷大清真寺。绿树掩映的街道上，许多戴白帽围着盖头的穆斯林男女信徒以及随处可见的阿拉伯文件张贴画分外引人注目。
当华灯初放的时候，回坊里有一条街道香气弥漫食客云集。这里汇聚了几百种物美价廉的回民风味小吃，倾倒了慕名而来的中外食客。
回坊发展至今，已经不再仅仅是回民的聚居地，它已经发展成为全国闻名的旅游胜地，汇集五湖四海的游客与商贾。

区位研究

宏观区位
在全国区域经济布局上，西安具有承东启西、东联西进的地理优势。西安地处中西部两大经济区域的结合部，是西北地区通往西南、中原、华东和华北的门户和交通枢纽，在西部大开发战略中具有重要的战略地位。
中观区位
地块位于北大街和西大街交叉口西北角处，位于西安龙脉之上。北院门回坊文化区位于西安市古城区的中心地段，这里曾经是唐长安城皇城和宫城的一部分，唐末至今一直是城市最繁华的区域。
微观区位
研究区域位于西安地铁一号线与二号线交接的西南角，南部与东部沿线是城市主干道，交通条件优越。

研究范围与规划范围划定
灰色区域为西安古城墙范围，橙色区域为北院门历史文化街区，是本次规划的核心研究范围，用地约227ha。红色区域为北院门历史文化街区的核心区，是本次规划的核心研究范围，用地42ha，人口约4万人。

现状研究

土地利用现状

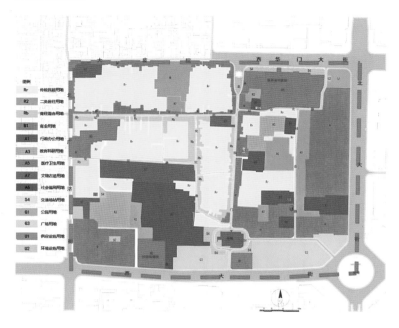

规划范围为核心研究范围，用地42ha，人口约4万人。基地内以商业、居住为主，辅以行政办公、医疗卫生、教育等功能。其中，新建大型经营性商业主要沿北大街、西大街分布。基地内有一所学校，西安市回民中学，文保建主要有五处，分别是鼓楼、高家大院、化觉巷大清真寺、大皮院清真寺、北广济街清真寺。医疗卫生主要有三处，分别是陕西省中医院，西安市妇幼保健院，西安市卫生防疫站。

道路交通现状

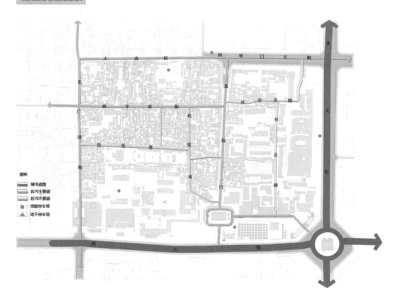

基地内道路分三个等级，城市主干道、支路、街巷，区内没有形成完整的交通体系。
大部分道路两侧商业占用，区位机动车通行能力较弱。
道路断面普遍较窄，多为一块板道路。

现状研究

现状建筑

图例
□ 2000年后 ■ 上世纪80-2000年 ■ 上世纪50-80年代 ■ 继国前

建筑年代以建国后为主，西侧建筑多为各时期改建式翻建的回民民居，年代较久；沿北大街、西大街基地内的新建大型性商业建筑等主要为2000年后新式建筑。

以清真寺为中心、四周环寺而居的寺坊组团结构依然清晰可见。北院门回坊文化区仍然保留着以线性较低密度交错的街道为骨架、两侧串连着层层进院落的典型传统街巷空间秩序，充分展现出区域的色风貌。

主要公共服务设施分布

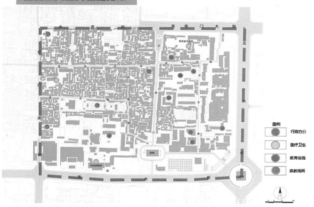

图例
● 行政办公
● 医疗卫生
● 教育设施
● 宗教场所

现状主要公共服务设施主要有行政办公、医疗卫生、教育设施以及宗教场所四大类，种类齐全，分布较广。其中行政办公数量最多，主要有西安市公安局，西安市房地产第二分局，北广济街房管所，西安市市政工程管理处，中国美术家协会陕西分会。地块内大型医疗服务设施有陕西省中医院，妇幼保健院以及西安市卫生防疫站。地块内原有一所回民小学，现已废弃，地块东北角有回民中学，仍在使用中。地块内有三座清真寺，清真大寺最大，现向游客开放；另有西北角的大皮院清真寺以及西南角的清真营里寺，体现了回民"依寺而居"的生活模式。

主要市政基础设施分布

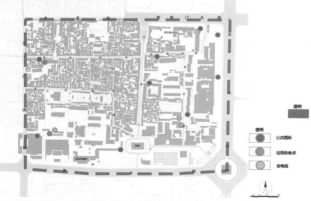

图例
● 公共厕所
● 垃圾收集点
● 变电站

地块内市政基础设施主要有公共厕所、垃圾收集点以及变电箱三类。缺少必要的雨污水排水设施，现状环境较差。
公共厕所分布广泛均匀，但卫生水平较低，环境较差。
地块内公有两处垃圾收集点，垃圾箱数量较多，但同时也降低了主要街道的卫生环境。

规划与规划设计

规划定位

1、独一无二的民俗特色区
2、高度融合的民族文化区
3、西安多样文化的展示窗口

规划程序

核心研究范围地块总体规划 → 建议置换用地城市设计 → 局部地区控制性详细规划 → 局部地区修建性详细规划

规划原则

土地利用原则
1、民宅用地基本保留；
2、附置新建大型经营性资产用地基本保留；
3、公有用地功能与本地区功能定位不匹配的，有选择置换；
4、宗教用地保留。

发展规划

现状产权属性分析

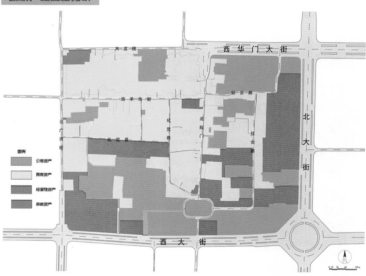

图例
■ 公有资产
□ 私有资产
■ 经营性资产
■ 宗教资产

根据土地利用现状图得出现状产权属性图。
图中蓝色部分为公产用地，黄色部分为民用地，红色部分为附置大型经营性资产用地，紫红色部分为宗教资产用地。
在确定土地产权属性的前提下，民用地基本保留；附置新建大型经营性资产用地基本保留；公有资产用地功能与本地块功能定位不匹配的，有选择置换；宗教资产用地保留。

公有资产保留与置换分析

图例
■ 公有资产
■ 保留公有资产
■ 置换公有资产

公有用地分布图　公有用地保留与置换图

蓝色部分为地块内的公有资产，具体功能分别是西安市卫生防疫站、回民小学（废弃）、西安市公安局、钟鼓楼广场、市政城区管理所、西安市市政工程管理处、北广济街房管所、西安市回民中学、中国美术家协会陕西分会、西安市房地产第二分局、陕西省中医院广场用地以及一块弃置用地。因公有资产受国家调控，搬迁较容易，所以结合具体功能，公有资产中与地块功能定位不匹配的用地进行有选择性置换。

本地块的定位为历史文化区与旅游区，因此一些行政办公功能无需占用本地块的土地。经分析，我们对以下用地进行功能置换，分别是：弃置地、西安市回民小学（废弃）、西安市公安局、市政城区管理所、西安市市政工程管理处、北广济街房管所、西安市房地产第二分局、中国美术家协会陕西分会。陕西省中医院、西安市回民中学、西安市卫生防疫站、西安市妇幼保健院这些服务于居民的设施予以保留。钟鼓楼广场保留。

民有资产保留与置换分析

民宅用地分布图

图中黄色部分为民产,多为回民的住宅。回民自唐以来便在该地区聚居,历代都生活在这里,依寺而居,依坊而商,形成了独特的生活居住模式。考虑到规划的可实施性,将这么多住宅全部拆迁是不可行的,因此本规划对民产进行基本保留。

民宅用地保留与置换图

为探索在今后可能对民宅局部街坊进行更新改造,选择性的以微小地块为试点进行尝试性规划。图中浅黄色的为保留民产,橘黄色的为置换民产。

建议置换用地

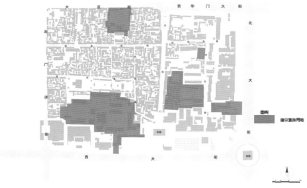

建议置换用地

综上,在确定产权属性的前提下,根据"民产用地基本保留;近年新建大型经营性资产基本保留;国有资产功能与本地块功能定位不匹配的,有选择置换;宗教资产保留"这四项基本原则对土地功能进行置换,得出建议置换用地图。进行置换的土地功能有:弃置地、西安市回民小学(废弃)、西安市公安局、市政城区管理所、西安市市政工程管理处、北广济街房管所、西安市房地产第二分局、中国美术家协会陕西分会,以及小面积住宅。

总体规划

土地利用规划图

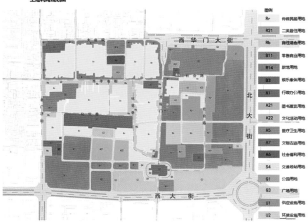

基地内的用地以居住、商业、文化为主,辅以形成办公,医疗卫生、教育、休闲娱乐等功能。

置换用地土地利用规划图

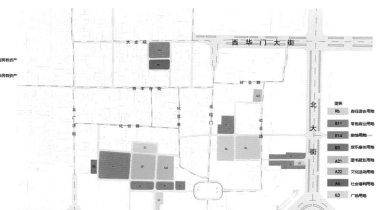

本次规划主要对置换用地进行调整,首先落实上位规划既定的道路,重点对置换用地的微观网系统进行规划与完善。置换用地主要新增商业、文化、休闲娱乐等功能。

片区功能分区图

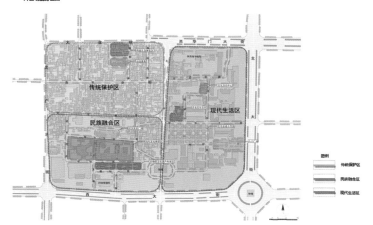

综合交通规划图

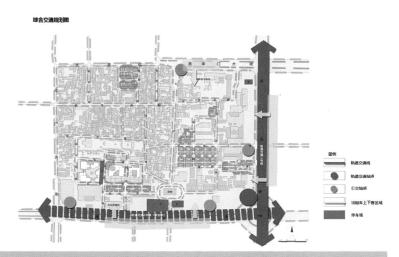

道路系统规划图

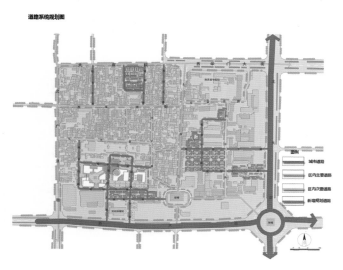

城市设计

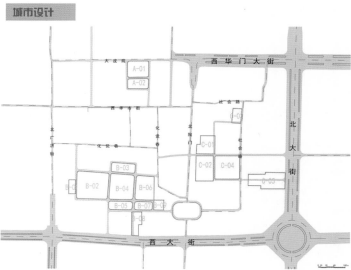

绿化系统规划图

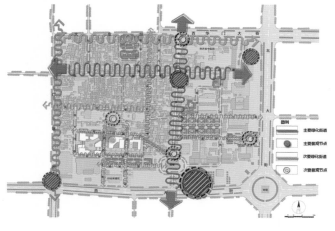

片区城市设计引导

地块编号	用地性质	用地名称	用地面积（m²）	容积率	建筑密度（%）	绿地率（%）	建筑限高
A-01	B14	旅馆用地	3247.98	1.2	45	40	9
A-02	A6	社会福利用地	1972.47	1.1	40	45	9
B-01	B3	娱乐康体用地	819.79	0.6	20	60	9
B-02	B11	零售商业用地	8155.15	1.0	35	45	9
B-03	G3	广场用地	2119.98	0.8	20	60	18
B-04	A21	图书展览用地	5867.89	1.5	45	40	18
B-05	B11	零售商业用地	1896.53	1.5	50	30	18
B-06	A22	文化活动用地	3940.77	1.5	45	40	18
B-07	B11	零售商业用地	1831.12	1.5	50	30	18
B-08	G3	广场用地	1456.60	0.8	20	60	18
B-09	B11	零售商业用地	840.60	1.5	50	30	18
C-01	B11	零售商业用地	2300.25	1.0	35	45	9
C-02	Rb	商住混合用地	3867.33	1.2	45	40	9
C-03	A22	文化活动用地	926.52	1.2	40	45	9
C-04	Rb	商住混合用地	4725.65	1.2	45	40	9
C-05	B11	零售商业用地	2533.91	1.5	30	50	18

环卫系统规划图

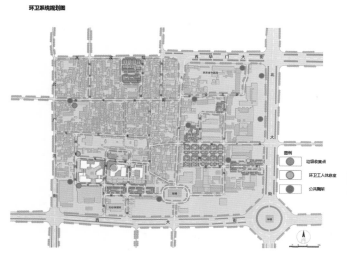

容积率规划控制图

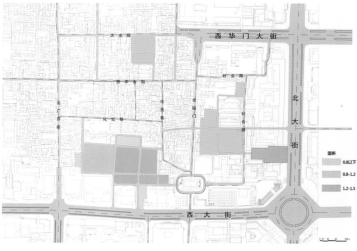

根据北院门回坊文化区的保护要求，严格控制开发量。
为了确保土地收益，容积率控制分三个区间，分别是0.8以下、0.8-1.2、1.2-1.5。其中，广场、娱乐康体用地主要控制在0.8以下，商业、居住、文化等主要控制在0.8-1.2，局部可控制在1.2-1.5。

建筑高度规划控制图

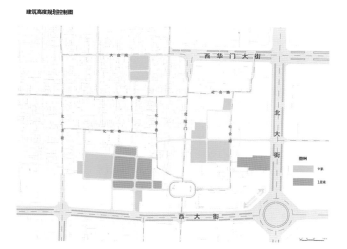

建筑密度规划控制图

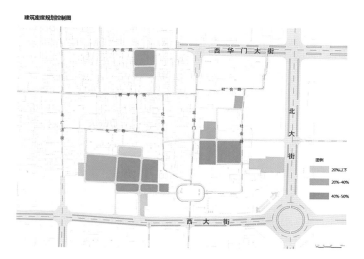

根据北院门回坊文化区的保护要求，严格控制建筑高度。
根据上位规划确定的高度控制要求，建筑高度控制分两个区间，分别是9米，18米。
其中，18米控制主要分布在主要道路北大街的西侧和西大街的北侧近鼓楼部分。

根据北院门回坊文化区的保护要求以及各地块的功能定位，严格控制建筑密度。
建筑密度控制分三个区间，分别是20%以下，20%-40%，40%-50%
其中，广场、娱乐康体用地主要控制在20%以下，商业、居住、文化等主要控制在20%-40%，40%-50%。

总平面图

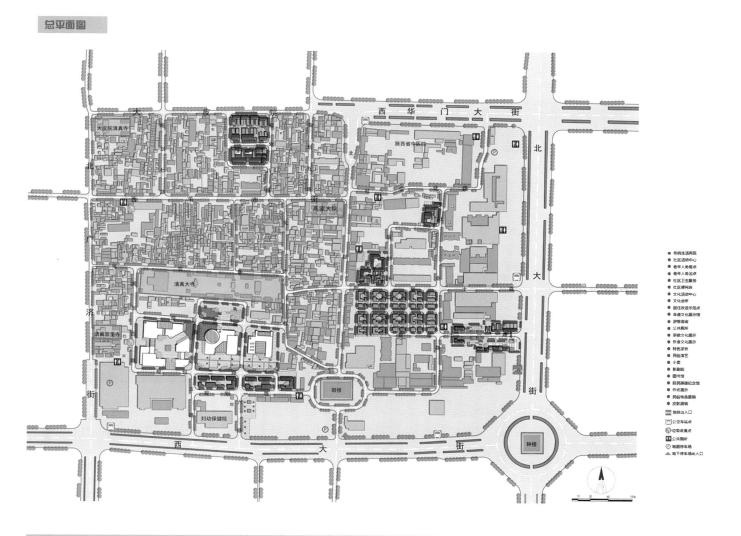

鸟瞰图

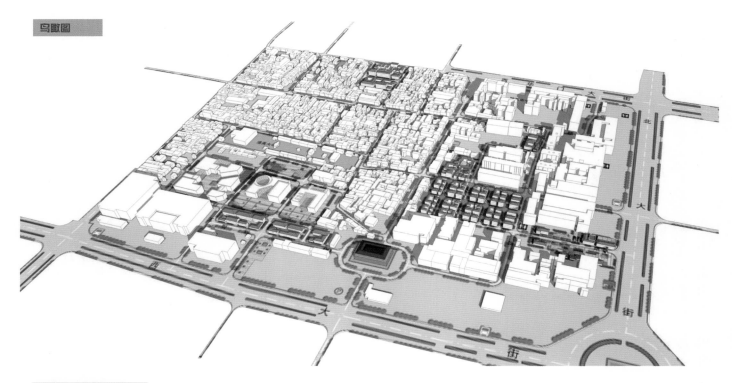

C区控制性详细规划

C区用地规划图

C区地块编号

C区功能策划

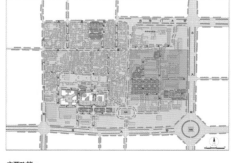

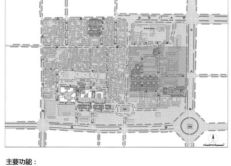

主要功能：
1、入口牌坊　2、入口广场　3、游客咨询　4、文化展示馆
5、公共厕所　6、宗教文化展示　7、饮食文化展示
8、特色茶饮　9、民俗演艺　10、小卖　11、文化活动中心
12、企业文化会所
13、住宅改造示范区

C区修建性详细规划

C区局部总平与鸟瞰

继承与更新

——西安北院门回坊文化区规划设计

一次思维的碰撞

——仇晨茜

完成本次毕业设计，不敢说行万里路，但千里总是有的。七所学校的师生在春光明媚的三月里相聚于古城西安，中期再聚西安，最后在杭州完成终期答辩。这次毕设对我来说不仅仅是一个设计，更是一次思维的碰撞，一次开阔眼界的机会，一段难忘的经历。

本次联合毕设以"西安北院门回坊文化区规划设计"为题，对回坊街区进行规划设计。老师希望我们在毕设中可以回顾整个五年所学的知识，同时又强调规划的程序，因此本次规划设计我们从总体规划开始，到城市设计、控制性详细规划、修建性详细规划，一步步落实下来。另外，考虑到回坊街区的民族特殊性，也为了使规划具有可实施性，我们从产权属性出发，对不同产权属性的用地进行置换、整治与保留。更重要的是，在本次"七校联合毕设"为大家搭建的交流平台中，学到了不同学校老师和同学们的思维方式、精神品质以及设计风格。西建大同学的综合实力非常强；山建大刻苦踏实的精神值得学习；北建大的创新模式、安建大的城市设计能力等等都值得我们学习借鉴。

这次毕设作为在学校设计阶段的总结，教会了我许多，也成为我难忘的一段经历，为我今后的规划道路作了良好的铺垫。最后诚挚感谢"七校联合毕设"为我们搭建的交流平台，感谢老师们为我们的辛勤付出，感谢你们！

从产权入手进行置换与整治

——姜媛媛

随着本次毕业设计的完成，我们的本科学习也就此结束了。回首做"七校联合毕设"的这几个月，从在西安开题，到西安的中期汇报，到杭州的终期答辩，我们不仅是在学习如何做一个设计，更是一种思想的交流，视野的开阔，是一段宝贵的人生体验。

初次拿到这个题目，继承与更新——西安北院门回坊文化区规划设计，在对现状初步了解的基础上，我们发现这与我们以往所做的设计相比难度要大很多，如何在现实回民住宅无法拆迁的基础上改善他们的生活提升该地区的活力与特色这些问题值得我们深思。最后我们在老师的指导下，我们从该地区土地的产权入手，分析其产权属性，着重对公产进行置换与整治，终于找到了解决该地块特殊情况的思路和方法。这次的毕业设计与以往不同的是，在我们老师的指导下，我们系统地学习和实践了做规划设计的流程和方法。本次的设计，我们从总体规划，到城市设计、控制性详细规划以及最后的修建性详细规划，一步步深入，系统而全面地了解了做规划设计的流程和方法。

参加这次的七校联合毕设，在老师和同学的指导和帮助下，我学到了很多，非常感谢大家！

融合共生
基于共生理论的城市继承与更新
——西安北院门回坊文化区规划设计

Xi'an Hui Culture District Planning And Design

背景研究

大空间整合 —— 宏观角度

□ 一带一路：西安为重要节点
·陕西省省会和关中城市群与"一线两带"发展的核心城市。
·是古丝绸之路的起点，新丝绸之路的重要节点。
·全省经济发展中，占居十分重要地位，承担着促进区域协调发展、构建和谐社会的职能。
·"一带一路"加强了西安与其他各城市间的连接，快速发展的城市交通也促进了西安旅游产业的发展。

□ 关中城市群
·作为全国十大城市群之一，关中五市一区已经确定要建成以西安都市圈为核心的城市群，涉及宝鸡、铜川、渭南三个中心城市（咸铜、咸阳被边缘化），以及渭南至韩城、咸铜到铜川、彬县到长武到淳邑三个城镇集中地区。
·西安在推进城市化建设中，正在以前所未有的速度阔步前进，着力打造人文、活力、和谐新西安。

"大西安"空间整合 —— 中观角度

□ 文明古都：历史西安
·世界四大文明古都之一，居中国四大古都之首。
·中国历史上建都时间最长、建都朝代最多、影响力最大的都城，著名的古都型旅游胜地。
·历史文化底蕴深厚，是中华文化代表区域之一。
·2011年被定位为全国唯一的"历史文化基地"城市。
·西安地处中国陆地版图中心，是长三角、珠三角和京津冀贯通西北和西南的门户城市与重要交通枢纽，西安北濒渭河，南依秦岭，八水环绕（渭、泾、沣、涝、潏、滈、沪、灞），自然景观优美。
·西安是国务院公布的首批国家历史文化名城，历史上有周、秦、汉、唐等在内的13个朝代在此建都，是世界四大古都之一，曾经作为中国首都和政治、经济、文化中心长达1100多年。

北院门回坊发展背景 —— 微观角度

□ "回坊"由来
"坊"源于唐代，是唐时的一种区域划分，唐长安作为丝绸之路的起点，容纳了大量从西亚、中亚迁入的穆斯林。随着大量穆斯林的涌入，伊斯兰教也开始在中国传播，为了宗教活动和生活的方便，穆斯林依清真寺而居，这种布局从伊斯兰教传入中国开始一直延续至今，每座清真寺都形成一个"坊"。
"坊上人"是西安地区对信仰伊斯兰教的回族人的一种亲切的称谓，也称回坊。

□ "回坊"概况
在西起西安西大街桥梓口，东至广济街的西安古城西北一隅，累居着30万回族同胞，当地人习惯称那里为回坊。它以浓郁的穆斯林文化和氛围，为古城构筑了一道特异的风景线。
当华灯初放的时候，回坊里每一条街道香气弥漫食客云集。这里汇集了几百种物美价廉的回民风味小吃，倾倒了慕名而来的中外食客。

西安市城市建设文化体系概念规划

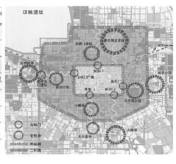

□ 文化名市
西安历史上有周、秦、汉、唐等在内的13个朝代在此建都，是世界四大古都之一。
西安将建成：人文之都，世界级的千年古都，华夏精神故乡。
□ 文化结构
文化结构是一个一体化的整体，但这个整体不是纯而又纯，铁板一块的抽象统一体，它是各个文化的交融体。
在空间体系上，以古城区为核心，周边历史文化区为载体，在主要节点：古城、未央区、高新区、曲江新城构成空间体系的"金字塔"式空间结构。

区位研究

区位概况

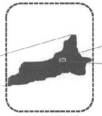

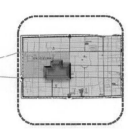

宏观区位： 在全国区域经济布局上，西安具有承东启西、东联西进的地理优势。

中观区位： 地块位于北大街和西大街交叉口西北角处，位于西安龙脉之上。

微观区位： 研究区域位于西安地铁一号线与二号线交接的西南角，交通条件优越。

规划范围划定

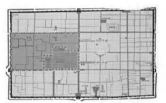

□ 研究范围——位于古城区的中西部，约227ha，内部历史遗存较多，具有大量的清真寺，多为回民，宗教气息浓厚。
□ 核心范围——约42ha，位于古城区的中心位置，文化承载力强，包含了钟楼，鼓楼等大型古建。
□ 规划范围——规划范围划定约为59ha，在核心范围的基础上分别向西向北延伸。

基地周边概况

□ 基地的东南部分布的大都为金融、商业等建筑体量较大，内部商业多为中高端商业，环境较好。
□ 西北部分布大都是小商品零售、纪念品销售以及一些生活服务商店，多为小体量建筑，环境较差。
□ 基地周边交通设施完善，通达性强，外部环境较好。

规划研究

西安市城市总体规划（2008—2020）

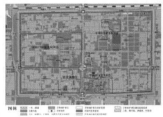

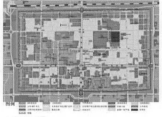

· **保护和延续老城传统空间格局**
保护和延续城市的平面形状、方位轴线、均衡对称的路网格局、方正的城墙、城河系统以及由街、巷、院构成的空间层次体系，整体保护残存的隋唐皇城街道肌理格局。
· **建立老城保护体系和保护名录**
提出一环、三片、三街和文物保护单位、传统民居、近现代优秀建筑、古树名木等组成的保护体系并建立保护名录。

· **延续历史文脉**
通过保护有形及无形历史文化遗产来表现西安地区独特的文化特色。
· **控制建筑高度及建筑风貌**
城墙内侧100m以内建筑高度不得超过9m；100m以外，以梯级形式过渡；以东、西、南、北城楼内为延续中心为原点，半径100m范围内为广场、绿地和道路；钟楼至东、西、南、北城楼划定为文物古迹通视走廊。城墙外侧风貌协调区，做好城市设计。

西安唐皇城复兴规划（2005—2055）

□ **规划区围**
以明城墙为主，包含明城墙，以环城路东、西、南、北路道路红线外侧100米范围内，并包括东大门、西大门、南大门、北大门及朱雀门影响以内城景观的区域。
□ **基本原则**
西安唐皇城复兴规划是彻底改变现在老城"有墙无城"的历史局面，使之成为世界著名的历史文化古都。
□ **规划定位：** 中国重要的历史地标；西安人文城市的精神象征；旅游商业服务中心；西安历史、文化、民风、民俗集中体现区。
□ **规划要求：** 恢复旧日城市历史人性尺度空间；延续历史文化脉络；发展观光旅游事业；打造精品旅游景点；维护历史文物价值。

基于共生理论的城市继承与更新设计——西安北院门回坊文化区规划设计

现状道路交通分析

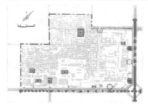
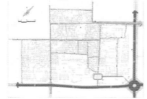

交通系统分析　　道路系统分析　　电瓶车游览路线分析

➤基地东南沿街有轨道交通2号线、6号线（规划中），并设有出入口。
➤基地周边在北大街、西大街、西华门大街均设有多个公交站点。
➤基地内部道路系统混乱。
➤内部停车场较少，无法满足游客以及当地居民的停车需求。

东西线（莲旅1号线）：
北院门北口
大皮院、北广济街
庙后街、东羊院巷
西羊院巷
儿童公园
安定广场
儿童医院

南北线（莲旅2号线）：
西大街北广济街口
北广济街
大皮院
麦苋街
红埠街
许士庙街
莲湖路

现状用地分析

序号	用地代号	用地名称	面积（公顷）	占现状建设用地（%）
1	A1	行政办公用地	4.01	5.12
2	A2	文化设施用地	0.68	1.04
3	A3	教育科研用地	1.75	2.67
4	A5	医疗卫生用地	3.05	4.65
5	A7	文物古迹用地	3.45	5.26
6	B1	商业用地	10.52	16.34
7	G1	公园用地	0.30	3.40
8	G3	广场用地	2.45	3.74
9	H	单首地	0.71	1.08
10	R2	二类居住用地	1.41	2.21
11	Rs	传统民居	18.06	27.54
12	Rb	商住混合用地	3.20	1.88
13	S3	交通场站用地	0.71	1.17
14	S1	城市道路用地	15.06	22.96
15	U2	环境设施用地	0.06	3.09
		合计	65.57	100

空间形态分析

建筑现状分析

现状建筑肌理分析　　现状建筑高度分析　　建筑年代分析　　现状建筑质量分析

现状街巷分析

街巷尺度分析

现状公共空间分析

现状问题总结

道路交通：
建筑风貌：
基础设施：
功能业态：
宗教信仰：
民俗民风：
建筑年代：
安全防护：

历史文化分析

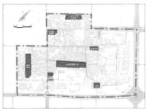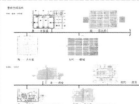

历史文化遗产分布　　历史城区空间发展演变　　陕西非物质文化遗产　　回族非物质文化遗产

相关案例研究

业态构成分析

融合共生

基于共生理论的城市继承与更新
——西安北院门回坊文化区规划设计

规划理念

理念推导

矛盾分析

- 生活品质提升 VS 空间有限性
- 街区现状 VS 未来发展需求
- 街区自发展 VS 城市管理

矛盾解读

- 回坊部分居民已购置汽车，现在乱搭乱建导致空间无序发展，这与生活空间的有限性形成矛盾。
- 回坊空间在某种程度上达到极点，对于整个回坊而言人越来越多，但是核心吸引力却越来越小。
- 不少沿街店铺将铺面延伸至街道上，乱搭乱建严重，给游客带来便利并带来交通拥堵的同时，也带来了安全隐患。
- 既要保持街区内部文化特殊性，又要融合到现代城市生活中去。

理念解读

西安回族聚居区：一个具有诸如新陈代谢等生命基本特征的有机生命体

共生核：使一定地理区域构成共生单元的核心吸引力——宗教信仰等

共生单元：在某个特定地理区域内，为获得更大生存发展机会而形成具有共同利益和目标的共同体——居民聚居区

共生界面：共生单元之间物质、信息和能量传导的平台以及共生关系形成和发展的动力——附属用地、基础设施等

共生环境：共生关系存在发展的条件——聚居区公共空间系统等

共生模式：共生单元相互作用的方式——政策

理念推导

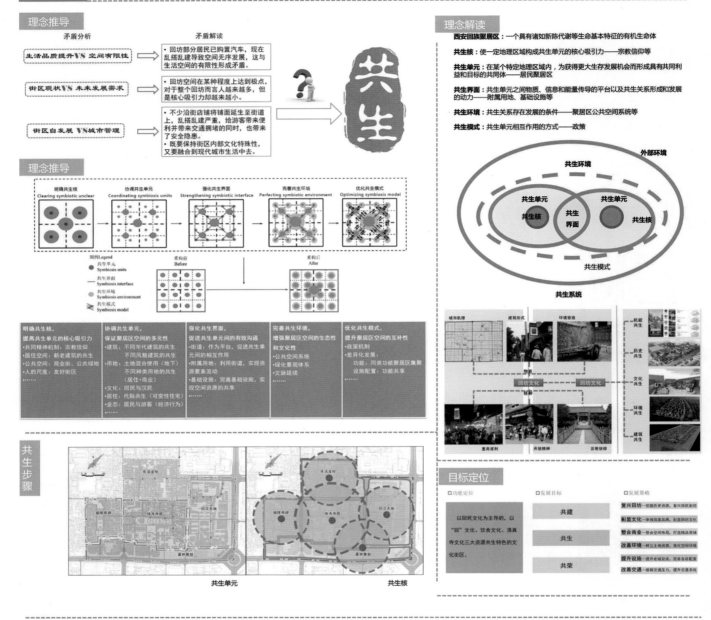

明确共生核，
提高共生单元的核心吸引力
- 共同精神机制：宗教信仰
- 居住空间：新老建筑的共生
- 公共空间：商业化、公共绿地
- 人的尺度：友好街区
- ……

协调共生单元，
保证聚居区空间的多元性
- 建筑：不同年代建筑的共生；不同风貌建筑的共生
- 用地：土地混合使用（地下）不同种类用地的共生（居住+商业）
- 文化：回民与汉民
- 居住：代际共生（可变性住宅）
- 业态：居民与游客（经济行为）

强化共生界面，
促进共生单元间的有效沟通
- 街道：作为平台，促进共生单元间的相互作用
- 附属用地：利用街道，实现资源要素流动
- 基础设施：完善基础设施，实现空间资源的共享

完善共生环境，
增强聚居区空间的生态性和文化性
- 公共空间系统
- 绿化景观体系
- 文脉延续
- ……

优化共生模式，
提升聚居区空间的互补性
- 政策机制
- 差异化发展：功能：同类功能聚居区集聚设施配置：功能共享
- ……

共生步骤

共生单元

共生核

目标定位

□功能定位

以回民文化为主导的，以"回"文化、饮食文化、清真寺文化三大资源共生特色的文化街区。

□发展目标

- 共建
- 共生
- 共荣

□发展策略

- **复兴回坊**——挖掘历史资源，复兴回民街巷空间
- **彰显文化**——申报国家品牌，彰显回坊文化
- **整合商业**——整合空间布局，打造精品商业
- **改善环境**——树立土地资源，美化特色环境
- **提升设施**——提升老城设施，完善各级配套
- **改善交通**——缓解交通压力，提升交通系统

共生环境 | **共生界面** | **完善共生界面** | **完善公共空间**

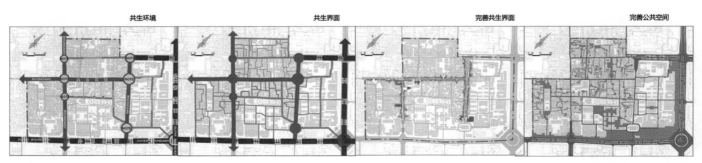

总平面图

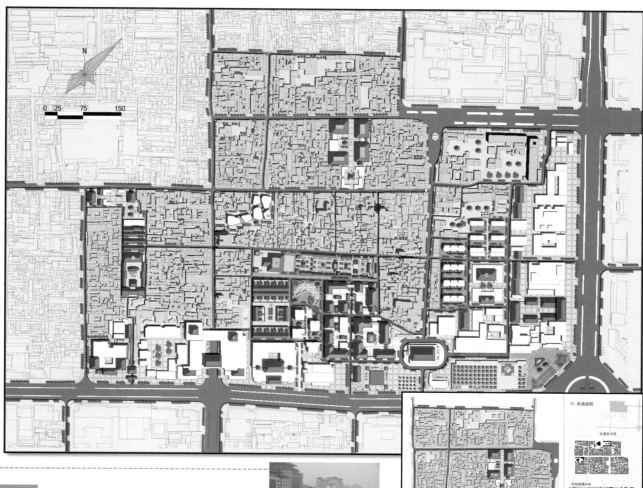

分区设计

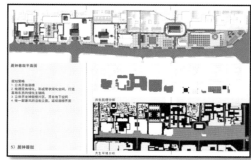

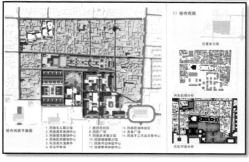

鸟瞰图

产权分析

➢ 在本地块内，民产用地基本分布在基地内侧，占地面积较大，围绕着清真寺等文保用地分布。

➢ 新型大型经营性资产附属用地基本分布在基地东南侧，临近西大街和北大街等城市干道的位置，建筑形式采用的新唐风，基本保留。

➢ 基地内部文保单位分布较多，多为清真寺，回族居民习惯依寺而居，此外还有鼓楼与高家大院等文保建筑，文保用地较多。

➢ 基地内的公有资产用地，考虑到内部居民缺乏居住用地以及公共空间，公有资产用地大部分会考虑置换。

➢ 基地内部文保单位分布较多，多为清真寺，回族居民习惯依寺而居，此外还有鼓楼与高家大院等文保建筑，文保用地较多。

方案分析

➢在尊重和利用原片区道路格局的基础上，维持现有的城区主交通脉络，保留北大街与西大街两条城市主干道，保留西羊市街、北院门大街、西华门大街、大皮院街、北广济街等城市支路，以及化觉巷、社会路等街巷。

➢合理规划城市次干道和支路，添加街巷使道路连通，增加可达性，使道路格局脉络清晰、密度适合、顺畅通达。

➢地面停车：主要结合各功能区的广场用地以及街头绿地等空间，设置地面停车场，方便进入各个片区。

➢地下停车：结合大型商业、酒店等建筑，开发利用地下空间设置停车场，减少外部机动车进入，倡导步行优先。

➢对现存的标志性古建筑进行景点式保护，形成各个绿化景观节点。连点成线，有线成面，以此模式，形成大面积的公共绿化景观的城市风貌。

➢场地空间作为空间关系中的"底"，是城市建筑发展的基础。建筑肌理图底关系主要分为：建筑基地开放空间、街区内开放空间、街道以及广场开放空间。

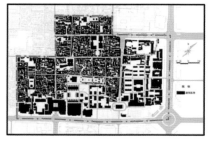

融合共生
基于共生理论的城市继承与更新
——西安北院门回坊文化区规划设计
Xi'an Hui Culture District Planning And Design

方案用地

本案为继承与更新—西安北院门回坊文化区规划设计。西安北院门回坊文化区位于西安老城区即明清西安城西北部，比邻钟楼、鼓楼以及北大街、西大街。本案从分析西安北院门回坊地区历史、区位特点入手，对历史文化遗产、现状建筑、道路格局、经营业态、景观环境、交通组织、现状用地等方面深入调研，结合西安明城区文化、商贸、旅游及城市名片整体发展的要求，合理确定定位、划定范围，开展设计。

经过调研发现本片区在道路交通、建筑风貌、基础设施、功能业态、安全防护等方面存在问题，本案将这些问题进行分类，总结出现状中存在的三大矛盾，即生活品质提升与空间有效性之间的矛盾；回坊部分居民已购置汽车，现在乱搭乱建导致空间无序发展，这与生活空间的有限性形成矛盾；街区现状与未来发展需求之间的矛盾，回坊空间在某种程度上达到极点，对于整个回坊而言人越来越多，但是核心吸引力却越来越小；街区自发展与城市管理之间的矛盾，表现在不少沿街店铺将铺面延伸至街道上，乱搭乱建严重，给游客带来便利的同时，也带来了交通拥堵与安全隐患，另一方面，该片区在更新改造的同时，既要保持街区内部文化特殊性，又要融合到现代城市生活中去。

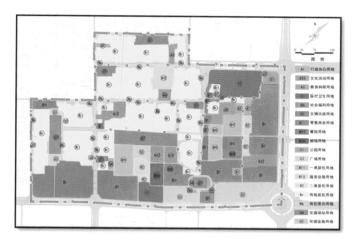

序号	用地代号	用地名称	面积（公顷）	占城市建设用地（%）
1	A1	行政办公用地	0.60	0.92
2	A22	文化活动用地	1.86	2.84
3	A3	教育科研用地	0.76	1.16
4	A5	医疗卫生用地	2.61	3.98
5	A6	社会福利用地	0.24	0.37
6	A7	文物古迹用地	3.32	5.06
7	B11	零售商业用地	11.54	17.60
8	B13	餐饮用地	0.47	0.72
9	B14	旅馆用地	0.43	0.66
10	G1	公园用地	0.30	0.46
11	G3	广场用地	3.02	4.61
12	R11	一类居住用地	2.21	3.37
13	R12	服务设施用地	0.79	1.20
14	R2	二类居住用地	0.92	1.40
15	Rr	传统居住用地	16.43	25.06
16	Rb	商住混合用地	3.39	5.17
17	S4	交通场站用地	0.39	0.59
18	S1	城市道路用地	16.24	24.77
19	U2	环境设施用地	0.05	0.08
	总计		65.57	100

用地汇总表

设计导则

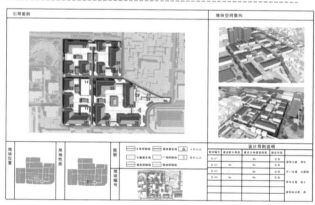

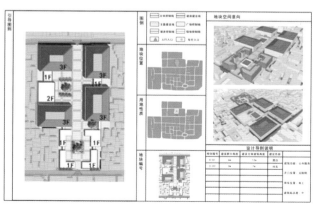

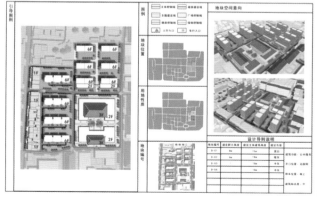

融合共生

——西安北院门回坊文化区规划设计

虽不完美，但是一次致敬

——丁宁

这是大学校园中的最后一次规划设计——"继承与更新"西安北院门回坊文化区规划设计，其成果已经全部编制完成，综合研究——理念定位——城市设计方案——规划方案分析——城市设计导则——专题研究这一系列的过程很充实也很全面，虽然还不是很完美，但至少是自己对于整个大学设计生涯的一个回顾与致敬。

这次的七校联合毕业设计是一次不同以往的人生经历，是一份可贵的财富。有幸能参加这次联合毕设，才能拥抱西安春日的暖阳、漫步霏霏细雨中的西湖；谢谢西建大老师的良苦用心，在开始时就把大家都打乱，让我收获了很多值得相交的朋友与一张张真挚的笑脸；前期调研——中期汇报——最终答辩，让我们在互相交流沟通中碰撞出灵感的火花，见识到不同学校的教学特色以及同学们的风采……收获颇丰，万分感谢！

在此需要特别感谢的是我们的毕业设计导师彭锐老师，在整个毕业设计期间对我们的细致关怀和指导，以及耐心教导和鼓励，让我们可以从狭小的思维空间中得以突破。

最后，感谢大学中所有给予我教导与帮助的老师与同学。

改善人们的生活才是好规划

——吴鹏飞

通过这次毕业设计的课程设计——"继承与更新"西安北院门回坊文化区规划设计，让我学会了很多知识，巩固完善了自己的专业知识框架，开阔了我的眼界，使我认识到做规划追求的不单单是炫酷吸引人的平面效果，更重要的是规划结构的合理以及功能布局的恰当。一个好的规划，并不是自己空想出来的，或是自己臆测的结果，而是被急切的现实需求推出来的，只有解决了主要的矛盾，满足了迫切的需求，将土地的价值发挥到最大化，并使得产生的效益形成最大化，真正改善人们的生活，才是好的规划。

随着最终成果的完成，大学最后一次的设计也进入了尾声，通过与其他院校学生的交流和学习，我发现了自己的不足，明确了前进的方向，心中有很多感激。首先特别感谢西建大和浙工大的老师和同学们的热情招待，给我们创造了这么好的交流的机会；特别感谢彭锐老师对我们的指导与鼓励，让我们一步步深入并完善这个方案；同时感谢我的搭档在整个设计过程中给予的帮助和理解；最后感谢五年里教导过我们的所有老师以及陪伴我共同成长的同学们。

规划背景

主城区规划解读 ——中观角度

"一心三带多中心"
"一心"：是指城市中心及拓展区；
"三带"：包括渭北产业带，南部人文科技带，秦岭北麓生态带；
"多中心"：构建大西安主城区
"一都两廊五邑八水"空间格局
"一都"指大西安都心，"两廊"指东西两条南北方向的人文生态走廊。
"五邑"指新城市副中心，五个新城包括咸阳—泾阳、泾渭、临潼、高新—草堂、曲江
"一引廊、"八水"指通过水系联动、恢复八水绕长安的锦山山水格局，拟成国家标准的宜居城市。

"回坊"由来
"坊"源于唐代，是唐时的一种区域划分。唐长安作为丝绸之路的起点，容纳了大量从西亚、中亚迁入的穆斯林，伊斯兰教也开始在中国传播，为了方便穆斯林依清真寺商居，每座清真寺都成"坊"。

回坊文化区发展背景 ——微观角度

"回坊"概述：
在西起大街，东至广济街的西安古城西北一隅，聚居着约30万回族同胞，当地人称回坊。它以浓郁的穆斯林文化和氛围，为古城构筑了一道特异的风景线。

相关规划

西安市城市总体规划

西安市城市总体规划（2004—2020）
城市规划区范围：本次规划确定的城市规划区范围为西安市行政辖区，总面积为9983平方公里。
城市性质：西安是世界著名古都，历史文化名城，国家高教、科研、国防科技工业基地中国西部重要的中心城市，陕西省省会，并将逐步建设成为具有历史文化特色的国际性现代化大城市。
城市职能：
新欧亚大陆桥中国段中心城市之一；中国西部经济中心；陕西省政治经济文化中心，"一线两带"的核心城市。

西安唐皇城复兴规划

西安唐皇城复兴规划（2005—2055）
规划范围：以明城为主，包含明城墙，以环城东、西、南、北路道路红线外侧100米范围内，并包括东大门、西大门、南大门、北大门及朱雀门影响入城景观的区域。
基本原则：西安唐皇城复兴规划是彻底改变线老城"有墙无城"的历史局面，使之成为世界著名的历史文化古都。
规划定位：
中国重要的历史地标
西安人重要的精神象征
旅游商业服务中心
西安历史、文化、民风、民俗集中体现区

道路断面

道路名称	道路长度	道路宽度	道路断面	道路图片			
北院门	579m	7.0m			西羊市	429m	5.5m
化觉巷	671m	3.0m			大皮院	440m	6.0m

经营模式

下店上居模式
单进合院经营模式　前店后居模式　多进合院经营模式

街巷风格

北院门人群走向流量图

出行调查

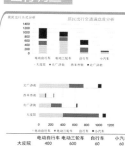

居民出行方式分析
居民北行交通满意度分析

	电动自行车	电动三轮车	自行车	小汽车
大皮院	400	600	60	60
北广济街	200	180	240	20
西羊市街	100	20	120	10
北广济街	500	240	240	60

调查对象A
男 30多岁 暂住
出行方式：自行车 电动车
交通满意度：满意
男 40多岁 工作
货物运输方式：在西华门3D货，换小车进入
运输时间：早上晚上没有游人
交通满意度：影响不大
女 30多岁 居民
出行方式：自行车 电动车
出行频率：较低
交通满意度：满意
男 40多岁 居民
出行方式：汽车
交通满意度：不太满意

规划区位

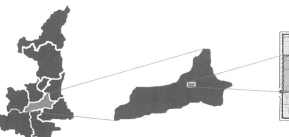

· 划定规划范围

北院门历史文化街区的研究范围是227ha，核心地块研究范围是42ha。

北以小皮院街，南以西大街，西以北广济街，东以北大街为界限，划定规划范围47ha。

· 基地周边情况分析

小皮院以北和北广济街以西的周边多为居住小区，沿街有小型商业普遍。西大街以南和北大街以东多为大型商业综合体与高档餐饮业娱乐为主，以及广场绿化等。

西安
西安位于陕西省的内陆其特殊的环境和气候条件需在规划中多加考虑

北院门
西安回坊北院门地块位于北大街和西大街交叉口西北角处位于西安龙脉之上

核心区
研究区域位于西安地铁一号线与二号线交接的西南角，交通条件优越

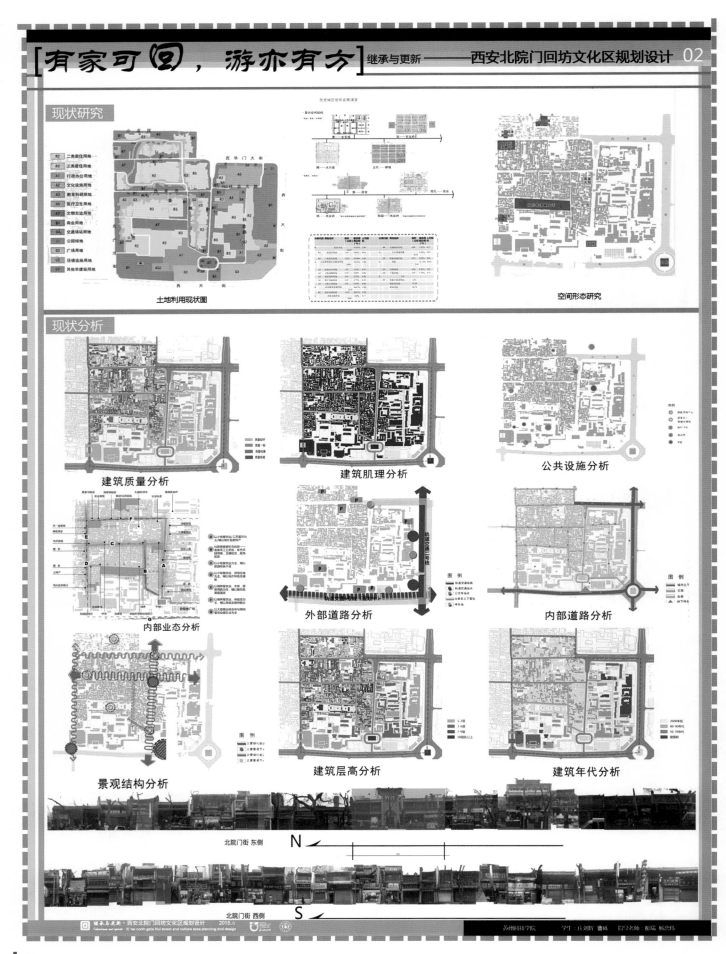

现状研究

历史城区空间发展演变

土地利用现状图

空间形态研究

现状分析

建筑质量分析

建筑肌理分析

公共设施分析

内部业态分析

外部道路分析

内部道路分析

景观结构分析

建筑层高分析

建筑年代分析

N

北院门街 东侧

北院门街 西侧

S

规划定位

功能定位

文化交流——片区内部的清真寺的旅游功能以及外围民俗风情街都是文化交流的有力载体

商业服务——内部的服务于生活的商业设施以及外围面对游客的商业服务片区

商业服务——内部的服务于生活的商业设施以及外围面对游客的商业服务片区

旅游购物——特色的旅游纪念品的销售，配合旅游功能而设计的民俗景观小品

居民生活——保护特色居住环境与民居，构筑内部的绿色通道，还居民以安静和谐的生活氛围

总体定位

集体闲、旅游、购物、文娱、居住、游憩等活动为一体的、具有民族地方特色，提高当地回民生活品质的多功能城市综合街区

理念研究

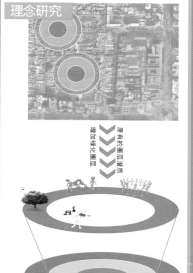

"回"字形街区的产生

完善的管理服务核心

和谐的城市生活关系

（1）整体性、协同性原则
强调规划区的内部空间结构，内部空间结构的系统性和整体性、功能组合的协同性和互动性

（2）多样性、复合型原则
功能多样和土地复合利用，为规划区整个地块提供活力，同时营造多样的公共活动场所，适应多元的绿化空间需求，创造具有吸引力的城市居住空间

（3）生态性、持续性原则
坚持可持续性原则，在塑造优美的居住生态环境的同时，加强环境保护、生态节能，使各功能空间和谐发展

（4）文化性、人性化原则
强调地方文化的挖掘和传统信息的延续，丰富城市的文化内涵。以人为本，考虑人的多样需求，完善配套设施，创造人性化的空间尺度

（5）弹性、可操作性原则
充分考虑现状条件与开发建设的实际情况，注重超前性和长效性。宏观控制和微观引导相结合，建构整体生长的空间结构和切实可行的开发策略，有利于起步建设和分期开发

Q1：回汉之间的文化习俗差异
Q2：来往游客对原住居民生活的影响
Q3：缺乏系统的绿化开敞空间
Q4：回民有共同的信仰，民族凝聚力强

解决好这几个问题，对规划区进行恰当地规划，则需要打好如下三张牌

居住牌 K：现状居住空间混乱，居住与商业紧邻，严重影响居民的正常生活与休息

环境牌 K：现状规划区内绿化设施缺失，居民缺少户外公共空间，居住环境单调

商业牌 K：关于特色的各种店面和街道，太过杂乱而且特色也不突出，交通通达度也不高

肌理
在回字形街区的第三圈层居住圈层中，其现状的建筑空间组合与组织形式虽过于杂乱杂多，但是其整体还是以某种组合形式进行自由排布。规划中提取此元素，将之运用到新的建筑空间中，延续其肌理

开敞空间
在回字形街区的第二圈层布置缓冲带，可以以绿化形式、隔墙形式或者广场形式，讲居住与商业分离，保护居民生活环境不被侵犯，结合现状较大的空地设置几个共公开敞空间，使内部居民"游有所去"

交通
在规划区中，会有城市道路贯穿的情况出现，降低其道路的功能等级，限制外部车辆等的进入，内部自成道路系统，交通体系分明，不予外部直接联系，保持内部的安静与祥和

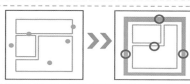
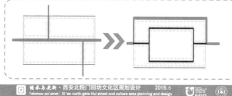

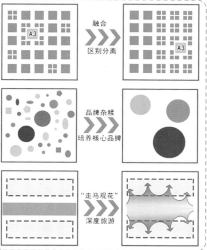

融合 / 区别分离 / 品牌杂糅 / 培养核心品牌 / "走马观花" / 深度旅游

[有家可回，游亦有方] 继承与更新——西安北院门回坊文化区规划设计 04

规划总平面图

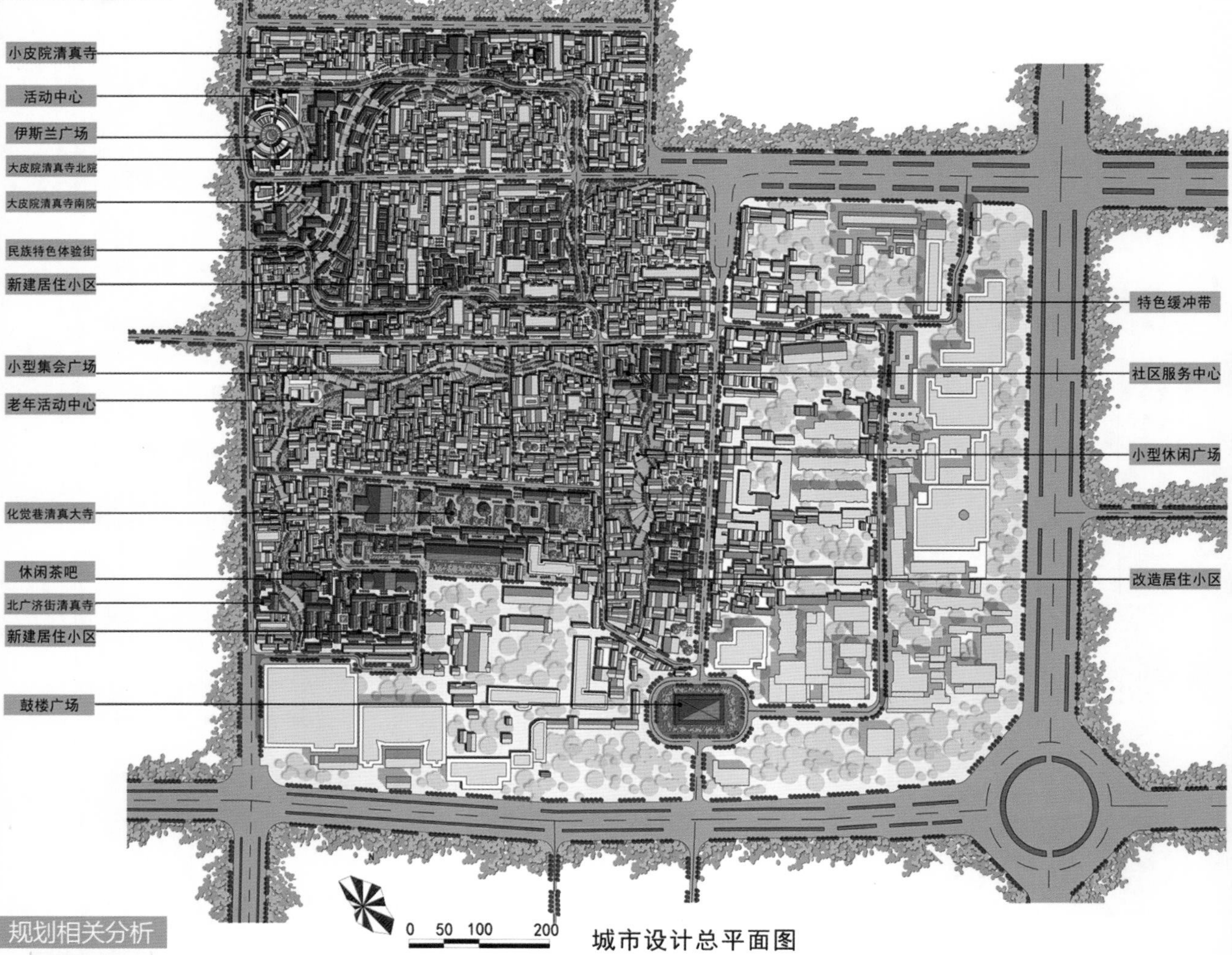

小皮院清真寺
活动中心
伊斯兰广场
大皮院清真寺北院
大皮院清真寺南院
民族特色体验街
新建居住小区
小型集会广场
老年活动中心
化觉巷清真大寺
休闲茶吧
北广济街清真寺
新建居住小区
鼓楼广场
特色缓冲带
社区服务中心
小型休闲广场
改造居住小区
0 50 100 200

城市设计总平面图

规划相关分析

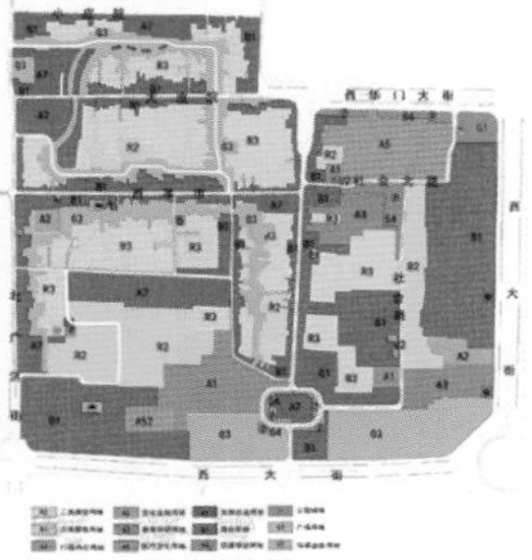

土地利用规划图

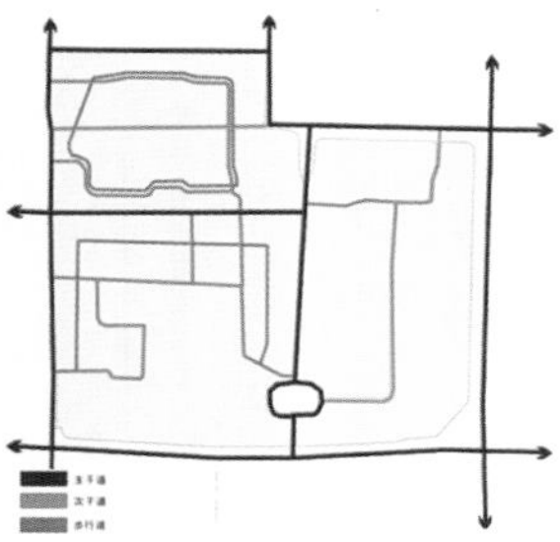

道路系统规划图

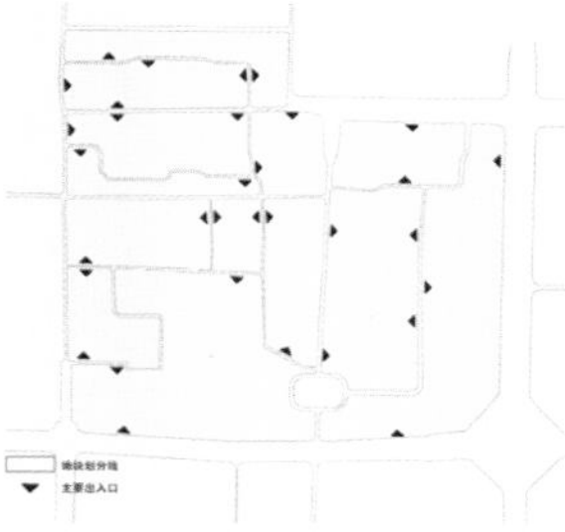

出入口控制图

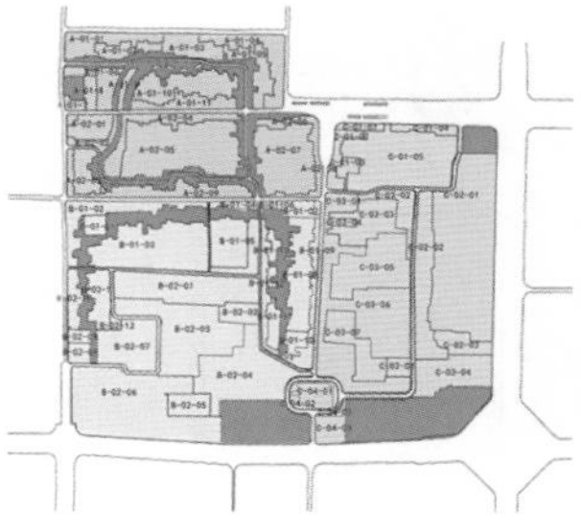

地块划分图

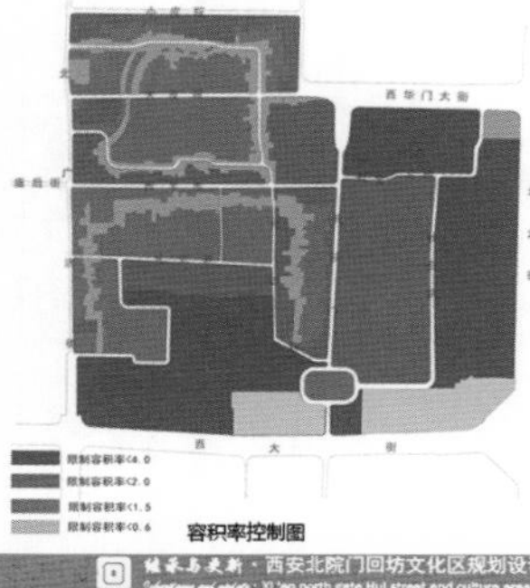

限制容积率<4.0
限制容积率<2.0
限制容积率<1.5
限制容积率<0.6

容积率控制图

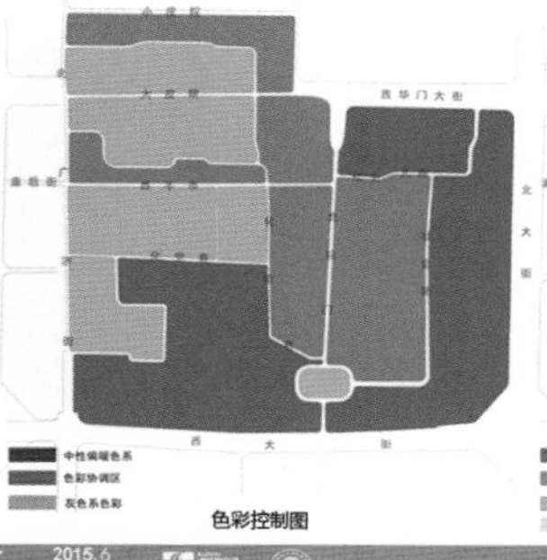

中性偏暖色系
色彩协调区
灰色系色彩

色彩控制图

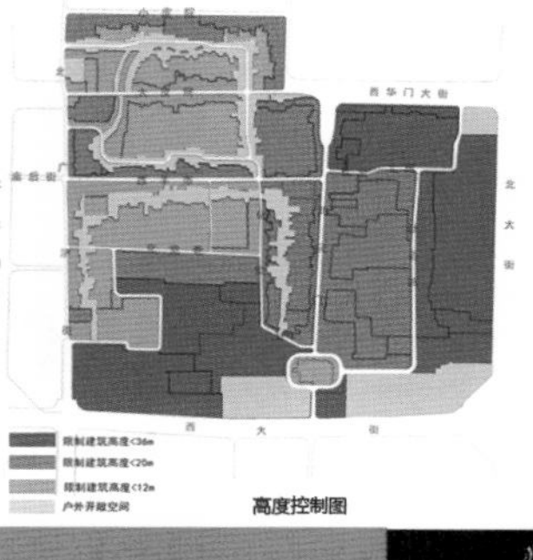

限制建筑高度<36m
限制建筑高度<20m
限制建筑高度<12m
户外开敞空间

高度控制图

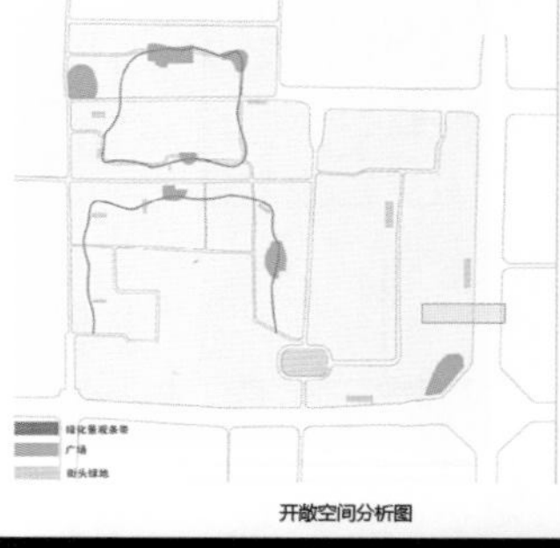

绿化景观条带
广场
街头绿地

开敞空间分析图

苏州科技学院 学生：庄刘辉 曹砾 指导老师：彭瑞 杨忠伟

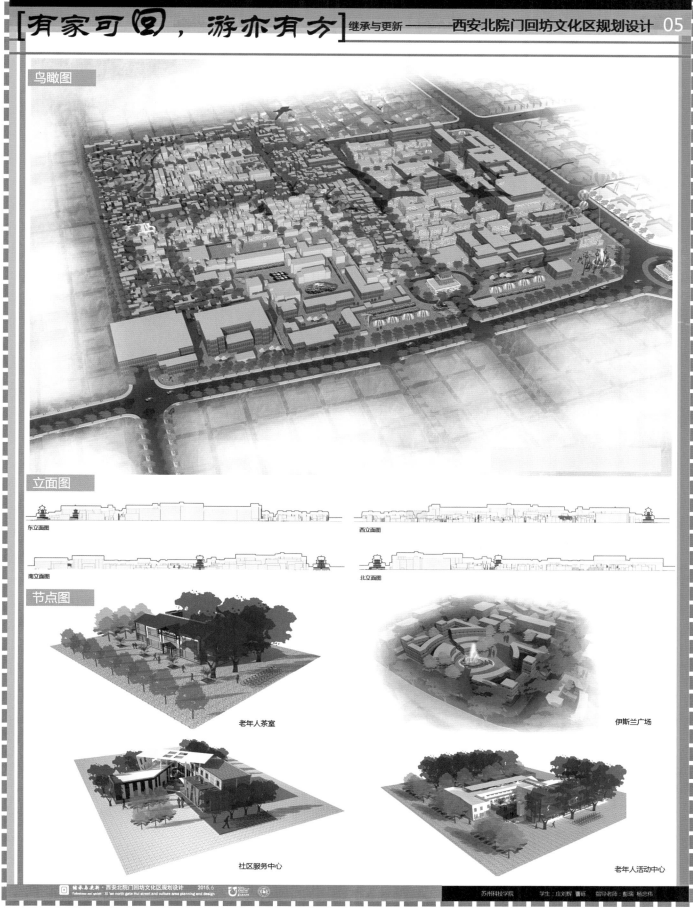

鸟瞰图

立面图

东立面图

西立面图

南立面图

北立面图

节点图

老年人茶室

伊斯兰广场

社区服务中心

老年人活动中心

继承与更新·西安北院门回坊文化区规划设计 2015.6
Inheritance and update: Xi'an north gate Hui street and culture area planning and design

苏州科技学院 学生：庄刘辉 曹研 指导老师：彭瑞 杨忠伟

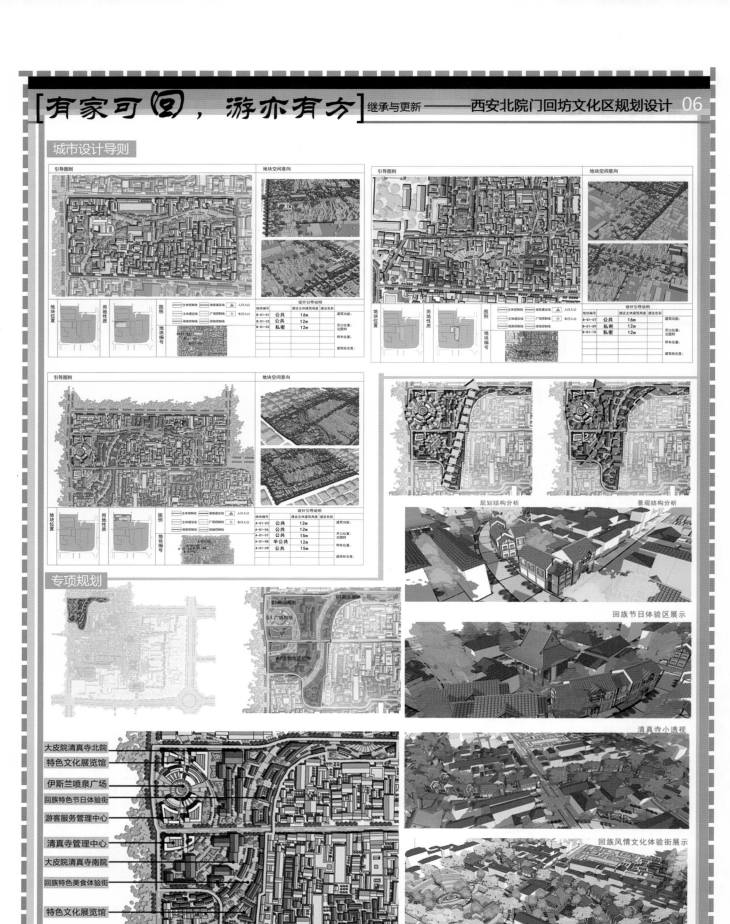

城市设计导则

专项规划

大皮院清真寺北院
特色文化展览馆
伊斯兰喷泉广场
回族特色节日体验街
游客服务管理中心
清真寺管理中心
大皮院清真寺南院
回族特色美食体验街
特色文化展览馆

规划结构分析　　景观结构分析

回族节日体验区展示

清真寺小透视

回族风情文化体验街展示

苏州科技学院　　学生：庄刘辉　曹砾　　指导老师：彭瑞　杨忠伟

有家可回，游亦有方

——西安北院门回坊文化区规划设计

一次考验，一次挑战

——曹砾

毕业设计是我们作为学生在学习阶段的最后一个环节，是对所学基础知识和专业知识的一种综合应用，是一种综合的再学习、再提高的过程，这一过程对学生的学习能力和独立思考及工作能力也是一个培养，同时毕业设计的水平也反映了大学教育的综合水平，因此学校十分重视毕业设计这一环节，加强了对毕业设计工作的指导和动员教育。在大学的学习过程中，毕业设计是一个重要的环节，是我们步入社会参与实际工作的一次极好的演示，也是对我们自学能力和解决问题能力的一次考验，是学校生活与社会生活间的过渡。在完成毕业设计的时候，我尽量地把毕业设计和实际工作有机地结合起来，实践与理论相结合。这样更有利于自己能力的提高。

经过了一段时间的努力，在一些同学和老师们的帮助下，我终于完成了毕业设计这一项重要的任务。回想我们做设计的过程，可以说是难易并存。其中，要把在大学里所学过的知识结合到这里面来，其实，这对于我来说，也是一个小小的挑战，同时也是对大学所学到知识的一次检测。

在做毕业设计的过程中，遇到了很多困难，而且很多是以前没遇到过的问题，如果不是自己亲自做，可能就很难发现自己在某方面知识的欠缺，对于我们来说，发现问题，解决问题，这是最实际的。在遇到自己很难解决的问题的情况时，在查阅了一些资料和经过老师与同学的帮助下，这些问题才得以解决，从而顺利地完成这份毕业设计。从而了解到，关于工程方面的知识还是很深奥的，因此，我们不仅现在，在以后更是要不断去探究的。

总之，对于这一次毕业设计，我感觉个人不但比以前更加熟悉了一些规划方面的知识，还锻炼了自己的动手能力，觉得收获颇丰。同时也会有一种小小的成就感，因为自己在这项任务进行的过程中努力过了。而在以后的实习工作中，我们也应该同样努力，不求最好、只求更好！还有就是，想在此对于我的指导老师和同学们表示衷心的感谢，感谢他们在这毕业设计过程中给我的帮助！

做自己喜欢的事

——庄刘辉

在做毕业设计的那段艰苦岁月里，就决定要写些东西，如此丰富的题材也一定有东西可写，庆幸的是顺利通过了毕业答辩，这就将这几个月的感悟缓缓道来。

哲人常说："人的一生不是在追求快乐，而是在减少痛苦。"痛苦有如实验误差，只能减少不能避免。虽然人人都渴望没有痛苦，也没有人会特意去回忆那些痛苦，但痛苦也并非一无是处，偶尔的回忆，也能唤起心中的斗志，即使不能，也会让我们体会到当下的美好，因为无论生活如何跌宕，我们仍然本能地生存下去，这生存本身，足以打动任何人。

现在想来，那些曾让我们要死不活的痛苦，已在不知不觉中被我们遗留在了内心的深处，历史的尘埃中。也许至今思来，以往的那些痛苦不过是当时的执着不悟，再次思之，不禁莞尔。

在做毕业设计的过程中，自己很是痛苦，什么都不懂，每天盲目地度过，很是不开心，唯一的收获就是让我清楚地明白，世上最美好的莫过于做自己喜欢的事，那样才有激情，才不会感到累，才会意识到自己的价值所在。大家还记得那个没有四肢却不断挑战自我胜过大多数健全人的尼克胡哲吗？他写过一本书叫《不设限的人生》，书中讲述自己如何不受限于自身缺陷的人生经历。他认为我们往往有意识或无意识地给自己设下限制，亦或走进别人给我们设下的限制，我们要做的就是摆脱这些限制。如何摆脱，我想应该是倾听自己的心声，做自己喜欢的事。可事实上，当我们意识到小时候那些奇思妙想的梦想是多么幼稚时，我们已渐渐走进自己和别人设下的限制中，至少一张遮羞布似的文凭就拴住了多少莘莘学子狂放似火的心啊。

最近发现很多同学选择的工作和自己的专业一点关系都没有，更多的是自己喜欢的或适合自己的，我当初很不理解为何他们一开始不选择自己想要的专业，而是更多地选择了那些最有前途的但又不喜欢的，到头来白白浪费了四年光阴，什么也没有学到，但现在想来，应该为他们感到庆幸，及时做出了最好的选择。

也许，我们一生要走很多弯路、错路，大部分时间都过得毫无意义，但只要能即时走到自己想走的路上，一切都还未晚。

项目背景研究

国际背景研究

一带一路：西安为重要节点
西安是陕西省省会和关中城市群与"一线两带"发展的核心城市。
是古丝绸之路的起点，新丝绸之路的重要节点。

国家背景研究

在全国区域经济布局上，西安具有承东启西、东联西进的地理优势。西安地处中国、中西部两大经济区域的结合部。

城市背景研究

西安，古称长安、京兆、镐京，是陕西省省会。西安地处中国陆地版图中心，北瀕渭河，南依秦岭，八水绕长安。
西安历史悠久，有着7000多年文明史，是中华文明和中华民族重要发祥地，丝绸之路的起点。

项目区位研究

西安市城市建设文化体系概念规划
西安是陕西省的省会，陕西的中心，城市地理位置优越，交通便利。

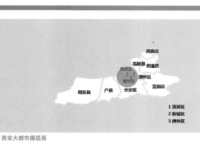

西安大都市圈层面
西安共辖8个市辖区，4个县。基地位于中心城区三区之一（莲湖区/新城区/碑林区）。

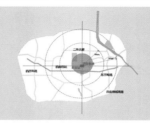

地块位于北大街和西大街交叉口西北角处，位于西安龙脉之上。北院门历史文化街区位于西安市老城区的中心地段，这里曾经是唐长安城皇城和宫城的一部分，唐末至今一直是城市最繁华的区域。

研究区域位于西安地铁一号线与二号线交接的西南角，南部与东部沿线为城市主干道，交通条件优越。基地处于以及商业中心钟楼商业圈内，毗邻西北两大街商贸区。

上位规划研究

西安市文化体系概念规划

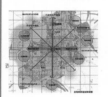

文化结构
在空间体系上，以古城区为核心，周边历史文化区为载体，在主要节点：古城、未央区、高新区，曲江新城构成空间体系的"金字塔"式空间结构。

历史街区保护规划

内城历史保护格局：
北院门历史街区是三个街区中规模最大，保存最为完整，原住民最多的历史街区。

莲湖区分区规划

多元复合开发：
规划改造要点：1.严格划定历史保护界限2.拓宽洒金桥、北广济街等坊内主要道路3.配置相应的教育及医疗设施4.保持原有商业格局，并扩大规模5.迁出公安局等行政单位6.增加绿化及公共空间。

研究范围模型

规划要求

规划要求：
恢复旧城历史人性尺度空间
延续历史文化脉络
发展观光旅游事业
打造精品旅游景点
维护历史文物价值

上位规划研究

唐：皇城所在地，莲湖公园既承天门所在。里坊制格局。

明：变化较大，现今路网格局基本承袭于此时。

宋：皇城东迁，地段衰败，里坊破裂，沿街出现商贸活动。

清：沿袭明制，鱼骨状路网基本成型。

元：沿袭宋制，继续缓慢演变。

民国：局部改造。

研究范围现状分析

现有文化遗产整理

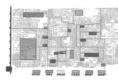

现有基础建设分析

现状道路系统分析

基地外围交通可达性较好，为城市主干道及次干道；但内部道路由于历史原因，道路曲折系数大，道路等级混乱，体系不完整。

现状宗教设施分析

全坊内寺庙分布均匀，但公共空间分布不均，坊内公共活动展开对于不同空间的需求也不同。

现状教育设施分析

现状有三座中学，服务半径1KM。现状有小学六座，满足500m服务范围内教育需求。空间分布基本合理，东南部缺少小学。

现状医疗设施分析

现状有两座重点医院，服务半径0.8km。现状有片区级医院3座，满足400m服务范围内需求。空间分布基本合理，北部缺少医院。

文化的继承 THE INHERITANCE OF CULTURE　　　　**人居环境的更新 THE RENEWAL OF ENVIRONMENT**

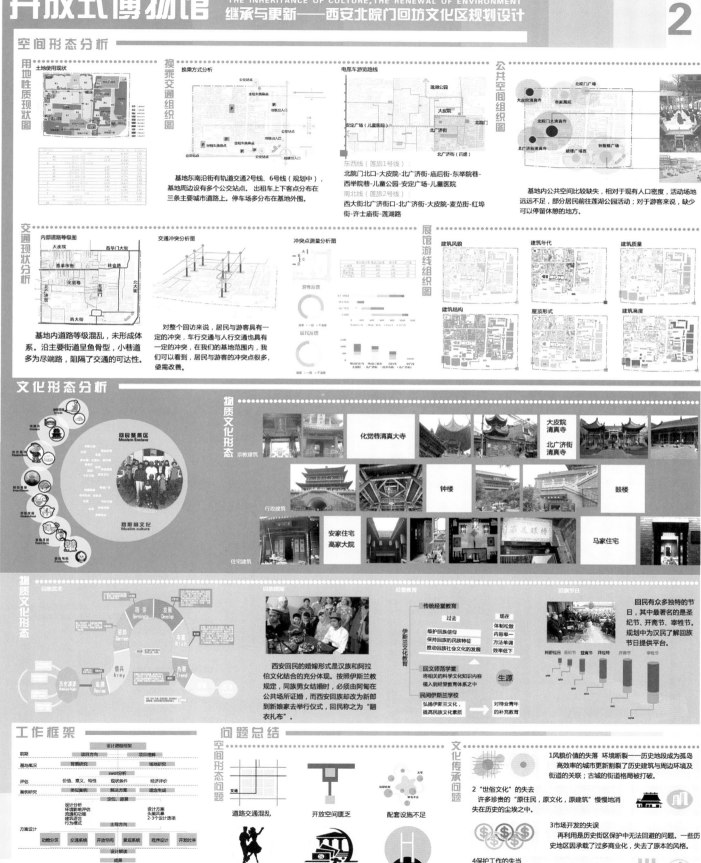

空间形态分析

用地性质现状图

土地使用现状

换乘交通组织图

换乘方式分析

基地东南沿街有轨道交通2号线、6号线（规划中），基地周边设有多个公交站点。出租车上下客分布在三条主要城市道路上。停车场多分布在基地外围。

电瓶车游览路线

东西线（莲旅1号线）：
北院门北口-大皮院-北广济街-庙后街-东举院巷-西举院巷-儿童公园-安定广场-儿童医院

南北线（莲旅2号线）：
西大街北广济街口-北广济街-大皮院-麦苋街-红埠街-许士庙街-莲湖路

公共空间组织图

基地内公共空间比较缺失，相对于现有人口密度，活动场地远远不足，部分居民前往莲湖公园活动；对于游客来说，缺少可以停留休憩的地方。

交通现状分析

内部道路等级图

基地内道路等级混乱，未形成体系。沿主要街道呈鱼骨型，小巷道多为尽端路，阻隔了交通的可达性。

交通冲突分析图

对整个回访来说，居民与游客具有一定的冲突，车行交通与人行交通也具有一定的冲突，在我们的基地范围内，我们可以看到，居民与游客的冲突点很多，亟需改善。

冲突点测量分析图

展馆游线组织图

建筑风貌　建筑年代　建筑质量

建筑结构　屋顶形式　建筑高度

文化形态分析

物质文化形态

回民聚集区 Moslem Enclave

穆斯林文化 Muslim culture

宗教建筑：化觉巷清真大寺　大皮院清真寺　北广济街清真寺

行政建筑：钟楼　鼓楼

住宅建筑：安家住宅 高家大院　马家住宅

物质文化形态

回族武术

回族婚嫁

经堂教育

回族节日

西安回民的婚嫁形式是汉族和阿拉伯文化结合的充分体现。按照伊斯兰教规定，同族男女结婚时，必须由阿訇在公共场所证婚，而西安回族却改为新郎到新娘家去举行仪式，回民称之为"翻衣扎布"。

传统经堂教育

伊斯兰文化教育
回文师范学堂
民间伊斯兰学校

回民有众多独特的节日，其中最著名的是圣纪节、开斋节、宰牲节。规划中为汉民了解回族节日提供平台。

工作框架

设计进程框架

前期：项目方向　项目理解

基地概况：背景研究　场地研究

评估：价值、意义、特性／现状条件／经济评价

案例研究：类似案例／解决方案／理念生成

设计方案／头脑风暴／2-3个设计选项

定位、愿景／主导方向

方案设计：功能分区　交通系统　开放空间　景观系统　程序实现　开发序列

设计解读

成果：资料库　展板　文本　ppt　汇报

总结

问题总结

空间形态问题

道路交通混乱

开放空间匮乏

配套设施不足

文化传承缺失

商业业态低端

底蕴展示单一

文化传承问题

1风貌价值的失落　环境断裂——历史地段成为孤岛高效率的城市更新割裂了历史建筑与周边环境及街道的关联；古城的街道格局被打破。

2 "世俗文化"的失去
许多珍贵的"原住民，原文化，原建筑"慢慢地消失在历史的尘埃之中。

3市场开发的失误
再利用是历史街区保护中无法回避的问题。一些历史地区因承载了过多商业化，失去了原本的风格。

4保护工作的失当
自上而下的保护体系，带来拆迁困难、新建内容不敷使用、居民对遗迹缺乏主动保护意识等现象。

规划概念解析

规划目标

黄金地价 RESERVED MOSQUE
业态植入 FORMAT IMPLANTATION
继承与更新 SUCCESSION AND RENEWAL
推倒/重建 PULL DOWN RECONSTRUCTION
原封不动保留 WHOLLY INTACT RETENTION
除了清真寺不能动
新业态植入
保留有经济效应的点 ECONOMIC EFFECT

开放式博物馆
生态博物馆成"新"博物馆

地域边界
景观
居民
遗产
长寿
文化认同
搜集的记忆
特定场所
传统
生态博物馆

国际博协自然历史委员会推荐的定义

"开放式博物馆是这样一个机构,通过科学的、教育的、或者一般来说的文化的方式,管理、研究和开发一个特定社区内的包括整个的自然环境和文化环境的整个传统。因而这种开放式博物馆是公众参与社区规划和行动的一个工具,并且这种博物馆是管理上使用所有手段和方法来进行公众以一个自由的和负责的态度来理解、批评和面对其所面对的问题。本展览,开放式博物馆留给其主体其思想的变化,使用工艺品、真实的日常生活和具体的环境作为它的表现手段。"

概念解读

是对时间的一种表现:
人类活动历史过程

开放式博物馆到底是什么?
是一种理念
是一个机构
是一种管理模式
是一个空间形态

是对空间的一种解释:
实验室/保护中心/学校

实验室:研究当地,提供资料/培训专门人才/与外界合作

资源保护中心:保护和发展自然和人的文化遗产

学校:鼓励人们更清醒的掌握未来

概念适用性分析

管理模式分析

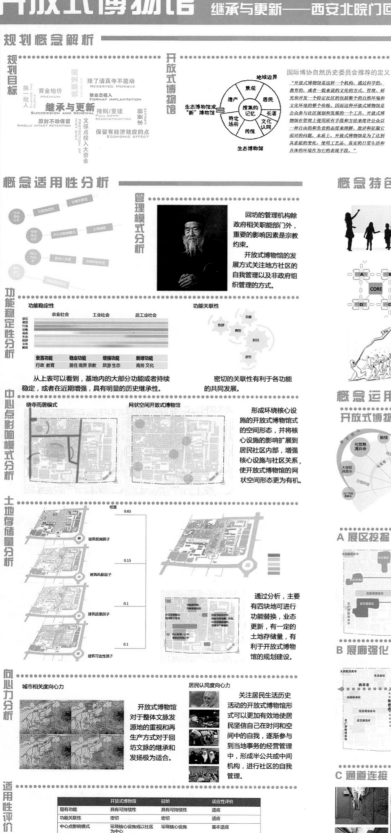

回坊的管理机构除政府相关职能部门外,重要的影响因素是宗教约束。

开放式博物馆的发展方式关注地方社区的自我管理以及非政府组织管理的方式。

功能稳定性分析

衰落功能	稳定功能	增强功能	新增功能
行政 教育	居住 商贸 宗教	旅游 生态	商务 文化

功能关联性

从上表可以看到,基地内的大部分功能或者持续稳定,或者在近期增强,具有明显的历史继承性。

密切的关联性有利于各功能的共同发展。

中心点影响模式分析

绕寺而居模式

网状空间开放式博物馆

形成环绕核心设施的开放式博物馆式的空间形态,并将核心设施的影响扩展到居民社区内部,增强核心设施与社区关系,使开放式博物馆的网状空间形态更为有机。

土地存储量分析

0.65 建筑反映因子
0.15 建筑风貌因子
0.1 建筑远景因子
0.1 建筑可达性因子

通过分析,主要有四块地可进行功能替换,业态更新,有一定的土地存量,有利于开放式博物馆的规划建设。

向心力分析

城市相关度向心力

居民认同度向心力

关注居民生活历史活动的开放式博物馆形式可以更加有效地使居民坚信自己在时间和空间中的自我,逐渐参与到当地事务的经营管理中,形成半公共或中间机构,进行社区的自我管理。

适用性评价

	开放式博物馆	回坊	适应性评价
现有功能	具有可持续性	具有可持续性	适应
功能关联性	密切	密切	适应
中心点影响模式	环绕核心设施以社区为中心	环境核心设施	基本适应
土地储备	需要一定土地储备量	具有一定土地储备量	适应
城市相关性	文脉生发点	依城层发生发点	适应
居民认同度	有认同度	认同度强	适应
管理模式	社区自管理:NPO模式	宗教约束力	基本适应

概念特色

1积极开展地区教育活动,保持传统文化的延续性
开放式博物馆理念对于地区教育的重视,正好弥补了传统文化教育的缺失,为地区特色的保存提供了一种持续性的保障。

2以开发和复兴促进保护
结合原有遗建,重建和新建博物馆需要的文化或服务设施,并关注当地的社区结构。关注历史地段本身跟随时代的变化。

3选择性保护创造更多的"可用"地
开放式博物馆,则选择性关注历史地段中最有保存价值的几个点,给新功能的产生和城市其他功能的引入留出了空间可能性。

4充分挖掘城市文化的作用,以城市文化带动地区复兴
再现传统的社区生活和各类特色民俗。不排斥现代生活条件下,这些城市文化的变化与发展。

5以政府为主导,以开发商为主体的项目运作方式
政府进行强势管理,对开发项目进行选择性引进。

6博物馆展览的流动性,带动功能之间的流通融合
游客渗透到当地居民日常生活当中,感受最平实最真实的文化遗产。

概念运用策略

开放式博物馆示意图

A 展区挖掘

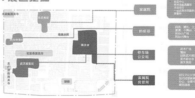

B 展廊强化

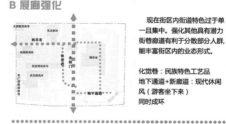

现在街区内街道特色过于单一且集中,强化其他具有潜力街巷廊道有利于分散部分人群,能丰富街区内的业态形式。

化觉巷:民族特色工艺品
地下通道+新廊道:现代休闲风(游客坐下来)
同时成环

C 通道连接

不一定要全部通,但是在可供游览功能的同时,达到提升民生活氛围或中环境品质的提升的效果

局部收窄(如下水道口,消防栓,窨井盖等)

穿插小品(时钟,特色门窗,生活物件)
光线引入(小巧悬挂式路灯)

植入花草(根据尺度,盆景,花道,挂式植物)

D 回归居民 公共空间

街区内建筑填充的方式早已由最初水平扩张向现在垂直扩张的模式发展。

结合"新展区",为原住民提供充足的游憩场所与基础服务设施。

D 回归居民 私人空间

利用狭小的院落空间,布置立体式植物书架,在墙面上悬挂小物件。

规划分析图

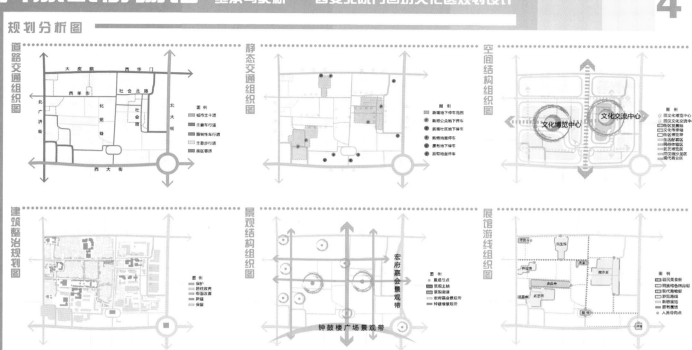

道路交通组织图　静态交通组织图　空间结构组织图

建筑整治规划图　景观结构组织图　展馆游线组织图

总体平面图

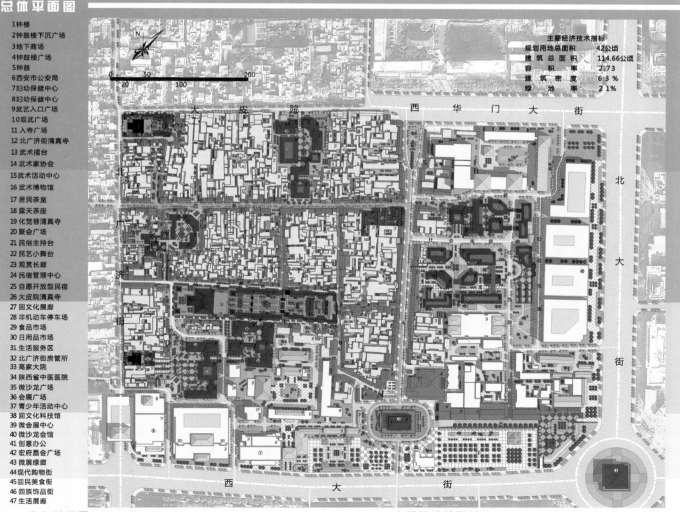

1 钟楼
2 钟鼓楼下沉广场
3 地下商场
4 钟鼓楼广场
5 钟鼓
6 西安市公安局
7 妇幼保健中心
8 妇幼保健中心
9 武艺入口广场
10 观武广场
11 入寺广场
12 北广济街清真寺
13 武术擂台
14 武术家协会
15 武术活动中心
16 武术博物馆
17 居民茶室
18 露天茶座
19 化觉巷清真寺
20 聚会广场
21 民俗主持台
22 民艺小舞台
23 观赏长廊
24 民宿管理中心
25 自愿开放型民宿
26 大皮院清真寺
27 回文化展廊
28 非机动车停车场
29 食品市场
30 日用品市场
31 生活服务区
32 北广济街房管所
33 高家大院
34 陕西省中医医院
35 微沙龙广场
36 会展广场
37 青少年活动中心
38 回文化科技馆
39 微会展中心
40 微沙龙会馆
41 创意办公
42 宏府嘉会广场
43 微展廊
44 现代购物街
45 回民美食街
46 回族饰品街
47 生活展廊

主要经济技术指标

规划用地总面积	42公顷
建筑总面积	114.66公顷
容积率	2.73
建筑密度	63%
绿地率	21%

开放式博物馆

THE INHERITANCE OF CULTURE, THE RENEWAL OF ENVIRONMENT
继承与更新——西安北院门回坊文化区规划设计

规划分析图

住宅更新

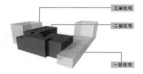

三层住宅
二层住宅
一层住宅

步骤一：基地住宅混乱，住宅间距过近。为最大程度统一，将同层相邻建筑作为整体考虑，并为住宅内开放空间的设置提供条件。

平面切割
高处下拉
低处上升

步骤二：由于地块内私搭乱建现象严重，同层相邻建筑之间屋顶高度存在差异。选取相对折中的屋顶标高，对建筑的屋顶平面进行拉伸处理。

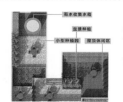

雨水收集水箱
盆景种植
小型种植区 屋顶休闲区

步骤三：在考虑建筑家族属权的基础上，合理利用屋顶空间增加居民休憩场所。

步骤四：对建筑外立面进行统一。并增设人行通道满足安全需求。

在沿街建筑一楼布有家庭作坊时，在拐角开窗，实现居民原态生活共享。

小品更新

路灯设计

"中国结" "灯笼串" 景观灯   灯笼，马蹄院灯

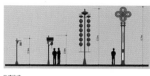

尺寸比价

在灯饰的设计和选用上，力求风格与整体统一。在入口广场、特色街区等设置以中国红为主色调景观灯。

在自然休闲空间、居住内部空间，小空间廊道中选用庭院灯。

垃圾桶设计

北方建筑，小品大多较为厚重，粗糙。街区内小品的设计统一以红色为主，并且融入中国传统图案。细致的小品设计，将会使地块有别于其他街区。

路牌设计

局部透视图

美食街街景	住宅内部	展廊巷道改造	统一沿街立面
			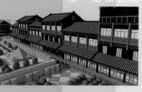

总体鸟瞰图

文化的继承 THE INHERITANCE OF CULTURE   人居环境的更新 THE RENEWAL OF ENVIRONMENT

开放式博物馆

THE INHERITANCE OF CULTURE,THE RENEWAL OF ENVIRONMENT
继承与更新——西安北院门回坊文化区规划设计

文化继承·原有展馆

钟楼透视图
鼓楼透视图
北广济街清真寺
化觉寺清真寺
大皮院清真寺
高家大院

策略反馈

目标—继承与更新 → 解读—文化继承，生活环境更新

策略—打造开放式博物馆

空间承载

清真寺
钟鼓楼
高家大院
武艺馆
民俗馆
民生馆
微沙龙

住宅改造
街巷空间改造
基础设施配套

展廊美化

展馆生成

回归课题

开放式博物馆完整体

建馆步骤

步骤一：将历史建筑保护性开发为展馆。
步骤二：可利用地块开发为开放性展馆。
步骤三：沿街建筑统一风貌，改造平立面适合街区发展。
步骤四：住宅改造
步骤五：保留公安局，中医院，宏府嘉汇等近几年建造与改造建筑物。
步骤六：在原有街巷肌理基础上，梳理道路连廊，通布不畅。

文化继承·新增展馆

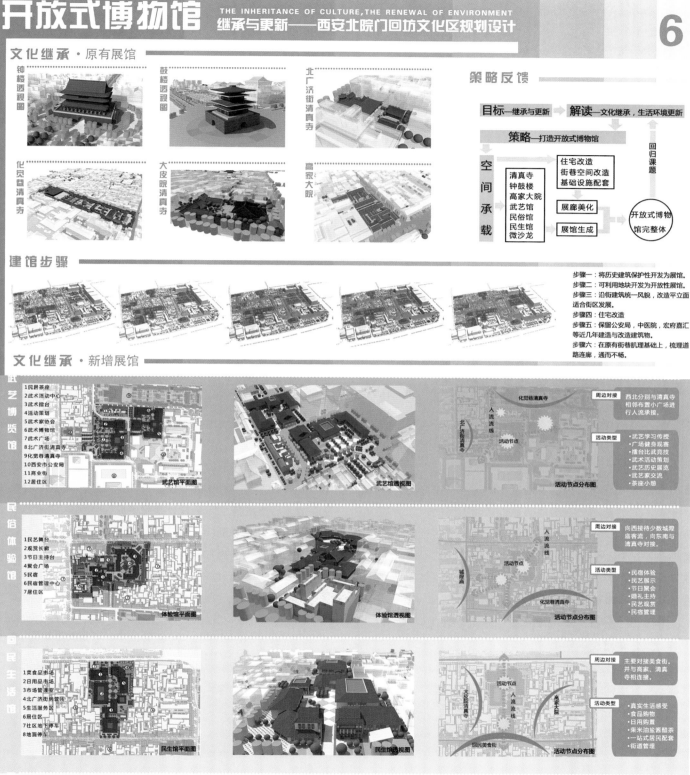

文化的继承 THE INHERITANCE OF CULTURE

人居环境的更新 THE RENEWAL OF ENVIRONMENT

开放式博物馆

——西安北院门回坊文化区规划设计

匠人营国，不忘初心

——李琴诗

七校联合设计是很好的一个平台，作为大学五年学习的一个句号，作为毕生学习的一个逗号，别有深意。

借着这个平台，以规划的角度去领略了千年古都——西安，感受他的包容和大气，感受他的多元和沧桑。以规划的视角去深入回坊，体会它的独特，体会它的团结。同时也非常愉快的享受了西安和江南完全不同风格的美食。

借着这个平台，感受不同学校的风采。在这里，老师会讲更多不同的经历，不同的老师也有着不同的理念，甚至会有看似截然相反的观点，大家平和而有热烈的进行交谈，作为学生领略到不同的思想境界。同时也感受到不同的学校带出不同气质的学生，比如苏科师生极具艺术气息，北建的学生敢想敢做不落窠臼，西建的学生踏实细致将工作落到实处。

借着这个平台，和同伴的合作也有很多的收获。在软件操作方面，通过交流知道很多的技巧，更是惊叹她的学习能力。在方案设计方面，也为她的奇思妙想所折服。在理念方面，开放式博物馆的学习和应用，让自己的思维也更为开阔。

大学的学习即将告一个段落，而学习是一辈子的事情。通过这次的训练，相信可以走的更稳，更远。匠人营国，不忘初心。

设计是没有正确答案的

——罗霞

大学五年，是绚丽还是平凡，都好，最后都以这次的毕业设计做了总结。七校联合设计，让我珍存了太多毕业感触。通过与各校的交流，我接触到了因不同地区，不同院校，不同老师而产生的不同思维，让我不得不感叹之前自己所认识的世界太狭隘了。

毕业设计是展示自己的一个小平台，在其中我们会听到不同的声音，不同的意见，以及不同的评价。而这个时候就得要由自己去抉择，因为设计是没有正确答案的。重要的是自己是怎么去理解现状，如何去挖掘可利用资源，最后如何去引导它向更适合的方向去发展。这也就是说设计是永远不会有最好的状态的，但一旦给它定了一个路径，我们得有一个充分的理由。最后再将自己的想法，利用点线面在图面上表示出来。

一学期的毕业设计，让我重新审视了自己对规划的态度。从现状调研到分析，再到概念的提出，都花费了比以往更多的精力。希望自己能在不断的挣扎与蜕变中，逐渐找到更加正确的道路。

文化之旅 西安北院门回坊文化区规划设计

区位背景

中观区位

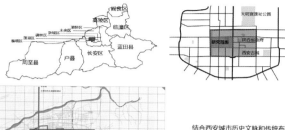

结合西安城市历史文脉和传统布局特色，确定了"九宫格局"为西安城市的空间布局形态。经过周秦汉唐等多个朝代的发展，城池由西南向东北方向上变迁，最终唐明清选址在西安现在的位置。而基地从唐朝开始就存在于城池的核心位置，处于历代文化主要轴线上。

微观区位

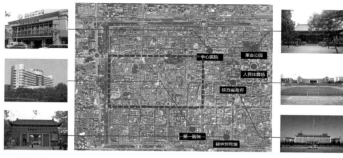

研究地块位于皇城的西侧，地块西、北和南侧多为大型商业和居住区，而地块东侧城市功能业态丰富，博物馆、体育场、政府等重要的城市大型公建都位于地块的东侧；同时，本研究地块位于城墙内的西侧，紧邻城墙，是古城的入口门户形象。因此本研究地块不仅是对该地区，回民族文化及伊斯兰教宗教文化的传承，同时，该地块的继承与发展，在城市文化传承、城市风貌上有着重要的作用，因为在快速的城市化进程当中，不同文化不同种族之间的碰撞和融合，共同发展和进步，是城市进步的体现，更是城市化进程中必须经历的过程。

历史沿革

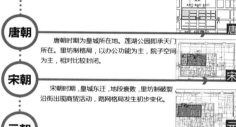

唐朝　唐朝时期为皇城所在地。莲湖公园即承天门所在。里坊格局，以办公功能为主，院子空间为主，相对比较封闭。

宋朝　宋朝时期，皇城东迁，地段衰败，里坊制破裂沿街出现商贸活动，路网格局发生初步变化。

元朝　元朝时期，沿袭宋制，继续缓慢演变，局部进行改造。

明朝　明朝时期，地块空间结构变化较大，现今路网格局基本承袭于此时，唐皇城轴线变窄，商贸繁华。贡院、北院等迁入，丰富了地块内的业态组成及空间布局。

清朝　清朝时期，沿袭明制，鱼骨状路网基本成型，空间结构基本成熟。

民国　民国时期，本地块进行了局部的改造，但整体空间结构并没有发生变化。

1950
性质：以轻型精密机械制造和纺织为主的工业城市
规模：到1972年人口发展至122万人，城市用地131平方公里。
规划布局：以明城为中心，主要沿东、西、南三个方向往外发展。
功能区：东部纺织城、西部电工程、南部文教科教区、北部文物保护区、老城行政商业区。

1980
性质：我国历史文化名城之一，陕西省省会
规模：到2000年人口发展至180万人，城市用地为162平方公里。
古城保护原则：显示唐长安的宏大规模，保持明清西安的完整格局，保护周秦汉唐的重大遗址。

1995
性质：陕西省省会，中西部重要的中心城市，全国重要的科研、教育基地，旅游基地。
规模：到2010年城市人口310万，用地275平方公里。
布局形态：中心集团，外围组团，轴向布点，带状发展。中心城市由中心市区和围绕周围的11个组团组成。

2004
性质：西安是世界著名古都，历史文化名城，国家高教、科研、国防科技工业基地，中国西部重要的中心城市，陕西省省会，并将逐步建设成为具有历史文化特色的国际性现代化大城市。
规模：2020年总人口规模控制在1000万人左右，年均增长率控制在1.5%以内，2020年规划建设用地为900平方公里。

未来
城市职能：国际旅游城市；新欧亚大陆桥中国段中心城市之一；国家重要的科研、制造业、高新技术产业和国防科技基地及交通枢纽城市；中国西部经济中心；陕西省政治经济文化中心，"一线两带"的核心城市。

上位规划

西安市莲湖区规划

【西安市莲湖区分区规划】
1. 严格划定历史保护界限
2. 拓宽洒金桥、北广济街等坊内主要道路
3. 配置相应的教育及医疗设施
4. 保持原有商业格局，并扩大规模
5. 迁出公安局等行政单位
6. 增加绿化及公共空间。

【无形文化遗产栖息地分布图】

【文物点分布图】

【传统民居、名人宅第分布图】

【古树名木保护图】

【西安唐皇城复兴规划】规划策略：
1、保护与恢复历史街区、人文遗迹，传承历史文脉。
2、有机更新，建立富有个性的城市风格，促进西安旅游业的发展。
3、疏散老城人口，降低建筑高度，减小建筑密度，提高环境质量。
4、行政办公机构外迁，减轻老城市功能负担。
5、完善基础设施建设，改善老城交通环境。

功能业态分析

现状用地分析

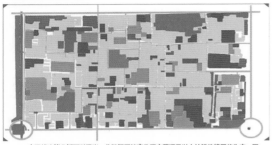

产业结构分析

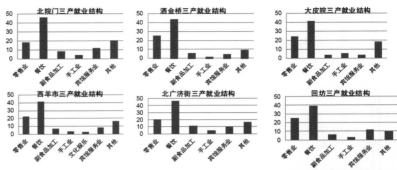

由数据分析可以看出，基地将餐饮业作为其支柱产业，在就业结构中占有将近一半的比例，回民小吃也成为了回坊文化区的招牌，甚至是西安市具有吸引力的地方，来访游客的必到之处。同时零售业也占有一定比例，而手工业、加工业和服务业等就业比例相对较少。

由现状功能分析可以看出，北院门回坊文化区主要还是以大片的传统居住为主，同时，特别是地块的中部和东南片区，围绕着历史文物古建筑，主要以回民的传统民族宗教居住为主，基本呈现依寺而居的居住形态。同时，民族传统商业在片区内也大量分布，主要是在回坊内部沿临街展开的形式布置，其中，以民族零售业、餐饮业为主，以回民族小吃为主打招牌商品；外部毗邻城市主干道的街道两侧多为城市大型商业，为营造宏伟的古城气魄打造基础。同时，地块内的公共服务设施也是一定的考虑，医院、学校等配套设施均有覆盖。但现状当中，确实存在很多荒废或待建设的空地。

人群行为分析

道路交通现状

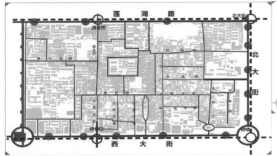

研究地块外部交通便利，毗邻三条城市主干道，且地块四周有四个地铁站及数个公交车站，因此可达性非常高，但内部交通混乱，没有完整的路网体系。所以，在规划当中，我们应该对于路网的梳理着重考虑。

汉民公共空间使用现状

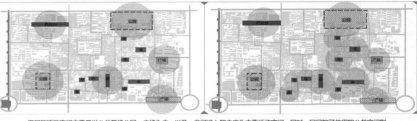

汉民的活动空间主要是以公共开敞公园、广场为主，以及一些可进入的寺庙为主要活动空间，同时，回民的可使用的公共空间则是在公园、广场的基础上，多了清真寺这一使用频率很高的宗教场所。

从回、汉民公共空间使用现状的对比图我们可以看出，首先，无论是对汉民或是对回民来说，他们的活动空间类型单一，区域分布不均，公共开敞空间明显不足，不能消化这里大量的原住民和外来游客；同时，通过对比我们可以发现，汉民的活动空间明显低于回民，这对于大多数的游客或是外界的汉民来说都是存在相当大的局限性的。所以我们的设计应该重增加公共空间的设计的布点。

回民公共空间使用现状

历史文化分析

用地综合现状

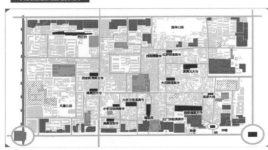

坊内现存12座清真寺及钟鼓楼等其它重点文保单位，这些文化点是北院门回坊文化区最主要的民族文化和宗教文化的继承点，所以这些文化点的文化寄托和传承是至关重要的，同时也是北院门回坊文化区的核心吸引点。坊内公服设施有一所中学，一所职业中专，五所小学，五所医疗设施。另外，有许多单位大院及行政办公用地。大型商业主要沿街布置，小型民族商业主要分布于内部街道两侧，特别是北院门大街两侧。但仍有部分用地出现空白，用地目前停滞或荒废或待建，规划可以作为公共绿地空间设计，为紧密的坊内建筑密度增加一些呼吸的空间，和居民游客可活动的空间。

学校分布现状

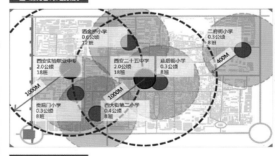

地块内有九年义务教育的中学一所，职业中专一所，小学五所，根据国家标准及北院门回坊文化区特殊的居住条件，设定中学的服务半径为1000m，小学的服务半径为400m，仅按服务半径来分析，除基地东南角之外，基本可以满足基地内使用者对于学校的需求。但是深入研究，就学校的教学规模、设施配套、教学质量来说，其实并不尽如人意，有很多学校慢慢衰败直至消亡，所以其实在北院门回坊文化区内，学校的是供小于求的。

学校变迁情况

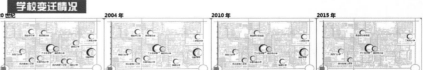

随着党的民族政策的贯彻落实，相继出现了多所创办的有声有色的民族小学，也曾经一度辉煌过，而后又根据国家的民族教育政策、规划进行调整，以及因为用地权属等种种原因导致民族教育规划的未能实施，回坊内部文化教育的逐步走向衰亡没落，回中及部分小学慢慢出现没落甚至消亡的趋势，回坊内文化教育事业的未来堪忧。

文化之旅　西安北院门回坊文化区规划设计

设计理念导出

题设理解

继承与更新

从分析西安北院门回坊地区历史、区位特点入手，对历史文化遗产、现状建筑、道路格局、经营业态、景观环境、交通组织、配套设施等方面深入调研，结合西安明城区文化、商贸、旅游及城市名片整体发展的要求，合理确定定位、划定范围、开展设计。

【继承】

继承什么？为什么要继承？如何继承？我们是应该保护清真寺，承袭关中民居，保留仿唐建筑还是保护街巷空间？的确需要，但是如果没有人的存在，那些仅仅就是失去灵魂的空壳建筑而已。

人，是继承的载体。

【更新】

更新什么？为什么要更新？如何更新？完善路网体系，整治建筑风貌，或是建立完整的绿化系统，是否就能够更新北院门回坊地区呢？如果没有了原住民的存在，文化流失，那么这里就仅仅是一座新城市而已。

人，是更新的主体。

【核心】

真正的城市化是人的城市化。

地区的继承与更新，其核心应该是人的继承与更新，因为，人是继承的载体，是更新的主要动力。因此本题被继承与更新，我们可以理解为人，世世代代生活在这里的原住回民及后期迁来的汉民，应怎样在回坊中发展，才能承担文化的继承和传承，促进回坊的更新和发展。那在这些人当中，回族青年的发展有其重要，他们是回族的未来，是帮助回坊文化健康可持续发展的持续动力，所以他们的素质，他们的成长，更是所有要素之间，最重要的环节和因素。

【反思】

生活在这里的回民们，特别是回族的青少年们，他们可以继承这里独特的民族文化和特有的宗教文化吗？他们有能力更新回坊的有形无形的文化遗产使其能跟上快速的城市化速度并且积极促进回坊文化区的健康可持续发展吗？

但是我们现状观察到的场景却并不如人意，我们看到沿街的小摊基本都是正值青年的孩子与他们的服务一起张罗生意，或是在人群攒动的街道上打打闹闹，基本没有属于他们的时间和空间去健康的成长。那么这些回坊内的青年们，这些小孩子们，是否有能力承担起回坊内民族文化和宗教文化的继承与更新呢？

文化教育现状分析

回坊内学校发展现状

1949年以后，回族学生较多的是如下五所学校，直至1989年，这些回族较多的小学在校学生及教职工情况如下：

截止至1995年西安市回坊民族小学统计

校名	学生总数	其中回族学生		教职工	其中回族数	
		人数	百分比	数	人数	百分比
洒金桥小学	259	250	96.5%	25	6	24%
庙后街小学	495	238	48%	32	12	37.5%
洒金桥小学	393	157	39.7%	31	3	9.7%
回坊小学	496	375	94.7%	45	20	44.4%
大麦市街小学	279	229	82.1%	31	8	25.8%

资料来源：西安市教育志编纂委员会，《西安市教育志》，陕西人民出版社，1995年，第66-69页。

随着党的民族政策的贯彻落实，相继出现了多所创办的有声有色的民族小学，后又根据国家的民族教育政策、规划调整，经过一系列的调整、增设和合并，到目前为止，莲湖区共认定民族小学四所，分别为洒金桥小学、庙后街小学、二府街小学和西大街第二小学。

回坊民族小学基本情况统计

学校名称	创建时间（年）	校址	占地面积（㎡）	教职工人数	在校学生数	备注
回民小学	1918	化觉巷17号				原名化觉巷小学，1980年更名为回民小学，于2001年并入庙小学，校址归小一小学及其附属西大街第一小学使用
二府街小学	1929	二府街20号	3150	19	314	
庙后街小学	1932	庙后街65号	4467	29	298	
大麦市街小学	1936	大麦市街55号	3578	/	/	目前为办公，现由西安莲湖区职金技能培训学校运营
西大街第二小学	1946	西大街439	4721	31	245	2007年与庙街第二小学合并
团结小学	1949	人成路13号	2335	/	/	2001年与化觉巷回民小学、西大街第一小学合并为团结小学
劳武巷小学	1962	劳武巷2号	6679㎡	/	/	建制撤销，校址划为洒金桥小学东
洒金桥小学	1962	系列：劳武巷2号 / 西区：洒金街130号	12760	37	500	洒金桥小学于1962年与劳武巷小学合并，目前新的校址为旧武巷小学（现更洒金桥小学合并为洒金桥小学西）
					校址调整	
新绿小学	2001		12398	7	/	由回民小学、西大街第二、团结小学于2001年合并而成，目前校址调整，等待新建

资料来源：根据笔者在西安市莲湖区教育局相关小学录得的田野资料整理。

坊内适龄学生受教育情况

回坊地区适龄入学人口与在校学生人数统计

学校	回坊地区适龄入学人口数			在校学生总数					
				04-06年		05-06年		06-07年	
	2004年	2005年	2006年	学生数	回族	学生数	回族	学生数	回族
资院门小学	459	436	419	247	111	165	77	115	44
洒金桥小学	1056	1025	979	547	229	477	194	501	211
二府街小学	506	496	503	241	131	256	122	275	117
装糖小学	726	767	784	76	60	55	47	34	32
庙后街小学	471	415	390	325	213	296	191	291	194
西大街第二小学	414	425	444	149	96	216	71	216	66
合计	3632	3676	3519	1585	840	1475	702	1432	664
回中	1019	881	669	224	171	73	58	69	44
二十五中学	1282	1150	1040	693	317	657	317	608	281
合计	2301	2031	1709	917	488	733	375	677	325

数据来源：莲湖区民族教育发展规划（2008-2012）

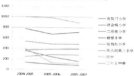
回坊内中小学规模走势图（2004-2007）

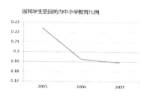
回民学生受回坊内中小学教育比例

回坊内的学校教育规模逐渐萎缩，在回坊内受教育的学生数量逐渐减少，这也导致了回坊内中小学的办学规模的逐渐减小。

回坊内学校现状

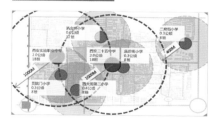

随着党的民族政策的贯彻落实，相继出现了多所创力的有声有色的民族小学，后又根据国家的民族教育政策、规划调整，经过一系列的调整、增设和合并，到目前为止，莲湖区共认定民族小学四所，分别为洒金桥小学、庙后街小学、二府街小学和西大街第二小学。但是这几所学校是否真的能够延续民族小学的特色和传统呢？事实并非如此。由于种种原因，导致很多学校的逐渐衰败，仅有的学校却现状却是不尽如人意。

回民诉求

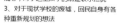

1、对于很多学校的没落和消亡，很多从这里走出的回民都表示惋惜
2、很多回民对于回坊内的教育现状表示痛心，对于这里孩子的前途表示担忧
3、对于现状学校的废墟，回民自身有各种重新规划的想法

文化之旅 西安北院门回坊文化区规划设计

理念生成

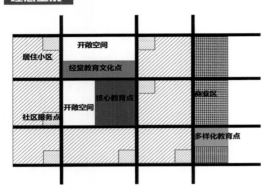

【COD理论生成】

参考TOD、SOD及AOD理论相关基础研究，创新性提出COD（Culture Oriented Development）理论，即以文化为向导的社区发展模式。以文化点（学校、讲堂、文保点、文展点等）为中心，以400米（5分钟步行路程）为半径建立社区中心，其特点在于整合社区内部文化资源，均衡分配周边社区公共开场空间、居住区等功能用地。希望利用此种社区规划模式，合理规划以北院门回坊文化区为代表的，具有众多历史文化点，同时又亟需提高文化质量和生命力的社区规划。同时，针对文化设施的着重提出，以及结合公共服务设施的合理规划，是一种健康、积极、有活力同时也是可持续发展的社区规划模式。

规划策略

【增设文化点】
恢复这里曾经的学校用地和已经废弃的学校用地，用作文化教育。

【多样化教育种类】
结合现有各种宗教类建筑，开展义务教育、经堂教育、艺术教育三种，丰富教育种类。

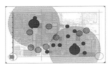

【规划周边用地】
整合周边用地，整理现有居住区，提高居住质量，增加教育点周边的社区公共空间的数量，创造宜居环境。

【串连成线】
连接主要的文化点，打造具有特色的文化教育体验休闲观光的路线，从根本体现继承与更新的宗旨。

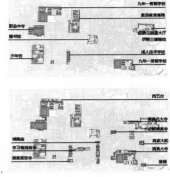

总平面图

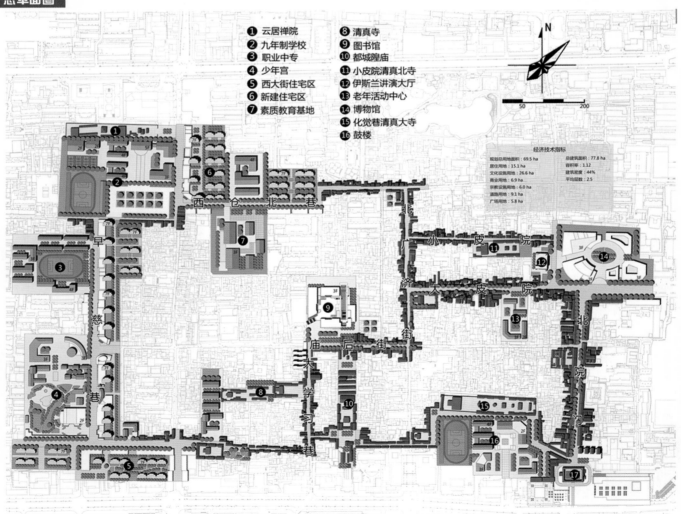

① 云居禅院　② 九年制学校　③ 职业中专　④ 少年宫　⑤ 西大街住宅区　⑥ 新建住宅区　⑦ 素质教育基地　⑧ 清真寺　⑨ 图书馆　⑩ 都城隍庙　⑪ 小皮院清真北寺　⑫ 伊斯兰讲演大厅　⑬ 老年活动中心　⑭ 博物馆　⑮ 化觉巷清真大寺　⑯ 鼓楼

经济技术指标
规划总用地面积：69.5 ha　总建筑面积：77.8 ha
居住用地：15.1 ha　容积率：1.12
文化用地：26.6 ha　建筑密度：44%
商业用地：6.9 ha　平均层数：2.5
宗教设施用地：6.0 ha
道路用地：9.1 ha
广场用地：5.8 ha

文化之旅 西安北院门回坊文化区规划设计

技术路线

| 背景研究 Background Study | 上位规划 | 空间要素 | 时间要素 | 规划范围研究 |

基地分析 Site Analysis

综合用地现状 / 人群行为 / 历史文化 / 人口、经济与产业

"继承与更新"题设理解

核心问题 Core Problem

回坊文化脉络破碎断裂 ｜ 继承更新主体素质低下

案例借鉴 Case Study

TOD 社区规划模式 ｜ 休斯顿第四街区复兴规划

COD 社区规划模式

回坊文化现状调研 ｜ 相关上位规划要求

目标与策略 Goal and Stratey

文化点梳理 ｜ 功能重组 ｜ 社区规划 ｜ 打造体系

主题线

城市设计 Urban Design

西安北院门回坊文化区规划设计

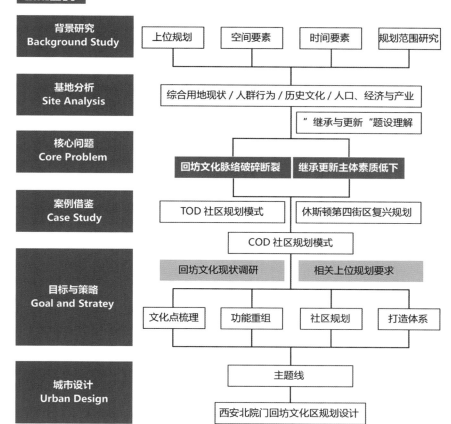

活动人群行为策划

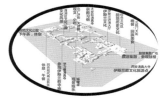

【游客行为策划】
来到回坊的游客可以以鼓楼集散广场为起点，一路参观伊斯兰宗教寺庙，体验回族文化，在整个游览过程中对回坊文化有充分了解。

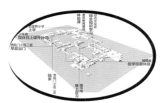

【回民青少年行为策划】
新增设的众多教育点，为本地的回族青年提供了大量学习的机会，从平日的上学到周末的自习都有适合的设施。

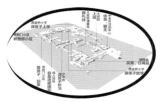

【回民中年行为策划】
最为繁忙的中年回族，在业余之时也有的进修的地点，更加丰富了他们的文化生活。

【回民老年行为策划】
回坊的老年人则以清真寺及伊斯兰讲演大厅等为主要的活动中心，另外增设的老年大学也为他们学习其他知识提供了良好的平台。

方案分析

【九年一贯制学校】

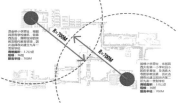

综合教育设施的发展趋势，以及回坊特殊的社会现状和教学情况，依托城市公共设施配套标准规划引导，将洒金桥小学东区及鼓楼小学扩建成九年一贯制学校，其服务半径定位700m，用地规模约为3.1公顷，均符合标准。

【经堂教育】

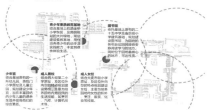

经堂教育是回坊内特殊的教育形式也是伊斯兰教传授和学习的主要教学形式，传统的经堂教育是依托清真寺展开，但随着宗教的兼蓄并蓄和城市的飞速发展新时代赋予伊斯兰教新的内涵和意义，并以种种新的形式来传播和介绍伊斯兰教。

【多样化教育】

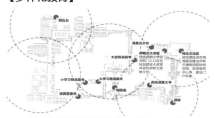

除了九年义务教育和经堂教育以外，各种成人学校及艺术类院校也慢慢有着发展的苗头，沿着西大街逐渐出现美容化妆等成人技校，将这些学校进行整合，同时开班丰富青少年课外生活学习体验的少年宫和素质拓展基地。丰富教育设施，并建立图书馆，增添学习场所。

【交通规划】

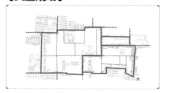

打通支路，使COD体系由两条环形的回路作为主要引导轴，除此之外，这两条回路与周边的城市道路有紧密的连接，同时其内部交通呈网状结构，支路互相贯通，规划一定的路网体系。

【医疗卫生设施规划】

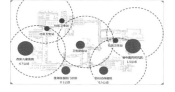

规划在以教育点为中心，半径约400m的范围内，有一定规模和等级的医疗服务设施，特别是新建或更新的社区，配备一定质量的社区卫生站，服务于回坊内的居民。

【新安置居住区规划】

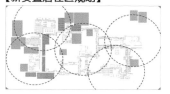

对于现状已是安置房，或是需要更新修剪的小区或居住区，进行统一立面处理的更新改建，优化居住环境，提高居住品质。

【公共活动绿地分布】

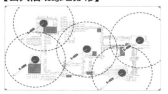

规划安排在以教育点为中心400m为半径的区域内，有一定面积和服务半径的开敞空间，因为回坊内建筑密度极高，需要一定的开敞空间给与回坊以呼吸的空间，也服务于回民和游客。

文化之旅 西安北院门回坊文化区规划设计

节点展示图

【综合广场入口处】

【图书馆广场】

【综合广场入口处】

【一贯制学校一角】

【伊斯兰讲演大厅】

【伊斯兰讲演大厅休闲吧】

【少年宫中心廊架】

【少年宫】

【鼓楼东广场】

【北院门大街街景】

【综合文化中心】

1、伊斯兰讲演大厅
2、伊斯兰博物馆
3、回坊规划馆
4、回坊旅游服务中心
5、文化主题广场
6、主题商业
7、公共汽车站

【九年一贯制学校】

1、小学部教学区
2、办公行政楼
3、图书馆
4、中学部教学区
5、实验楼
6、操场

【图书馆】

1、综合阅览区
2、综合借阅区
3、自习区
4、行政办公楼
5、中庭
6、公共开敞活动空间

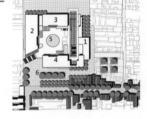

【少年宫】

1、艺术类授课区
2、自然科学馆
3、学科补习区
4、行政办公楼
5、廊架构筑活动区
6、儿童公园活动区
7、公园休闲吧
8、公园附属商业
9、室内游泳馆
10、临街商业
11、入口广场

鸟瞰图

文化之旅

——西安北院门回坊文化区规划设计

真正的城市化是人的城市化
——陈雪玮

这一次的毕业设计题目非常特别，同时这个地块也非常复杂，它被同时赋予了很多因素：民族因素、宗教因素、历史文化因素、城市发展因素等等。刚拿到这个设计题目的时候，我们按照一般做城市设计的方式，对它进行现场调研，发现并分析问题，建立设计切入点，组建设计研究框架等等。但在我们对于我们的设计研究框架的第一步进行深入分析的时候，我们发现了文化教育这一非常特殊的切入点。通过题设：继承与更新，我们认为，回坊文化区的继承与更新，它的载体和主体都是人，因此如果希望达到街区的继承与更新，应该从根源切入，人们都说，真正的城市化是人的城市化，我们希望从社会学的角度出发，提高回坊人自身的素质以达到继承与更新的能力，正是因为现状调研时我们所发现的实际情况的缺陷才让我们萌生了从一点出发，去探讨整个街区的城市设计问题。本科最后一次城市设计，也是希望不再循规蹈矩，希望从自己真正所想，所关心的问题出发，去对于设计做一次探讨。虽然我们的方案被认为太过于专注于一点，或是不太像是城市设计，但是这却是我们对于回坊文化区所关注的焦点，也是我们认为对于"继承与更新"这个主题最基本、最源生的思考。这样一次研究型城市设计，在交流与讨论中，我着实获益匪浅。

思维模式与设计灵感的碰撞
——魏诚

规划的工作不仅仅在于城市的改造，更是对人类变化着的各种需求做出的智慧的、敏锐的、富于创造性的有力回应，与传统文化、社会经济、自然环境达到有机统一，并且最终目的是服务于人这一核心主题。

过去短短几个月时间和来自全国各个院校的同学们一起完成这次联合设计实在是一次非常有意思的旅程。西建大为此次设计准备的地块充满了特色，文化因素，民族因素，宗教因素在此汇聚。对于这样一次复杂且矛盾的设计，来自大江南北的同学老师们充分展现了他们的独到见解，从不同的角度切入剖析问题提出解决方案，对于一直在自己学校中学习的我们来说，更激发了深入的思考，自己过去这么些年的视野与思维是否太过狭隘。对于我来说，设计的表达与成果固然重要，但是在设计过程中，不同思维模式与设计灵感的碰撞，才是对自己最大的提升。

五年的大学时光转瞬即逝，在大学即将结束的时候能够参加一次联合毕设也是为自己的大学生涯画上了一个完美的句号，要感谢在设计过程中提出宝贵意见的诸位指导老师，令我们的方案有了进一步的改进与提升，感谢和我共同完成此次设计的搭档同学付出的努力。这次经历也为即将踏上的工作岗位奠定了坚实的一步。

>>区位分析

宏观区位分析

- 西安市是古丝绸之路的起点，新丝绸之路的重要城市。"一带一路"战略体系的重要节点城市。
- 西安是中国关中平原的核心城市，两小时航空圈涵盖首都北京以及东南沿海经济圈等。
- 西安也是中国的交通枢纽城市。起着承接南北，连续东西的作用。

中观区位分析

- 西安市为陕西省省会，是铁路、公路等交通枢纽。
- 西安市城市历史文脉和传统布局特色奠定了"九宫格局"的城市空间布局形态。
- 本案基地从唐朝开始就存在于城池核心位置，处于历代文化主要轴线上。

微观区位分析

- 西安内城有北院门历史街区、三学街历史街区和七贤庄历史街区。本案基地位于北院门历史街区。
- 基地位于城市一级中心辐射区，是旧城文化、旅游、商贸的主要承载区。
- 基地东北角位置有地铁一号线和地铁二号线换乘点，交通便利。

>>历史沿革

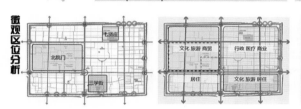

- 唐
皇城所在地，莲湖公园即承天门所在地，里坊制格局，以办公功能为主，庭院空间，相对较为封闭。
- 宋
皇城东迁，地段衰败，里坊制格局破裂，沿街出现商贸活动，路网格局发生初步变化。
- 元
沿袭宋制，继续缓慢演变。
- 明
发生了较大变化，现今路网格局基本承袭于此，唐皇城轴线变窄，商贸繁荣。贡院、北院等迁入。
- 清
沿袭明制，鱼骨状路网基本成型。
- 民国
局部改造。

>>上位规划解读

老城保护体系规划

老城高度控制规划图

西安市莲湖区分区规划

- 老城保护体系规划
多处文保单位、古树名木等保护完整，分布大量原住民。
- 老城高度控制规划
研究范围内，针对不同区块有严格的建筑高度控制，核心区居住区块限高9m。
- 莲湖区分区规划
分区规划中拓建洒金桥、北广济街等坊内主要道路。增设公共基础设施、以及绿化。同时保持原有的商业格局，并进一步扩大规模。

>>西安特色资源

- 文物古迹：西安的建筑时代不同，风格不一，但都具有磅礴的气势和雄伟的建筑群。无论是秦始皇修建的阿房宫、兵马俑还是唐代的大明宫，无不极尽奢华，从内里透出贵族气质。
- 艺术宝库：在西安艺术文化的长河中，涌现了无数的艺术明珠，唐诗、秦腔、长安画派、关中皮影戏、木偶戏以及农民画等，无一不在中国的艺术史上画上浓墨重彩的一笔。
- 民俗民风：西安的民俗活动众多，如药王山庙会、皇帝陵祭典、民间社火、炎帝祭典等。还有以手工艺为主的民间民俗内容如，泥塑、剪纸、马勺脸谱等。
- 民俗特产：西安特产数量繁多，包括唐三彩、秦腔脸谱、西安刺绣、蓝田玉、黄桂稠酒等，这些都丰富了西安的旅游消费市场，促进城市经济发展。

>>回民文化习俗

伊斯兰信仰
伊斯兰信仰有内心诚信、诵念表白、身体力行三个部分。形成了回民"依寺而居，依坊而商"的独特居住形式。

特色服饰
回族的服饰比较有特色的如男子的回回帽、戴斯他勒、坎肩等；女子的盖头、大襟等。

伊斯兰教特色节日
回族没有自己的民族节日，他们所有的节日都是源自伊斯兰教。例如，开斋节、古尔邦节、圣纪节这三个节日既是回族的民族节日，也是全世界穆斯林的宗教节日。除此之外，还有小的节日和纪念日，如法图麦节、登霄节等。这些节日和纪念日都是以希吉来历（伊斯兰教历）计算。

婚俗习惯
回族有其独特的婚俗形式，其特点为：
1. 坚持内部通婚，若外族通婚则需对方先改奉伊斯兰教；
2. 妻子服从丈夫、主张凡穆斯林都要结婚。

饮食习惯
历史上有"回回固守其俗，终不肯变"。古兰经规定："准许人们吃一切佳美食物，禁止吃污秽的食物"。回回在饮食方面，是有诸多讲究的：一不吃自死物，二不吃血，三不吃猪肉，四不吃未念真主之名而宰杀之物。回坊最著名的食物有羊肉泡馍、肉夹馍、麻酱凉皮、灌汤包子、腊牛羊肉、油茶炒面、八宝粥、柿子饼、甑糕、裤带面等。

>>功能业态分析

现状建筑分析

图例
商业建筑
历史建筑
公共建筑
教育建筑
居住建筑

现状业态分析

图例
特色小吃
中式餐饮
咖啡店
高端商铺
服装与小商品
服务与小商品
旅游品
邮电服务

特色小吃　旅游纪念品　休闲咖啡厅

业态分布

游客消费行为

饮食 纪念品 干货 全部

主要问题——单一
- 基地内主要以居住建筑和商业建筑为主，无法满足居民的全部需求；
- 业态单一，由大量小吃店构成，缺乏教育、娱乐休闲、文化展示等业态，无法满足游客的多元需求。

>>道路交通分析

现状车行交通分析图

图例
主干道
支路
半步行

停车场（地面）
停车场（地下）

现状步行交通分析图

图例
车行道
步行主干道
步行次干道

地铁站
公交站
广场

居民出行满意度

满意 一般 不满意

居民出行方式
北广济街
西羊市街
北广济街
大皮院

0 200 400 600 800 1000 1200

电动自行车 电动三轮车 自行车 小汽车

游客出行满意度

满意 一般 不满意

主要问题——混乱
- 巷道狭窄，人流量大，造成拥堵；
- 步行系统不完善，次干道未起到分担人流作用；
- 存在大量路边停车，缺乏专用停车场地。

>>配套设施分析

现状绿地设施分析图

图例
沿街绿带
广场
古树

现状配套设施分析图

图例
自行车租赁
公共厕所
垃圾桶
公安局/派出所
学校
医院
体育设施

医院及服务半径　　学校及服务半径

当地居民文化程度

30%
20%
10%
0%
初中及以下　高中　大专　本科及以上

主要问题——缺失
- 教育、医疗等公共服务设施数量缺乏，不满足服务半径。
- 基础设施不完善，存在安全隐患。
- 景观绿地设施严重缺乏。
- 环卫设施数量不足

>>现状建筑分析

建筑高度分析图

图例
10F以上
7F
4F
1F

建筑质量分析图

图例
好　　中　　较好

历史遗留建筑图

图例
文保单位
优秀建筑

建筑年代分析图

图例
40s前　50-60s　70-90s　00s后

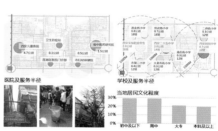

钟楼　鼓楼　北广济拓清真寺　大皮院清真寺

大清真寺　高家大院

主要问题
- 自发建设过多，大量建筑超过限高。
- 文保建筑、历史建筑保护不力；
- 现代建筑与历史建筑穿插；
- 传统建筑肌理缺失。

建筑综合评价图

图例
保留建筑　修缮建筑　整饬建筑　拆除建筑

- 保留建筑：对文保建筑、历史建筑和质量较好的商业建筑进行保留。

整饬建筑：主要针对西羊市、化觉巷两侧质量较差的建筑，以形成更好的风貌。

拆除建筑：对家属院等质量较差建筑和公安局等权属于政府的建筑进行拆除。

修缮建筑：对回民私宅进行修缮，提供更好的基础设施和配套服务设施。

SWOT分析

S -优势
1 人流量大，并且具有良好的交通区位；
2 保留了众多传统宗教建筑及民居，历史文化价值高；
3 保留了一定的传统里坊制肌理，地域特色鲜明；
4 聚集了大量的回族原住民，维持着独特的生活、工作、文化氛围。

O -机遇
1 钟鼓楼甲号申速，周边环境配合保护；
2 民族文化旅游的兴起，带来更多的游客；
3 地铁1号线、2号线使交通更为便捷。

W -劣势
1 区域内人口密度过大，现建筑加建严重，破坏了传统肌理，居住质量不佳；
2 现状交通混杂，人车混行，坊内道路狭窄，且占经营现象突出；
3 公共交往空间缺乏，居民交流空间，游人休憩空间暂不足；
4 基础设施不足，存在一定安全隐患。

T -挑战
1 回族的坚守家园与城市中心区的土地开发压力产生矛盾；
2 住民人口和旅游人口暨增长迅速，给空间带来超大负荷，亟需协调；
3 传统院落空间在回坊内部自身加建的情况下自我毁灭严重，亟需保护。

>>概念解读

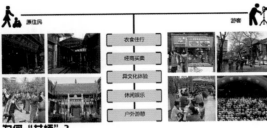

原住民 / 游客

衣食住行 / 经商买卖 / 异文化体验 / 休闲娱乐 / 户外游憩

何为"共栖"？
共栖现象是指两种生物生活在一起，对一方有利，而对另一方也无害，或者对双方都有利，两者分开以后都能够独立生活。

为何"共栖"？
"居"和"游"是相对独立的功能体，回民和游客也需要一定相对独立的空间。但是两者在同一个地域空间上共存着，并且这种共存能够实现互惠互利。因此，本设计引入生态学中的"共栖"概念。

如何"共栖"？
从原住民和游客的需求出发，尽力满足两者的共同需求。以此为基础，在空间设计上引导原住民为游客提供更多的产品支撑，游客为原住民提供更多的经济支持，从而达到共栖的目标。

原住民 —产品支撑→ 游客
原住民 ←经济支持— 游客
共栖

方案生成

改造前： 西羊市建筑肌理凌乱，人流混杂，原住民与游客为单方面的经营与消费关系，缺乏文化交流。

改造后： 拆除破旧的多层建筑，增加原住民与游客的交往空间。

改造前： 学校废弃，居民区老旧，社会路缺乏活力。游客与原住民均极少造访这一代，加剧了路边乱闯/停车现象。

改造后： 打造休闲娱乐街，让原住民与游客共同参与到现代生活。

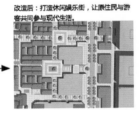

改造前： 大清真寺周边缺乏开放空间，游客参观与原住民宗教活动各自为阵，游客并不能真正获得文化体验。

改造后： 增设广场、公园，促进游客与原住民的交往和异文化体验。

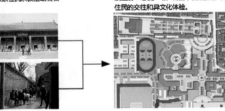

需求分析

休闲娱乐 / 节日礼仪 / 户外活动 **和谐共栖** 休闲娱乐 / 体验旅游 / 户外游憩

异文化学习 / 宗教活动 / 文化认同 **文化交融** 异文化体验 / 观光游览 / 纪念品消费

经营 / 居住 / 出行 / 安全 **空间保障** 饮食 / 住宿 / 出行 / 安全

原住民：自我实现 / 尊重需求 / 社会需求 / 安全需求 / 生理需求

游客：娱 / 购 / 游 / 行 / 住 / 食

目标：满足原住民与游客的共同需求，在宜居、宜游的基础上达到居游共栖。

案例借鉴

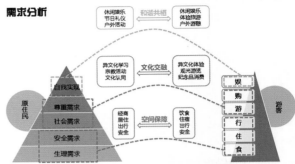

空间保障 - 成都宽窄巷子
- 院落文化共分为三个主题：宽巷子是"闲生活"区。窄巷子是"慢生活"区。井巷子是"新生活"区。
- 外部空间的营造提炼了一人的尺度，宽巷子7M左右，沿街建筑1-2层。断面高宽约为1:1。

文化交融 - 天津古文化街
位于南开区东北隅东门外，海河西岸，系5A商业步行街。作为津门十景之一，天津古文化街一直坚持"中国味，天津味，文化味，古味"经营特色，以经营文化用品为主。古文化街内有多家博物馆展示地方文化特色。

和谐共栖 - 杭州中山中路
南段融入商业文化、民俗文化、建筑文化，发展为"中华老字号第一街"，再现清末民初、中西合璧的繁华盛景。北段分别定位为特色民俗商住，宗教文化和休闲商贸保护发展以及现代商住三个主题。中山路深刻地向游客展现了老杭州的生活习俗，并丰富了居民的经营生活。

>>规划立面

>>规划思考

从单一到多元
- 业态以回族特色餐饮为主要内容，较为单一，游客的消费也集中于饮食的消费。
- 休闲业态缺失，个别游闲咖啡行座无虚席，顾客难满足。

- 补充休闲娱乐、文化展示等业态。形成以回族特色餐饮为主，兼具休闲娱乐、文化博览等功能的旅游观光地区。

从混乱到有序
- 巷道狭窄，游客拥挤；
- 步行系统不完善，内部巷道末达到份人流作用；
- 存在大量路边停车，缺乏专用停车场地……

- 适当拓宽坊内道路，缓解人流。
- 打通弃巷，形成"一街百巷"的格局。
- 地下与地面行车相结合，解决停车需求。

- 教育设施废弃；
- 基础设施存在安全隐患；
- 环卫设施数量不足且形象影响市容；
- 休憩设施过度集中，游客无处歇脚。

从衰弱到繁荣
- 重建小学；
- 植入绿地公园，营造沿街绿化。增设立面、居民绿化，提升空间品质。
- 改善基础设施。沿住打造小型开放空间。

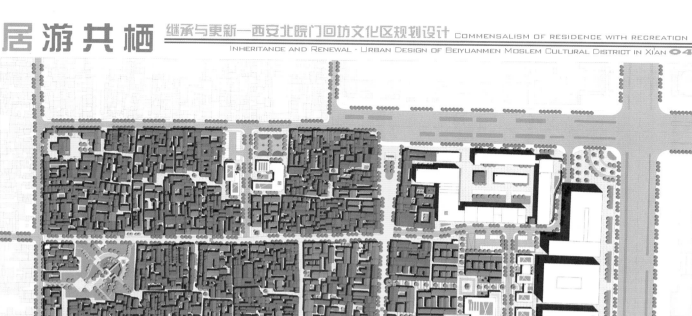

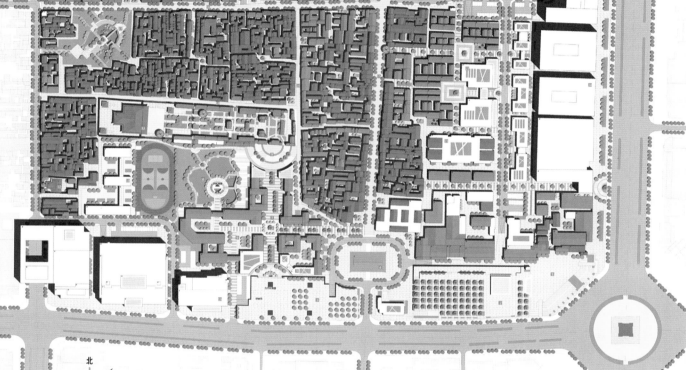

北

0 10   50   100(M)

序号	名称	序号	名称
1	下沉广场		化觉巷
2	钟鼓楼广场		北院门街
3	喷泉广场		西羊市街
4	绿地		西羊市公园
5	游客服务中心		文化体育中心
6	民俗文化馆		大皮院清真寺
7	民俗精品店		陕西省中医院
8	古兰公园		美食街
9	清真大寺入口广场		休闲步行街
10	小学		宏府嘉会广场
11	化觉巷清真大寺		古树
12	北广济街清真寺		

主要技术经济指标

指标名称	数值	单位	比例
总用地面积	428671.90	m²	
总建筑面积	955938.70	m²	100.00%
其中 居住	367355.00	m²	40.20%
商业	399486.70	m²	41.79%
公共服务	155626.80	m²	16.28%
其他	33470.20	m²	1.73%
容积率	2.23		
绿地率	29.70	%	
建筑密度	53.67	%	
总停车位	981	辆	100.00%
其中 地面	135	辆	13.76%
地下	846	辆	86.24%

设计说明

本次设计通过对原住民与游客的需求分析，提出了"居游共栖"的理念，通过"宜居"、"宜游"两大策略来解决现状问题。在具体策略上，分别植入教育、游憩、文体等节点，打造宗教文化、特色饮食、休闲娱乐三条旅游线路，为原住民和游客创造共同的栖息地。

>>规划分析图

结构分析图

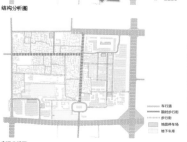

交通分析图

规划结构分析

规划用地总面积为42.87公顷，规划结构为"一主、两副、三轴、三节点"。

一主：民俗历史展示核心

两副：宗教文化核心
　　　休闲娱乐核心

三轴：宗教文化发展轴
　　　特色饮食发展轴
　　　休闲娱乐发展轴

规划交通分析

梳理原有道路，对北广济街、大皮院街、西羊市街进行拓宽，以供车行。其中西羊市采取北院门同样的限时车行手段，保障人行环境。打通西羊市和大皮院街、社会路和北院门，形成环线，解决内部车行交通。梳理巷道肌理，提高内部通达性，形成"一街百巷"格局。停车以地下为主，地面为辅。

用地分析图

景观分析图

规划功能分析

主要功能为居住和商业。基地北侧主要为居住功能，沿街分布商业、辅以公共服务设施等；东南片区以商业为主，另有广场等游憩空间。

规划景观分析

景观主轴为北院门、西羊市沿街景观；景观次轴为社会路休闲街、宗教文化展示街等；广场公园有钟鼓楼广场、宏府嘉会入口广场、古兰公园、西羊市公园等；此外还有入口广场、建筑围合的小广场等主要景观节点以及街角、庭院等次要景观节点。

居游共栖　继承与更新—西安北院门回坊文化区规划设计

COMMENSALISM OF RESIDENCE WITH RECREATION
INHERITANCE AND RENEWAL - URBAN DESIGN OF BEIYUANMEN MOSLEM CULTURAL DISTRICT IN XI'AN **05**

>> "宜居"策略

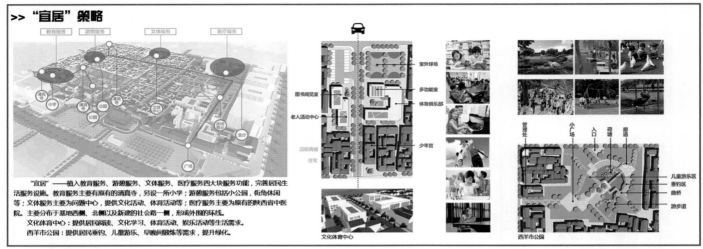

"宜居"——植入教育服务、游憩服务、文体服务、医疗服务四大块服务功能，完善居民生活服务设施。教育服务主要有原有的清真寺，另设一所小学；游憩服务包括小公园，街角休闲等；文体服务主要为问题中心，提供文化活动、体育活动等；医疗服务主要为原有的陕西省中医院。主要分布于基地西侧、北侧以及新建的社会路一侧，形成外围的环线。

文化体育中心：提供居民阅读、文化学习、体育活动、娱乐活动等生活需求。
西羊市公园：提供居民垂钓、儿童游乐、早晚间锻炼等需求，提升绿化。

>> "宜游"策略

"宜游"——南侧宗教文化游、中部特色饮食游、东部休闲娱乐游三条旅游发展轴线。三条不同主题的游览线路，丰富旅游产品，同时新建的旅游空间也提升了游乐旅游品质。

古兰公园：为游客提供参观学习西安和回坊特色文化、感受宗教氛围、购买特色纪念品，以及其他综合服务功能。

休闲步行街：除了主题餐厅、咖啡厅等休闲餐饮，另有民间手工艺工坊、皮影戏剧场等具有地域特色的休闲业态。

>> "居游共栖"策略

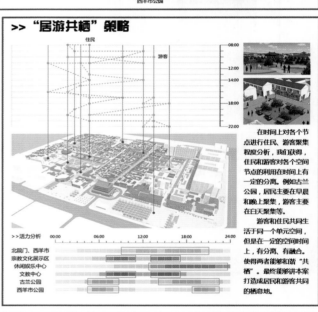

在时间上对各个节点进行住民、游客聚集程度分析，我们获得，住民和游客对各个空间节点的利用在时间上有一定的分离。例如古兰公园，居民主要在早晨和晚上聚集，游客主要在白天聚集等。

游客和住民共同生活于同一个单元空间，但是在一定的空间时间上，有分离、有融合。使得两者能够和谐"共栖"。最终能够讲本案打造成居民和游客共同的栖息地。

>> 规划策略

>> 节点展示

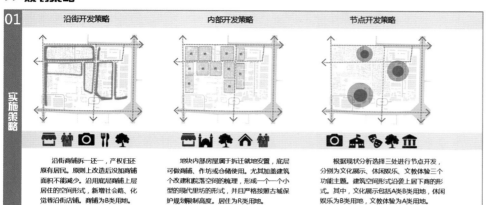

01 实施策略

沿街开发策略　内部开发策略　节点开发策略

沿街商铺拆一还一，产权归还原有居民。原则上改造后没加铺面积不能减少。沿用底层商铺上层居住的空间形式，新增社会路、化觉巷沿街店铺。商铺为B类用地。

地块内部房屋属于拆迁就地安置，底层可做商铺、作坊或仓储使用。尤其加盖建筑个改建和院落空间的梳理，形成一个一个小型的现代里坊的形式，并且严格按照古城保护规划限制高度。居住为R类用地。

根据现状分析选择三处进行节点开发，分别为文化展示、休闲娱乐、文教体验三个功能主题。建筑空间形式沿袭上居下商的形式。其中，文化展示包括A类B类用地，休闲娱乐为B类用地，文教体验为A类用地。

02 建筑策略

建筑改造

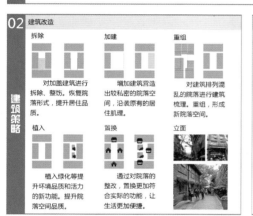

拆除　加建　重组

对加盖建筑进行拆除、整修。恢复院落形式，提升居住品质。

增加建筑营造出较私密的院落空间，沿袭原有的居住肌理。

对建筑排列混乱的院落进行建筑梳理。重组，形成新院落空间。

植入　置换　立面

植入绿化等提升环境品质和活力的新功能。提升院落空间品质。

通过对院落的整改，置换更加符合实际的功能，让生活更加便捷。

形式提取

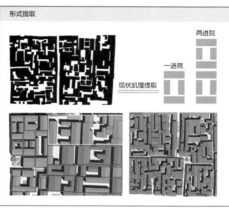

两进院
一进院
现状肌理提取

03 街道策略

车行街道

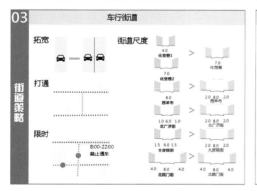

拓宽
打通
限时

街道尺度

8:00-22:00 禁止通车

4.0 化觉巷1 > 7.0 化觉铺
7.0 化觉巷2 > 2.0 8.0 2.0 西羊市
8.0 西羊市 > 1.0 6.0 1.0 北广济街
1.0 6.0 1.0 北广济街 > 1.5 6.0 1.5 大皮院街
1.5 大皮院街 > 4.0 8.0 4.0 北院门街
4.0 8.0 4.0 北院门街

人行街道

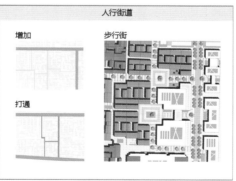

增加
打通

步行街

04 公共生活策略

公共生活

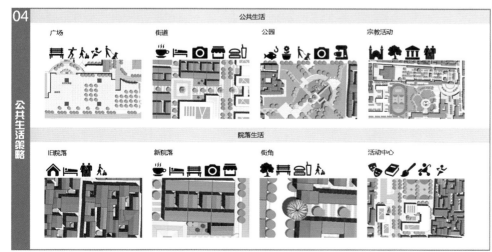

广场　街道　公园　宗教活动

院落生活

旧院落　新院落　街角　活动中心

北院门

化觉巷

西羊市

民俗文化馆

社会路

休闲步行街

休闲街小广场

小学

居游共栖

——西安北院门回坊文化区规划设计

努力完成，不愧于心

——蔡安娜

很荣幸能够参加"非常7+1"联合毕设。课题基地选择了西安北院门回坊，因而有机会来到十三朝古都——西安。走过回坊的每条街道，深刻了解了回民生活、回民文化，还有关中巍峨的建筑……初次的西安行，让我们了解了这座城市。走进回坊，让我们看到了回汉聚居、游客接踵摩肩等场景，同时也看到许多不足，亟需改善。

对课题进行初期调研、文献查找等深入研究后，我们小组两位成员一致认为，依照我们自身的实力尚无法设计出一个完美的方案，解决所有的问题和矛盾。因而，我们希望尽自己最大的努力，找出其中某一方面进行设计改善。

大学最后一项设计，我希望能从一而终，尽自己最大的努力完成它，不愧于心。中期答辩的时候，我们的进度与其他几所学校比较慢，导致了后期时间紧迫。不过，最后还是坚持下来，希望能呈现最优成果。

终期的答辩非常愉快，付出换来了回报，优秀的毕设成绩为我的大学生活画上圆满的句号。

经历过这次的联合毕设，我收获了很多。混编组的调研和汇报形式，让我接触到了不同学校的老师和同学。期间，碰撞出许多火花，有思想观念上的，有专业知识上的，同时还有友谊。其次，为我们提供了良好的平台，让我们有机会站在7所学校的老师同学们面前，锻炼我们用最精简的语言，最从容的语调来汇报我们的方案，展示我们的观点。最后也是最重要的一点，让我学会无论面对什么困难，都要坚持不懈，勇往直前。

从设计中找差距

——徐逸程

三个多月的联合毕业设计结束了，在这段时间里，我们收获了成长，也认识到了自己和优秀的差距。

本次设计，西安建筑科技大学为我们准备了极具挑战性的课题。北院门回坊文化区与我们曾经所接触的历史街区都不相同，民族因素和宗教因素让问题变得更加复杂。面对这样一个题目，我们在设计过程中反映出了很多问题。首先便是研究与设计的脱节，虽然我们在前期搜索和研读了许多文献资料，但却只有极少部分运用到了我们的设计中。其次，对于陌生地域的历史文化掌握不足，导致无法将一些特色元素活用到设计中。最后，在大面积地块的效果表现上也走入了没有重点的误区，花了很多不必要的时间。这些都是我们通过和大家的交流对比，所意识到的自己的不足和缺陷。

不过，我们的设计最终得以顺地完成，这要感谢伙伴的鼎力相助，感谢三位指导老师的辛勤付出。而这一次的联合毕业设计，也让我发挥了自己所学，为五年的大学生活画上了句号。相信在未来，我能够以更从容的心态、更扎实的技术和更全面的思维面对复杂的设计。

区位分析

西安大都市圈层面

城市文化内核——"九宫格局"

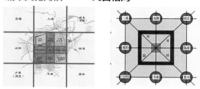

《西安市城市总体规划（2004-2020）》

西安历史轴线变迁

城市文化主轴上

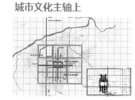

规划地段位于西安主城区核心位置，区位优势明显

内城区位

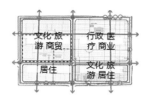

内城环境

上位规划解读

历史文化名城保护规划

内城历史保护格局

对北院门历史街区控高9m

莲湖区分区规划

多元复合开发

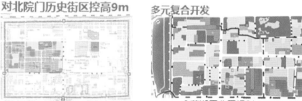

《莲湖区分区规划（2004-2008）》

1严格划定历史保护界限
2拓宽洒金桥、北广济街等
3配置相应的教育及医疗设施
4保持原有商业格局，并扩大
规模 迁出公安局等行政单位
5增加绿化及公共空间

历史沿革

回访历史发展

清真寺建设时序

唐：皇城所在地，里坊制格局，办公为主，院子空间相对比较封闭
宋：皇城东迁，地段衰败，里坊制破裂，沿街商贸活动，路网格局
发生初步变化。元：沿袭宋制，继续缓慢演变
明：变化较大，现今路网格局基本承袭于此时，唐皇城轴线变窄
清：沿袭明制，鱼骨状路网基本成型。民国：局部改造

现状回顾

综合现状图

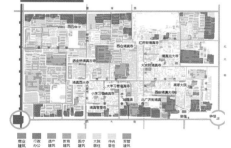

坊内现存12座清真寺及钟鼓
楼等其它重点文保单位。公
服设施有三所中学，六所小
学，五所医疗设施。另外，
有许多单位大院及行政办公
用地

教区人口分布图

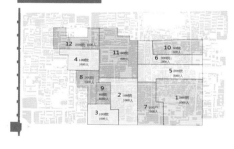

回坊内人口分布较为
均质，人口密度较大，
为33380人/平方千
米，而西安市莲湖区
为17293人/平方千米

综合现状图

建筑质量图

建筑高度　建筑年代　建筑质量

建筑屋顶　建筑结构　建筑风貌

通过以上六个指标的综合分析，
环境较差的建筑主要集中在背靠
背消极空间，且内部加建较少，
建筑质量较差，生活较贫困。从
可操作性和必要性来讲，背靠背
消极空间需要必要的开放，并转
化为积极空间

现状特色

核心问题

文化问题

问题一：文化资源缺乏整合

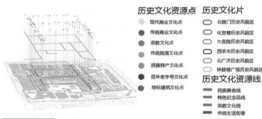

历史文化资源点

- 现代商业文化点
- 传统商业文化点
- 宗教文化点
- 传统院落文化点
- 民族特产文化点
- 百年老字号文化点
- 地标建筑文化点

历史文化片

- 北院门历史风貌区
- 化觉巷历史风貌区
- 大皮院历史风貌区
- 西羊市历史风貌区
- 北广济历史风貌区
- 钟鼓楼广场历史风貌区

历史文化资源线

- 民族美食线
- 特色纪念品线
- 宗教文化线
- 传统生活街巷

问题二：文化肌理破碎化

建筑风貌混乱

- 仿唐风大体量建筑
- 保存较好院落
- 假古董建筑
- 标志性建筑
- 现代风貌建筑
- 风貌协调建筑

文化资源开发现状

- 博物馆式的开发
- 地摊式商业
- 同质化竞争
- 灰色街巷

历史资源类型多样数量众多，但单一分散。未充分突出地域特色，未打造出完整的产业链

问题三：文化资源低效利用

生活问题

问题一：生活网络断裂

生活网络组织

- 商业性街道
- 生活性街道
- 商业生活性街道
- 交通性街道
- 宗教生活
- 生活服务

基地内服务于原著民的服务设施散落分布，使用不便。原著民的出行与游客冲突较多，造成原著民生活网络的断裂

问题二：交通参与者相互干扰强

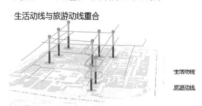

生活动线与旅游动线重合

- 生活动线
- 旅游动线

人车动线冲突

- 混合动线
- 人行动线

对整个回访来说，居民与游客具有一定的冲突，车行交通与人行交通也具有一定的冲突，在我们的基地范围内，我们可以看到，居民与游客的冲突点很多，亟需改善

生活问题

问题三：传统生活被忽视，原真性缺失

SWOT

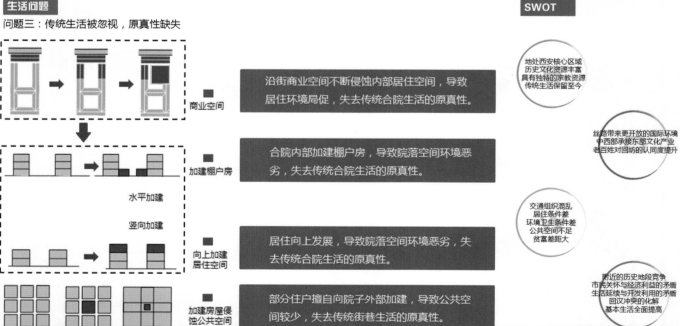

- 商业空间：沿街商业空间不断侵蚀内部居住空间，导致居住环境局促，失去传统合院生活的原真性。

- 加建棚户房：合院内部加建棚户房，导致院落空间环境恶劣，失去传统合院生活的原真性。

  水平加建

  竖向加建

- 向上加建居住空间：居住向上发展，导致院落空间环境恶劣，失去传统合院生活的原真性。

- 加建房屋侵蚀公共空间：部分住户擅自向院子外部加建，导致公共空间较少，失去传统街巷生活的原真性。

- 地处西安核心区域历史文化资源丰富具有独特的宗教资源传统生活保留至今

- 丝路带来更开放的国际环境中西部承接东部文化产业巷百姓对回坊的认同度提升

- 交通组织混乱居住条件差环境卫生条件差公共空间不足贫富差距大

- 附近的历史地段竞争市民关怀与经济利益的矛盾生活延续与开发利用的矛盾回汉冲突的化解基本生活全面提高

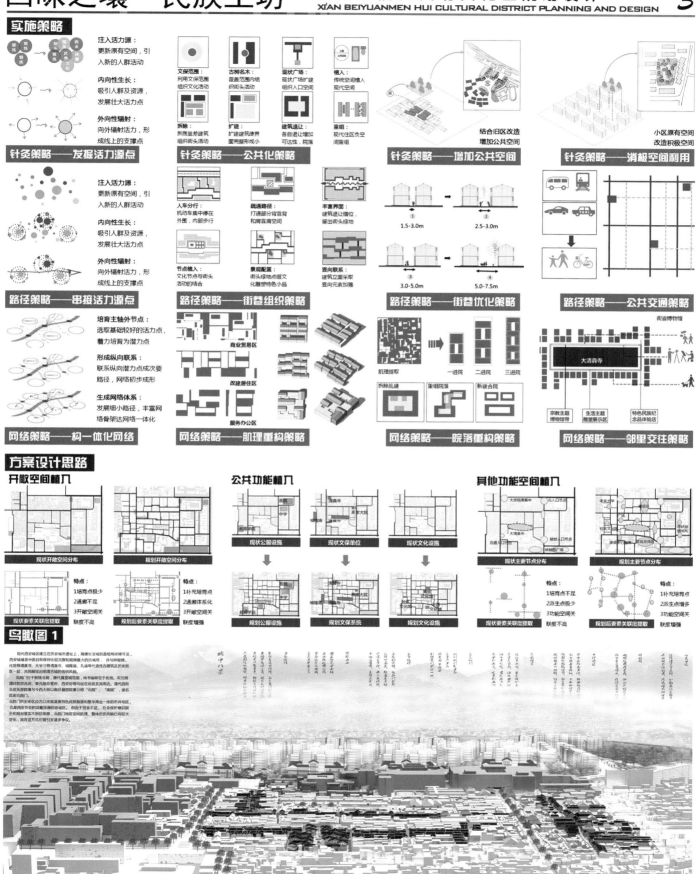

实施策略

注入活力源： 更新原有空间，引入新的人群活动

内向性生长： 吸引人群及资源，发展壮大活力点

外向性辐射： 向外辐射活力，形成轴上的支撑点

针灸策略——发掘活力源点

注入活力源： 更新原有空间，引入新的人群活动

内向性生长： 吸引人群及资源，发展壮大活力点

外向性辐射： 向外辐射活力，形成轴上的支撑点

路径策略——串接活力源点

培育主轴外节点： 选取基础较好的活力点，着力培育为潜力点

形成纵向联系： 联系纵向潜力点成次要路径，网络初步成形

生成网络体系： 发展细小路径，丰富网络骨架达网络一体化

网络策略——构一体化网络

文保范围： 利用文保范围组织文化活动

古树名木： 覆盖范围内组织街头活动

现状广场： 现状广场扩展组织入口空间

植入： 传统空间植入现代空间

拆除： 拆除质量差建筑组织街头活动

扩建： 扩建建筑使界面完整形成小

建筑退让： 各自退让增加可达性，院落

重组： 现代住区负空间重组

针灸策略——公共化策略

人车分行： 机动车集中停在外圈，内部步行

疏通路径： 打通部分背靠背和肩靠肩空间

丰富界面： 建筑退让增位，留出街头绿地

节点植入： 文化节点与街头活动的结合

景观配置： 街头绿地点缀文化雕塑特色小品

竖向联系： 建筑立面平添竖向元素加强

路径策略——街巷组织策略

- 商业贸易区
- 改建居住区
- 服务办公区

网络策略——肌理重构策略

结合旧区改造 增加公共空间

针灸策略——增加公共空间

1.5-3.0m 2.5-3.0m

3.0-5.0m 5.0-7.5m

路径策略——街巷优化策略

肌理提取 一进院 二进院 三进院

拆除乱建 重组院落 新建合院

网络策略——院落重构策略

小区原有空间 改造积极空间

针灸策略——消极空间利用

路径策略——公共交通策略

街道博物馆

大清真寺

宗教主题博物馆带 生活主题雕塑展示区 特色民族纪念品体验店

网络策略——邻里交往策略

方案设计思路

开敞空间植入

现状开敞空间分布 | 规划开敞空间分布

特点： 1培育点极少 2通廊不足 3开敞空间关联度不高

现状要素关联度提取 | 规划后要素关联度提取

特点： 1补充培育点 2通廊体系化 3开敞空间关联度增强

公共功能植入

现状公服设施 | 现状文保单位 | 现状文化设施

规划公服设施 | 规划文保系统 | 规划文化设施

其他功能空间植入

现状主要节点分布 | 规划主要节点分布

特点： 1培育点不足 2派生点极少 3功能空间关联度不高

现状要素关联度提取 | 规划后要素关联度提取

特点： 1补充培育点 2派生点增多 3功能空间关联度增强

鸟瞰图1

城中八景

吸纳西安城区建立在历史的城市遗址上，隔着长安城断层关联地联于同空间。西安城墙是中国目前保存比较完整和规模最大的古城墙，并与钟鼓楼、化觉巷清真寺、大学习巷清真寺、城隍庙、孔庙等代表性古建筑及历史街区一起，共同展现出鲜明古城的传统风貌。

北院门于于钟楼北侧，唐代属皇城地区，尚书省的办公于此地，宋元明迎时的风光，至元明代时期，是西安府等特设在此地及其周边，请代因到北院而建置等与今古大街以南命名督部院新宫"北院"，"南院"，遂至此街名北院门。

北院门历史街区自古以来就是回族聚居和繁华商业的一部分地区，也是西安历史街区最具浓郁的老城，但由于资金不足、社会保护意识薄弱和规划建设不到位等诸，北院门也因空间机理、整体空间等风貌有较大变化，其改造方式也曾引发诸多争议。

总平面图

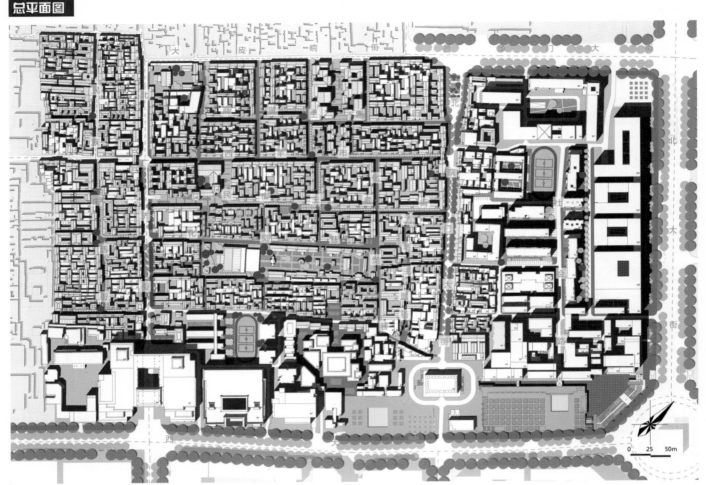

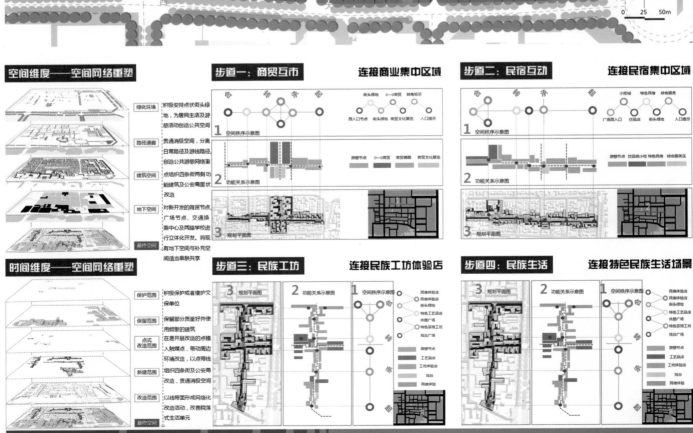

回味之壤·民族工坊

重要节点展示

活动功能植入

民族生活文化街

规划定位为静谧、安居、便捷的生活片区，功能上，植入新的功能空间，也有对内服务的商业设施。空间上采取"针灸-路径-网络"的方式，贯通背靠背消极空间，横向打通清真寺与城隍庙的联系，使得公共空间网络化、共享化，提高民族生活质量和丰富度

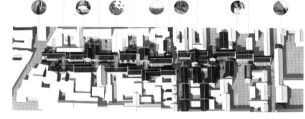

民族工坊主题街1

规划定位为集体验、交流、商贸一体的服务区。功能上，结合比邻的化觉巷特色工艺品街，植入民族绘画、戏台、小剧院、手工工坊及工坊市场，提高街道的功能复合度，与化觉巷形成环状一体的特色工坊体验街

特色民宿主题街

规划定位为特色居住体验区。功能上，将现有的居住生活功能置换为对外服务的民宿功能，适当植入特色画室、饮品店、文化广场，提高街道的功能复合度。空间上采取"贯通-延展"的方式，形成网络化的民宿体验区，而公共空间的植入，丰富了街道的空间界面，从而产生步移景异的空间感受

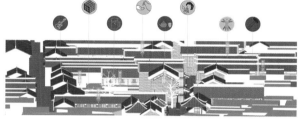

民族工坊主题街2

空间上，贯通背靠背消极空间及拓宽现有化觉巷以加强北院门大街与大清真寺的空间联系。引入街头广场及休闲茶馆等，使公共空间串联共生、积极共享，提高旅游参观、工艺参与及购物体验

民族生活文化街

特色民宿体验街

民族工坊体验街

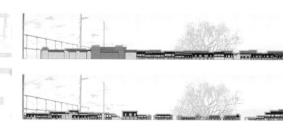

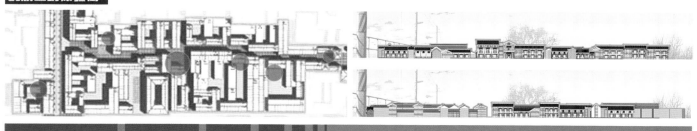

主要节点图

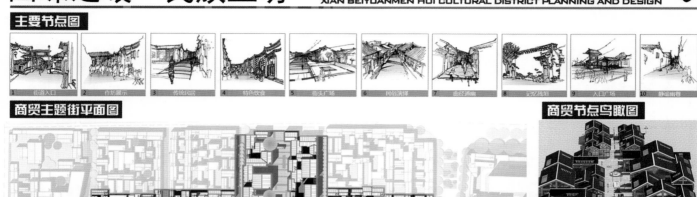

1 街道入口　2 作坊展示　3 传统民居　4 特色饮食　5 街头广场　6 民俗演绎　7 曲径通幽　8 记忆残垣　9 入口广场　10 静谧幽巷

商贸主题街平面图

商贸节点鸟瞰图

商贸主题街立面图

鸟瞰图2

节点意向见图页

回味之壤 · 民族工坊

——西安北院门回坊文化区规划设计

学会学习，学会创新

——唐亮

毕业设计是我们作为学生在学习阶段的最后一个环节，是对所学基础知识和专业知识的一种综合应用，是一种综合的再学习、再提高的过程，这一过程对学生的学习能力和独立思考及工作能力也是一个培养。

在学习中，需要理论与实际相结合，不仅包括课堂上学的有关知识要与技能训练相结合，还要引导学生了解和接触社会实际。社会是在不断地变化、发展的，眼下社会变革迅速，对人才的要求也越来越高，要用发展的眼光看问题，要学会学习，学会创新，学会适应社会的发展要求。

总之，对于这一次毕业设计，我感觉个人不但比以前更加熟悉了一些建筑、规划方面的知识，还锻炼了自己的综合能力，收获颇丰。除此以外，在与小组合作中，提高了自己的组织协作能力。最后，对于我的指导老师和同学们表示衷心感谢，感谢他们在这毕业设计过程中给我的帮助！

懂设计，有情怀，他们便是规划师

——王闯

无论是艺术家还规划师，他们都是这个世界的阐述者，只是角度不同罢了。

对于这个世界，需要有艺术家的情怀来解释人性背后的故事，更需要设计师的创造来满足基本的物质和精神需求。

无论怎样，从浩瀚缥缈的宇宙到乌托邦式的城市，再回到现实的城市中来，有着这么一群人。

他们懂设计，也有艺术家的情怀，他们便是城市规划师，为城市这座巨大的系统提供应有的支持。

通过这次毕业课程设计，自己对学习过的知识进行了温习和强化，并系统性的总结出了适合自己的规划设计方法和基本思路，尽管不甚成熟和完善，但对自己以后的工作会很有帮助。

最后呢，非常感谢邓向明老师和付胜刚老师认真、细致的辅导和教诲，同时，也很感谢小组成员张怡冰和唐亮同学给予的全面协作。

5年学习的圆满句号

——张怡冰

经过了4个月的努力，这次联合毕业设计终于圆满结束。在这期间我们学到了很多东西，为我们5年的学习画上了一个圆满的句号。

在前期调研中，我们经过多次的深入调研，对回民街内进行居民走访，对游客进行访谈，充分了解现状情况，并且深入了解了回民的生活习俗，宗教信仰等方面的问题。

在中期阶段，我们对整体的回民坊内的状况进行了梳理，制定了我们的技术路线，初步形成了我们几个的重要策略，对方案进行了初步的构想。

在末期阶段，我们对方案进行了深入的设计。在整个过程中，我们前期学会了与不熟悉的同学进行配合对基地进行调研，在中期我们学会了对方案的整体把握，从整体出发，在末期我们加强锻炼了方案的深入设计能力。

我在此次毕设中获益匪浅。

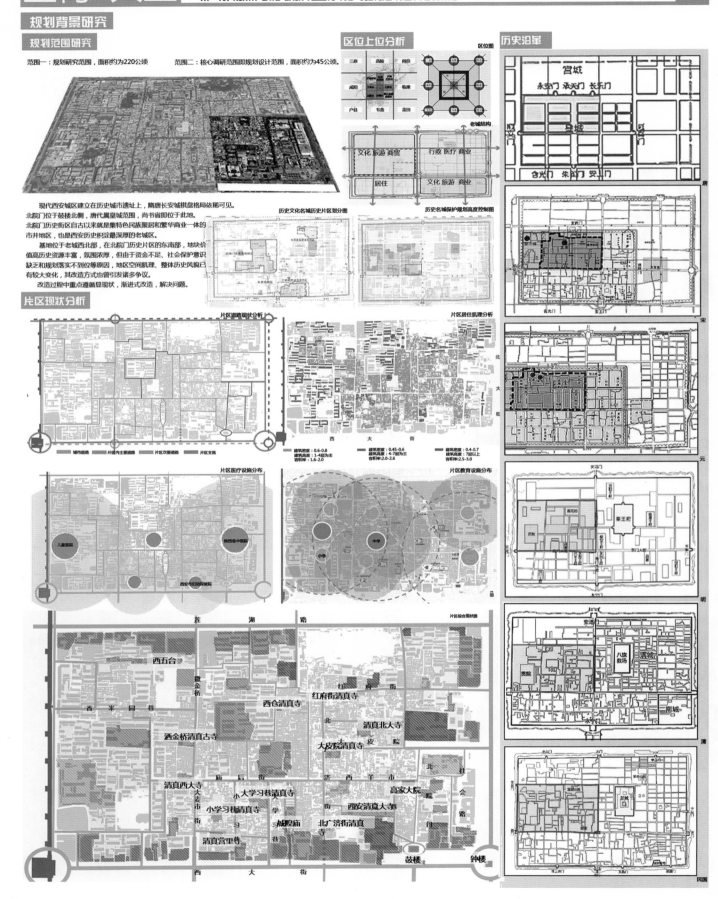

规划背景研究

规划范围研究

范围一：规划研究范围，面积约为220公顷。　　范围二：核心调研范围即规划设计范围，面积约为45公顷。

现代西安城区建立在历史城市遗址上，隋唐长安城棋盘格局依稀可见。
北院门位于鼓楼北侧，唐代属皇城范围，尚书省即位于此地。
北院门历史街区自古以来就是集特色民族聚居和繁华商业一体的市井地区，也是西安历史积淀最深厚的老城区。
　　基地位于老城西北部，在北院门历史片区的东南部，地块价值高历史资源丰富，氛围浓厚，但由于资金不足、社会保护意识缺乏和规划落实不到位等原因，地区空间肌理、整体历史风貌已有较大变化，其改造方式也曾引发诸多争议。
改造过程中重点遵循显现状，渐进式改造，解决问题。

片区现状分析

区位上位分析

历史沿革

重构·共生

西安北院门回坊文化区规划设计

XI 'AN NORTH GATE BACK ALLEYS AND CULTURE AREA PLANNING

2

基地现状分析

综合现状图

文保建筑
传统建筑
低层建筑
多层建筑
高层商住
商业、商住
现代商业
医疗建筑
教育建筑
办公建筑
环卫建筑

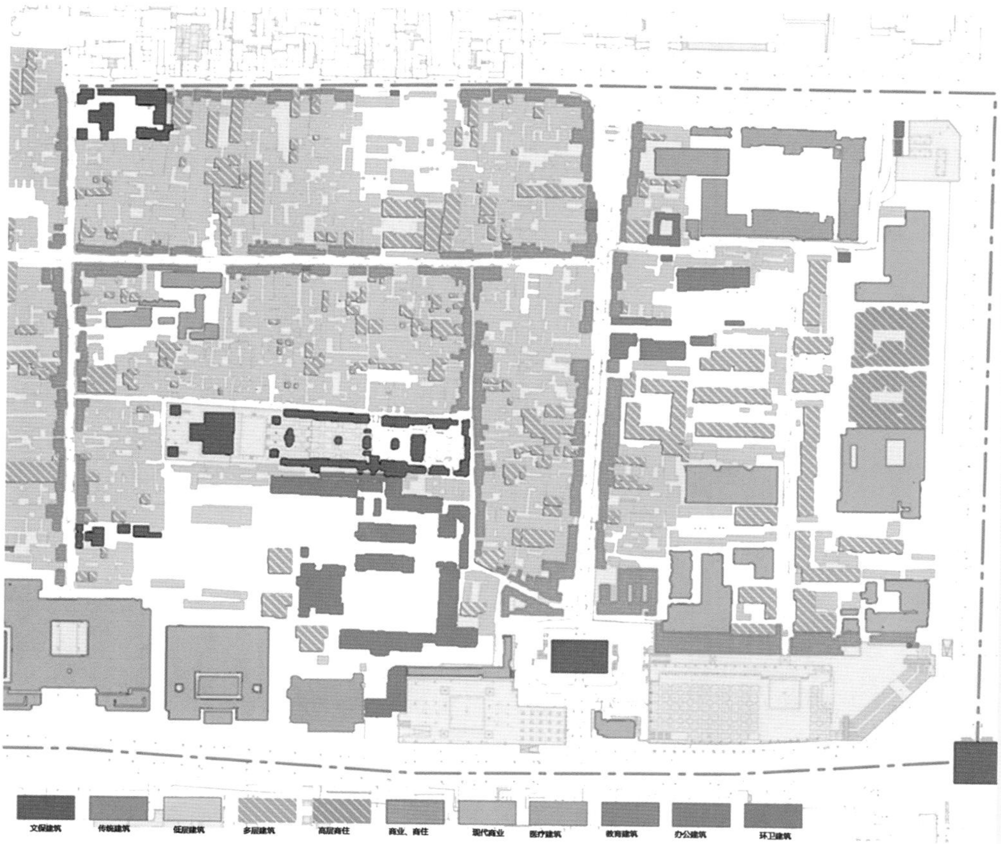

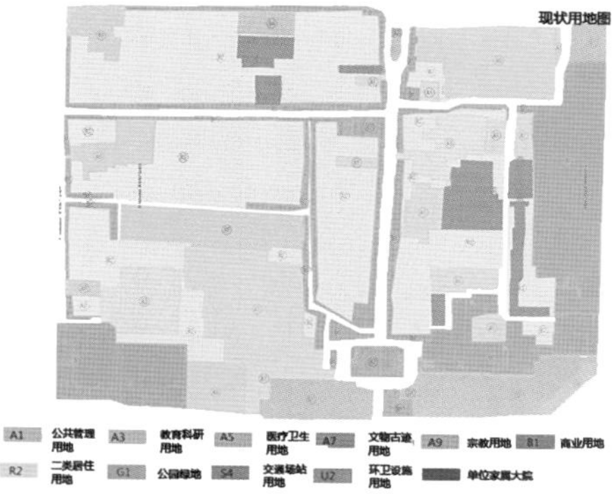

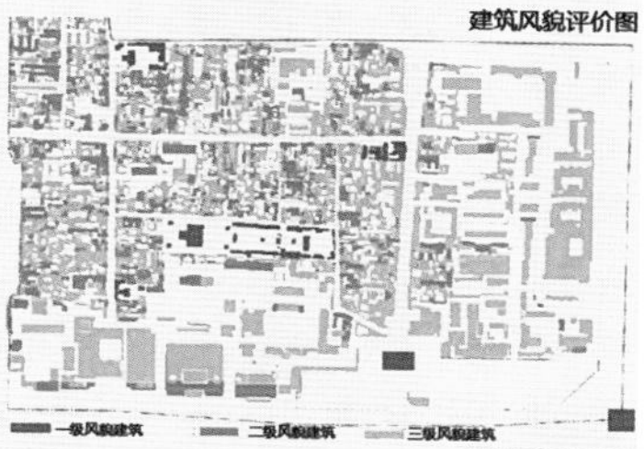

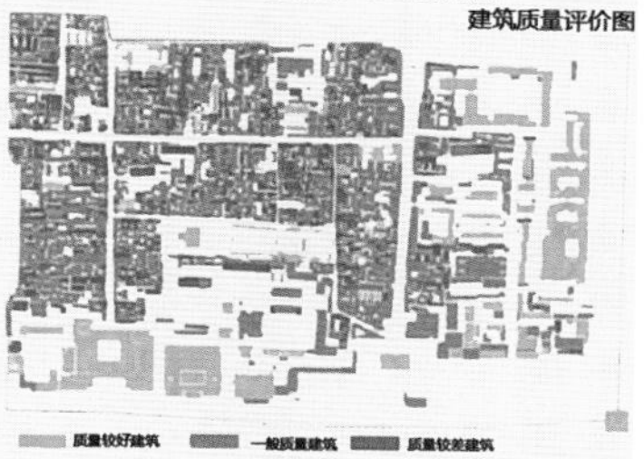

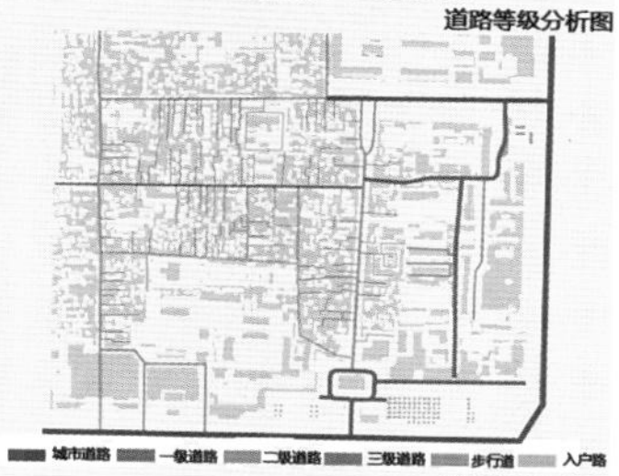

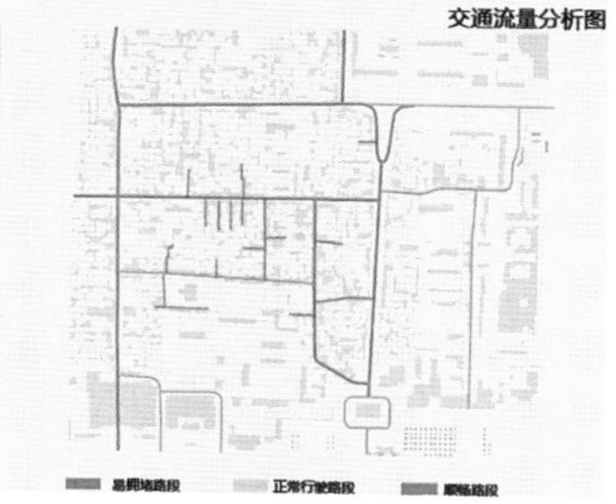

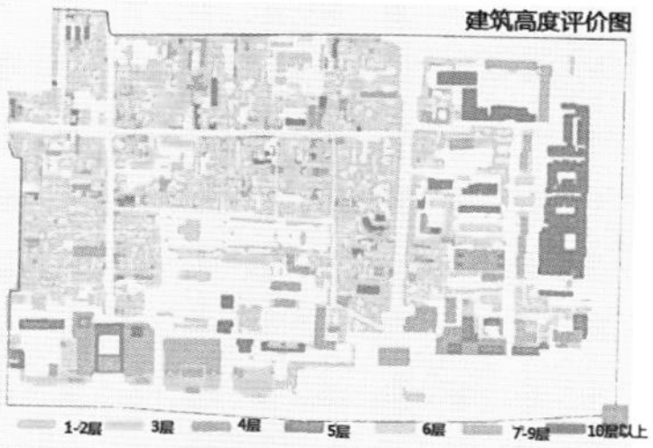

建筑高度评价图
1-2层
3层
4层
5层
6层
7-9层
10层以上

建筑风貌评价图
一级风貌建筑
二级风貌建筑
三级风貌建筑

建筑质量评价图
质量较好建筑
一般质量建筑
质量较差建筑

道路等级分析图
城市道路
一级道路
二级道路
三级道路
步行道
入户路

交通流量分析图
易拥堵路段
正常行驶路段
顺畅路段

现状用地图
A1 公共管理用地
A3 教育科研用地
A5 医疗卫生用地
A7 文物古迹用地
A9 宗教用地
B1 商业用地
R2 二类居住用地
G1 公园绿地
S4 交通场站用地
U2 环卫设施用地
单位家属大院

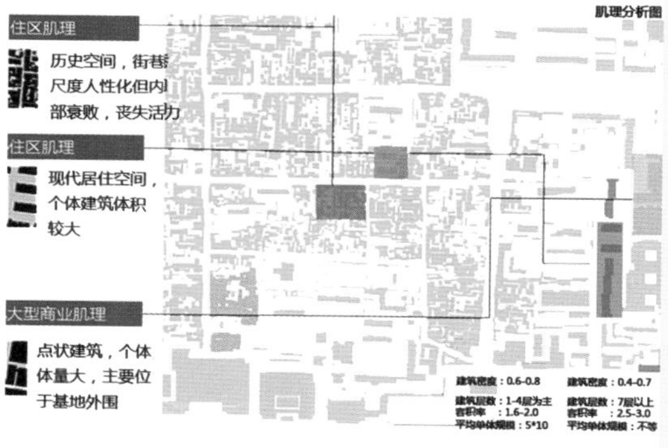

肌理分析图
住区肌理
历史空间，街巷
尺度人性化但内
部衰败，丧失活力
住区肌理
现代居住空间，
个体建筑体积
较大
大型商业肌理
点状建筑，个体
体量大，主要位
于基地外围
建筑密度：0.6-0.8
建筑层数：1-4层为主
容积率 ：1.6-2.0
平均单体规模：5*10
建筑密度：0.4-0.7
建筑层数：7层以上
容积率 ：2.5-3.0
平均单体规模：不等

现状问题总结

公服设施布置分散，并且交通混乱，缺少合理组织疏通，造成居民与游客冲突较多，居民生活网络断裂

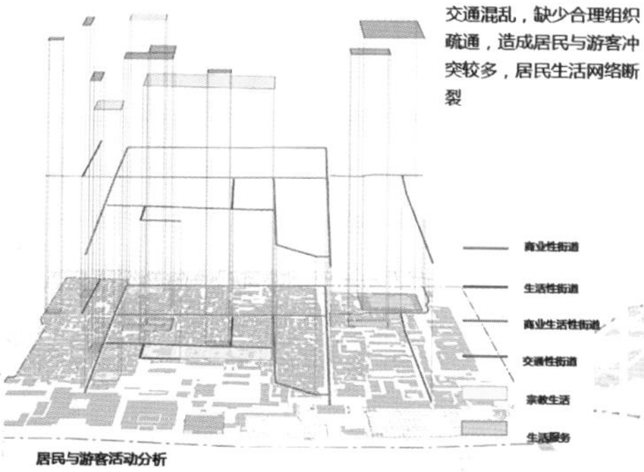

商业性街道
生活性街道
商业生活性街道
交通性街道
宗教生活
生活服务

居民与游客活动分析

活动路径混乱，缺乏合理的组织贯通，两者的路线冲突

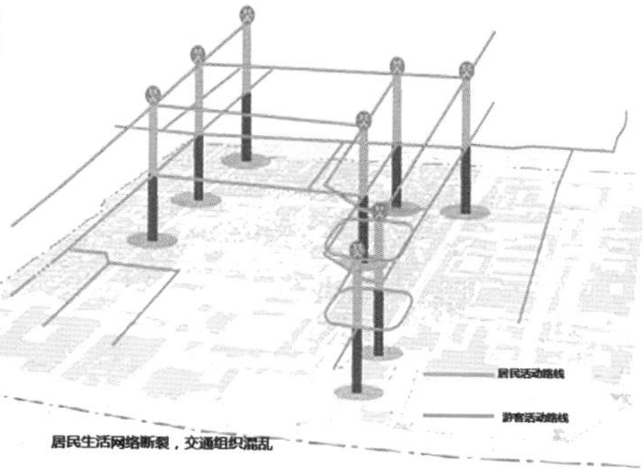

居民活动路线
游客活动路线

居民生活网络断裂，交通组织混乱

历史资源丰富但分散，相互之间缺少联系，缺少资源的分类、整合

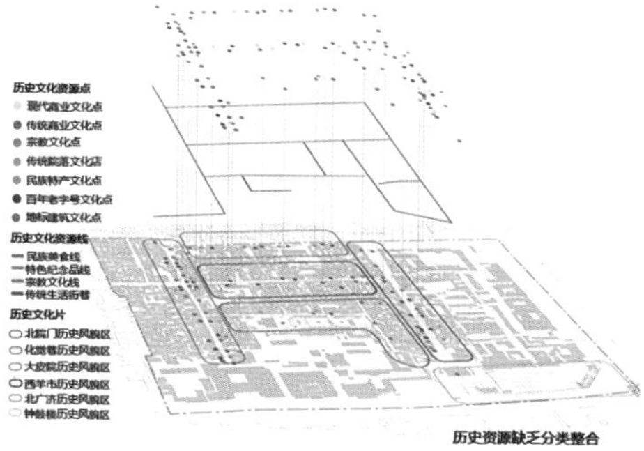

历史文化资源点
现代商业文化点
传统商业文化点
宗教文化点
传统院落文化店
民族特产文化点
百年老字号文化点
地标建筑文化点
历史文化资源线
民族美食线
特色纪念品线
宗教文化线
传统生活街巷
历史文化片
北院门历史风貌区
化觉巷历史风貌区
大皮院历史风貌区
西羊市历史风貌区
北广济历史风貌区
钟鼓楼历史风貌区

历史资源缺乏分类整合

规划定位与概念

规划定位

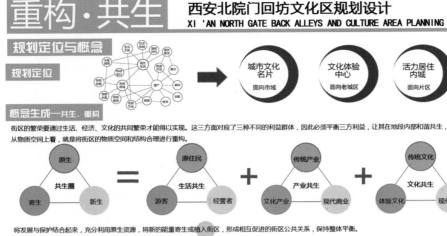

概念生成——共生、重构

街区的繁荣要通过生活、经济、文化的共同繁荣才能得以实现。这三方面对应了三种不同的利益群体，因此必须平衡三方利益，让其在地段内部和谐共生，从物质空间上看，就是将街区的物质空间和结构合理进行重构。

将发展与保护结合起来，充分利用原生资源，将新的能量寄生或植入街区，形成相互促进的街区公共关系，保持整体平衡。

良好的共生关系应当以合理的空间组织为载体，通过对现状的详细研究后，对街区的空间组成进行重构，多元灵活的处理传统和现代关系，以形成新的空间结构适应新的发展需求。

规划分析图

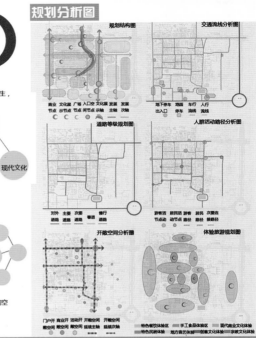

规划总平面图

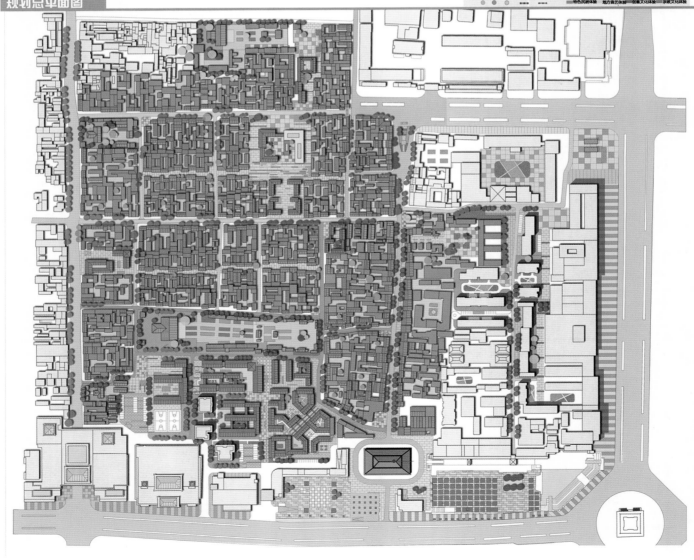

规划策略提出

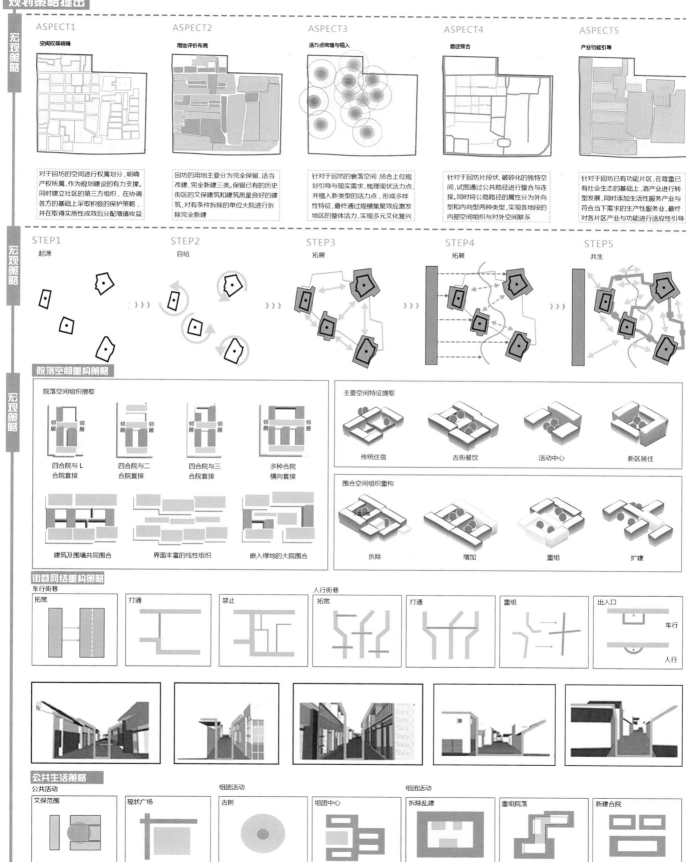

宏观策略

ASPECT1	ASPECT2	ASPECT3	ASPECT4	ASPECT5
空间权属明确	用地评价布局	活力点梳理与植入	路径整合	产业功能引导

对于回坊的空间进行权属划分，明确产权所属，作为规划建设的有力支撑。同时建立社区的第三方组织，在协调各方的基础上采取积极的保护策略，并在取得实质性成效后分配增值收益

回坊的用地主要分为完全保留，适当改建，完全新建三类。保留已有的历史街区的文保建筑和建筑质量良好的建筑，对有条件拆除的单位大院进行拆除完全新建

针对于回坊的衰落空间，结合上位规划引导与现实需求，梳理现状活力点，并植入新类型的活力点，形成多样性特征，最终通过规模集聚效应激发地区的整体活力，实现多元文化复兴

针对于回坊片段状、破碎化的独特空间，试图通过公共路径进行整合与连接。同时将公路路径的属性分为外向型和内向型两种类型，实现各地段的内部空间组织与对外空间联系

针对于回坊已有功能片区，在尊重已有社会生态的基础上，酒产业进行转型发展，同时添加生活性服务产业与符合当下需求的生产性服务业，最终对各片区产业与功能进行适应性引导

宏观策略

STEP1	STEP2	STEP3	STEP4	STEP5
起源	自给	拓展	拓展	共生

宏观策略

院落空间重构策略

院落空间组织提取

四合院与L合院套接	四合院与二合院套接	四合院与三合院套接	多种合院横向套接

建筑及围墙共同围合	界面丰富的线性组织	嵌入绿地的大院围合

主要空间特征提取

传统住宿	古街餐饮	活动中心	新区居住

围合空间组织重构

拆除	增加	重组	扩建

街巷网络重构策略

车行街巷

拓宽	打通	禁止

人行街巷

拓宽	打通	重组	出入口
			车行
			人行

公共生活策略

公共活动

文保范围	现状广场

组团活动

古树	组团中心

组团活动

拆除乱建	重组院落	新建合院

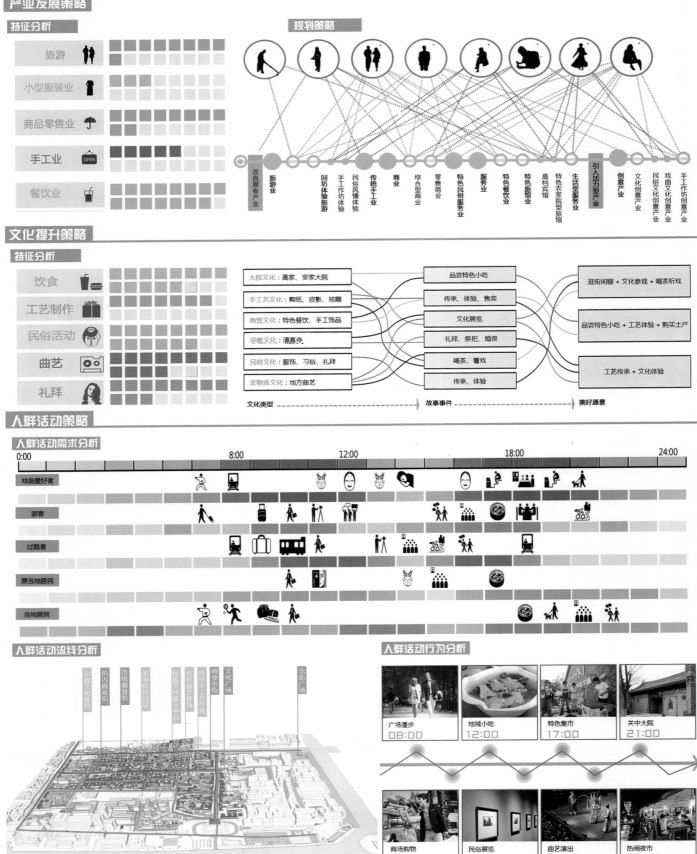

产业发展策略

特征分析

- 旅游
- 小型服装业
- 商品零售业
- 手工业
- 餐饮业

规划策略

改良原有产业 · 旅游业 · 回坊体验旅游 · 手工作坊体验 · 民俗风情体验 · 传统手工业 · 商业 · 综合型商业 · 零售商业 · 特色民俗服务业 · 服务业 · 特色餐饮业 · 特色旅馆业 · 高档宾馆 · 特色农家院型旅馆 · 生活型服务业 · 引入活力型产业 · 创意产业 · 文化创意产业 · 民俗文化创意产业 · 戏曲文化创意产业 · 手工作坊创意产业

文化提升策略

特征分析

- 饮食
- 工艺制作
- 民俗活动
- 曲艺
- 礼拜

文化类型	故事事件	美好愿景
大院文化：高家、安家大院	品尝特色小吃	逛街闲聊 + 文化参观 + 喝茶听戏
手工艺文化：剪纸、皮影、核雕	传承、体验、售卖	
商贸文化：特色餐饮、手工饰品	文化展览	品尝特色小吃 + 工艺体验 + 购买土产
宗教文化：清真寺	礼拜、祭祀、婚丧	
民俗文化：服饰、习俗、礼拜	喝茶、看戏	工艺传承 + 文化体验
非物质文化：地方曲艺	传承、体验	

人群活动策略

人群活动需求分析

0:00 — 8:00 — 12:00 — 18:00 — 24:00

- 戏曲爱好者
- 游客
- 过路者
- 原当地居民
- 当地居民

人群活动流线分析

宗教文化体验 · 仿古商业街 · 传统美食坊 · 关中特色民居 · 民族文化廊 · 传统曲艺体验 · 传统手工艺街坊 · 文化广场 · 北街广场

人群活动行为分析

- ·广场漫步 08:00
- 地域小吃 12:00
- 特色集市 17:00
- 关中大院 21:00

- 商场购物 10:00
- 民俗展览 15:00
- 曲艺演出 19:00
- 热闹夜市 23:00

西安北院门回坊文化区规划设计
XI 'AN NORTH GATE BACK ALLEYS AND CULTURE AREA PLANNING

场景示意

1.鼓楼入口空间　驻足 拍照 登高　　2.清真寺入口空间　严肃 礼拜 参观　　3.商业街门户空间　门户 文化 感受

4.商业街空间节点　景观 休憩 娱乐　　5.过渡空间　多元 交融 共生　　5.邻里交流空间　休闲 交流 记忆

节点设计

背靠背街巷空间

文化商贸展示空间

鸟瞰图

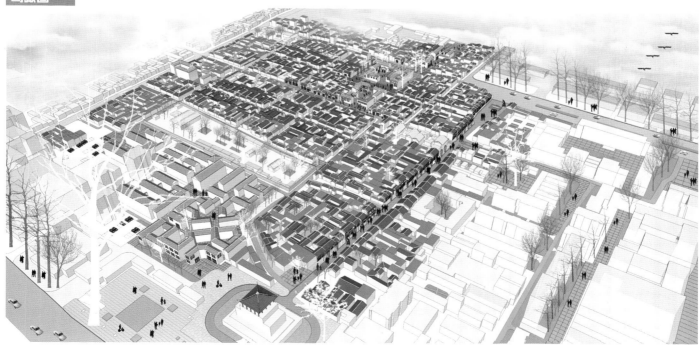

重构·共生

——西安北院门回坊文化区规划设计

学习是一个长期积累的过程

——胡明

　　随着毕业日子的到来，毕业设计也接近了尾声。经过几个月的奋战我的毕业设计终于完成了。毕业设计不仅是对前面所学知识的一种检验，而且也是对自己能力的一种提高。通过这次毕业设计使我明白了自己原来知识还比较欠缺。自己要学习的东西还太多，以前老是觉得自己什么东西都会，什么东西都懂，有点眼高手低。通过这次毕业设计，我才明白学习是一个长期积累的过程，在以后的工作、生活中都应该不断地学习，努力提高自己知识和综合素质。同时在这次毕业设计中也使我懂得了团队协作的重要性，只有打击一起努力，共同进步，才能更高效率高水准的完成一个设计。

　　在此要感谢我的指导老师对我悉心的指导，感谢老师给我的帮助。在设计过程中，我通过查阅大量有关资料，与同学交流经验，并向老师请教等方式，使自己学到了不少知识，也经历了不少艰辛，但收获同样巨大。

　　这个联合设计也让我认识更多志趣相同的同学，见识到其他学校的不同老师同学的理念，开阔了自己的视野，对自己思维有了很好的扩充，在此多谢邓老师、付老师的教导与督促，多谢其他学校老师的建议指导。希望以后还能有这样的机会能够和来自不同地区不同学校的老师、同学探讨交流，共同进步，各位老师辛苦了。

人、城市间的微妙关系

——王凯

　　毕业设计是对自己本科所学知识的一个检验与总结。通过四个月的学习历练也让我深刻领会了历史街区的保护与更新是延续历史文脉，保持文物遗产活力的重要举措，对提升城市整体水平，塑造特色面貌影响深远。而我们的研究对象西安回坊的更新规划正是从城市整体面貌营造出发，立足经济可行的更新技术和机制，保留，更新与创造相结合，恢复传统的街巷空间格局、空间尺度和建筑风格和人居环境。

　　通过这次毕业设计，使我真正懂得了一个设计师该抱有怎样的理想，目标和职业操守。又看清了环境，人，建筑和城市之间微妙的联系。在我看来，全球化背景下的建筑和城市，不但具有良好的空间感受，还需要对于可持续发展和环境保护做出贡献。

　　饮水思源，敬意铭心。深深感谢指导老师邓向明老师和付胜刚老师的悉心指导！在整个毕业设计的全过程，老师们耐心指导，仔细审阅，不断给予宝贵建议，使毕业设计和毕业论文能够顺利完成。在规划设计中给予的指导，则使我的专业知识得到了交大提高，平易近人的态度和中肯的建议都让我感到浓浓暖意。

　　其次，感谢与我同组的几位同学，对他们在毕业设计的过程中为我提出的宝贵意见和建议表示由衷感谢。吸取每位同学的优点，让我受益匪浅。城市规划是一个团队的工作，在毕业设计的过程我体会到了合作的快乐。

3

EVENTS

大事记

2014.12.19—2014.12.21

主办单位西安建筑科技大学、安徽建筑大学、北京建筑大学、福建工程学院、山东建筑大学、苏州科技学院、浙江工业大学以及支持单位西安市城市规划设计研究院的领导老师们齐聚西安，就毕业设计课题选择、组织工作、时间安排等内容展开研讨。

2015.3.13—2015.3.15

各校老师及同学们再听取支持单位西安市城市规划设计研究院的领导和老师对于课题的介绍以及关于西安名城保护、回坊印象等专题报告的基础上，以混编的方式对用地进行考察，并进行调研成果的汇报。最终进行七校师生的交流。

2015.3.16—2015.4.24

各校师生回各自学校进行背景研究、区位研究、现状研究、历史研究、案例研究、定位研究等方面内容，并进行了初步方案设计。

2015.4.25—2015.4.26

各学校的师生再次齐聚西安建筑科技大学，进行联合毕业设计的中期答辩。并根据前期分析及中期汇报情况，进行了对于用地的进一步补充调研。

2015.4.27—2015.6.12

各学校的师生回到各自学校，完善设计方案，包括用地布局、道路交通、绿地景观、空间形态、容量指标、专题设计等各方面的内容，并完成汇报PPT、说明书、图集、展板等内容，满足成果要求。

2015.6.13—2015.6.14

各学校师生齐聚浙江工业大学进行联合毕业设计终期答辩，并进行设计成果展示活动。